Strukturdynamik

Raymond Freymann

Strukturdynamik

Ein anwendungsorientiertes Lehrbuch

 Springer

Prof. Dr.-Ing. habil. Raymond Freymann
BMW Group
Forschung und Technik
Geschäftsführer
Hanauer Straße 46
80992 München
raymond.freymann@bmw.de

ISBN 978-3-642-19697-3   e-ISBN 978-3-642-19698-0
DOI 10.1007/978-3-642-19698-0
Springer Heidelberg Dordrecht London New York

Die Deutsche Nationalbibliothek verzeichnet diese Publikation in der Deutschen Nationalbibliografie; detaillierte bibliografische Daten sind im Internet über http://dnb.d-nb.de abrufbar.

Einbandentwurf: WMXDesign GmbH, Heidelberg

Gedruckt auf säurefreiem Papier

Springer ist Teil der Fachverlagsgruppe Springer Science+Business Media (www.springer.com)

Vorwort

Der Inhalt dieses Buches steht im Zusammenhang mit der Vorlesung im Fach „Strukturdynamik", welche der Verfasser seit 1995 am Lehrstuhl für Angewandte Mechanik der Technischen Universität München abhält. Im Laufe der Jahre wurde der Vorlesungsstoff kontinuierlich erweitert und aktualisiert. Das behandelte Themenspektrum ist breit angelegt, ausgehend von den Grundlagen der Schwingungstechnik bis hin zu aktiv geregelten aeroelastischen Systemen. Viel Sorgfalt wurde auf eine klare mathematische Beschreibung der physikalischen Zusammenhänge in den Einzelkapiteln gelegt. Außerdem wurde ein besonderer Fokus auf praxisrelevante Anwendungsfälle gerichtet, mit denen sich der Verfasser während seiner nun mehr als 30-jährigen Tätigkeit im Luft- und Raumfahrt- sowie im Automobilbereich befasst hat.

Das Lehrbuch hat nicht den Anspruch auf eine vollständige Behandlung des sehr umfangreichen Arbeitsgebietes der Strukturdynamik. Ziel ist es vielmehr, die Studenten mit ausgewählten Aufgabenstellungen zu konfrontieren und sie zur Lösungssuche zu motivieren. Dabei wird viel Wert auf eine effiziente Lösung der jeweiligen Problemstellungen gelegt.

Die Erstellung der Vorlage des Buchskripts erfolgte über den Zeitraum von einem Jahr. Für die an diesem Vorhaben Beteiligten möchte ich mich für ihr Engagement bedanken: bei Herrn cand. mach. Thomas Emmert für die Aufbereitung des Textes sowie bei den Herren cand. mach. Markus Nowak und cand. mach. Christian Roth für die Anfertigung der Bilder.

Ich hoffe, hiermit den Studenten eine gute Grundlage für ihr Studium und ein in ihrem späteren Berufsleben nützliches Nachschlagwerk zur Verfügung gestellt zu haben.

„Sollte durch dieses Rüstzeug auch nur eine einzige Fehlkonstruktion mit gravierenden Folgen vermieden werden, dann war der Aufwand für diese Arbeit gerechtfertigt."

im Frühjahr 2011   Prof. Dr.-Ing. habil. Raymond Freymann

Inhaltsverzeichnis

Kapitel 1
Einleitung

In den letzten Dekaden hat die Bedeutung der Strukturdynamik im industriellen Bereich stetig zugenommen. Strukturdynamische Anwendungen erstrecken sich heutzutage über viele Sektoren, ausgehend vom Luft- und Raumfahrtbereich über den Fahrzeugbau, den Anlagen- und Werkzeugmaschinenbau sowie die Fördertechnik bis hin zum allgemeinen Ingenieurbau. Das Spektrum von strukturdynamischen Effekten ist sehr breit, es umfasst den Bereich der niederfrequenten Schwingungen ebenso wie den Bereich der hochfrequenten Vibrationen von mechanischen Systemen.

Ermöglicht wurde die zunehmende Verbreitung strukturdynamischer Anwendungen durch die Bereitstellung leistungsfähiger Berechnungs- und Versuchsmethoden, wobei insbesondere die Finite-Elemente-Methodik und die Modalanalyse zu erwähnen sind. Ausdrücklich erwähnt werden muss in diesem Zusammenhang, dass der verbreitete praktische Einsatz dieser „neuen Verfahren" erst durch die Verfügbarkeit von leistungsfähigen digitalen Rechenanlagen realisiert werden konnte. Ohne die im Computerbereich erzielten Leistungssteigerungen – bei ständig fallenden Kosten – wären komplexe strukturdynamische Anwendungen wahrscheinlich ausschließlich dem Hochtechnologiesektor vorbehalten geblieben.

Dabei ist in vielen Industriebereichen ein deutlich zunehmender Bedarf für strukturdynamische Anwendungen zu erkennen. Dafür gibt es eine ganze Reihe von Gründen. So erfordert z. B. die Reduzierung des Verbrauchs im Transportsektor die Realisierung von signifikanten Leichtbaumaßnahmen bei den Transportsystemen Flugzeug, Automobil und Eisenbahn. Weiterhin ist es aus Kostengründen unbedingt erforderlich, auf den sparsamen Einsatz von Material bei Ingenieurbauten zu achten, wozu strukturell optimierte Konstruktionen mit hervorragenden statischen und dynamischen Steifigkeitseigenschaften erforderlich sind. Weitere Treiber für strukturdynamische Anwendungen sind immer wieder erforderliche Effizienz- und Qualitätssteigerungen, so zum Beispiel im Werkzeug- und Druckmaschinenbereich, welche unter anderem durch schwingungsoptimierte Konstruktionen erreicht werden können. Alle diese Aspekte erfordern zwangsweise eine sehr viel detailliertere Analyse des dynamischen Verhaltens von strukturellen Systemen zur Gewährleistung ihrer Integrität und Funktionalität.

Festzustellen ist weiterhin, dass die von strukturdynamischen Systemen geforderte Funktionalität in vielen Fällen nur durch die Integration von mehr oder weniger

R. Freymann, *Strukturdynamik*,
DOI 10.1007/978-3-642-19698-0_1, © Springer-Verlag Berlin Heidelberg 2011

aufwändigen Regelsystemen erreicht werden kann. Dabei wird das zeitliche Deformationsverhalten der Struktur mit Sensoren erfasst, deren elektrischen Signale einem Regler zugeführt werden, über den dann die Ansteuerung von an der Struktur angeordneten Stellgliedern erfolgt. Im Allgemeinen ist dabei eine Reglereinstellung zu realisieren, welche die dynamische Systemstabilität erhöht.

All diese Überlegungen zeigen, wie umfangreich sich das Fachgebiet der Strukturdynamik darstellt. Zur Realisierung von leistungsfähigen Systemen bedarf es detaillierter rechnerischer Untersuchungen und effizienter Optimierungsverfahren. Nur damit kann ein wirklich fundiertes Verständnis für die strukturdynamischen Wirkmechanismen und Zusammenhänge im Falle komplexerer elastischer Systeme gewonnen werden.

Ziel ist es, das dafür erforderliche Rüstzeug in den nachfolgenden Kapiteln zu vermitteln. Dabei werden sowohl die Grundlagen der Schwingungstechnik, ausgehend von Ein- und Mehrmassenschwingern, als auch fortgeschrittene Methoden der Strukturdynamik, wie zum Beispiel modale Korrekturverfahren zur strukturellen Optimierung, adressiert. Eingegangen wird ferner auf die Methode der Finiten Elemente, welche bei aufwändigen numerischen Untersuchungen an komplexen strukturdynamischen Systemen eingesetzt wird. Als Gegenpol dazu werden auch die elementaren Balkentheorien behandelt, deren meist einfache Anwendung bei analytischen Untersuchungen an sogenannten eindimensionalen Systemen mit einfachem Aufbau zu guten Ergebnissen führt. Beschrieben werden außerdem ausgewählte Aufgabenstellungen der Aeroelastik aus dem Ingenieurbau und aus dem Flugzeugbereich. Drei Kapitel befassen sich mit Themenstellungen im Zusammenhang mit aktiv geregelten strukturdynamischen Systemen. Zum besseren Verständnis wird viel Wert auf die Aufführung von praxisrelevanten Anwendungsbeispielen gelegt.

Kapitel 2
Beschreibung von Schwingungen

Unter Schwingung versteht man einen Vorgang, bei dem sich eine „Größe" mit der Zeit verändert. Dabei handelt es sich in der Technik meistens um eine physikalische Größe, wie z. B. eine Verschiebung, Kraft, elektrische Spannung oder Temperatur. Je nach Merkmalen der zeitlichen Veränderungen werden die Schwingungen als harmonisch, periodisch, fast periodisch, transient oder stochastisch bezeichnet (Abb. 2.1). Im Folgenden werden wir uns weitestgehend mit harmonischen Schwingungen befassen.

2.1 Harmonische Schwingungen

Die Gleichung

$$x(t) = x_0 \cos(\omega t + \varphi_0) \tag{2.1}$$

beschreibt den zeitlichen Verlauf einer harmonischen Schwingung (Abb. 2.2). Mit den Bezeichnungen x_0 für die Schwingungsamplitude, φ_0 für den Nullphasenwinkel, ω für die Kreisfrequenz, T für die Schwingungsperiode und f für die Schwingungsfrequenz gelten folgende Zusammenhänge:

$$\omega T = 2\pi, \tag{2.2}$$

$$f = \frac{1}{T}. \tag{2.3}$$

2.1.1 Reelle Schreibweise

Eine Möglichkeit zur reellen Darstellung von Schwingungen ist gegeben durch die in Gl. 2.1 aufgeführte Formulierung. Unter Berücksichtigung von

$$\cos(\alpha + \beta) = \cos\alpha \cos\beta - \sin\alpha \sin\beta$$

R. Freymann, *Strukturdynamik*,
DOI 10.1007/978-3-642-19698-0_2, © Springer-Verlag Berlin Heidelberg 2011

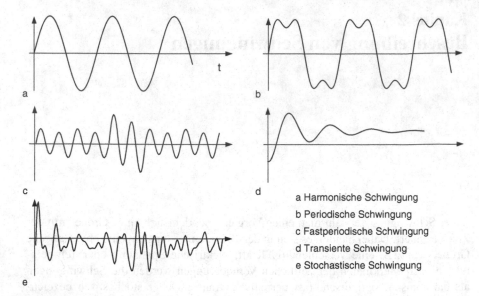

a Harmonische Schwingung
b Periodische Schwingung
c Fastperiodische Schwingung
d Transiente Schwingung
e Stochastische Schwingung

Abb. 2.1 Arten von Schwingungen

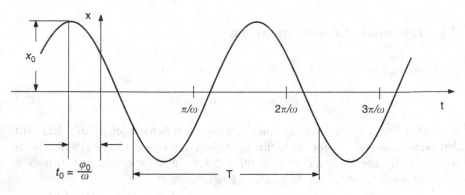

Abb. 2.2 Harmonische Schwingung

kann diese Gleichung umgeformt werden in

$$x(t) = x_0 \cos \varphi_0 \cos \omega t - x_0 \sin \varphi_0 \sin \omega t,$$

oder

$$x(t) = A \cos \omega t + B \sin \omega t, \tag{2.4}$$

mit $A = x_0 \cos \varphi_0$, $B = -x_0 \sin \varphi_0$.

Es bestehen die Zusammenhänge:

$$x_0^2 = A^2 + B^2,$$ (2.5)

$$\tan \varphi_0 = -\frac{B}{A}.$$ (2.6)

2.1.2 Komplexe Schreibweise

Im Folgenden wird bei der Umformung von Gleichungen des öfteren Gebrauch gemacht von der Euler'schen Formel

$$e^{i\alpha} = \cos \alpha + i \sin \alpha$$ (2.7)

$$= Re(e^{i\alpha}) + i \, Im(e^{i\alpha}).$$

Hierbei kennzeichnet i die imaginäre Einheit $\sqrt{-1}$. Abbildung 2.3 zeigt die Darstellung einer komplexen Zahl $x_i = Re(x_i) + i \, Im(x_i)$ in der komplexen Gauß'schen Zahlenebene. Die Zeiger vom Ursprung des Koordinatensystems zu den Punkten $x_1, x_2, \ldots, x_n$ werden mit $\hat{x}_1, \hat{x}_2, \ldots, \hat{x}_n$ gekennzeichnet. Erweitern wir – in Übereinstimmung mit der Euler'schen Formel 2.7 – die Gl. 2.1 um einen entsprechenden Imaginäranteil, so kann geschrieben werden:

$$\hat{x}(t) = x_0 \cos(\omega t + \varphi_0) + i x_0 \sin(\omega t + \varphi_0)$$

$$= x_0 e^{i(\omega t + \varphi_0)} = x_0 e^{i\varphi_0} e^{i\omega t} = \hat{x}_0 e^{i\omega t}.$$ (2.8)

Wie in Abb. 2.4 aufgeführt, repräsentiert $\hat{x}(t)$ einen Zeiger in der komplexen Ebene, der sich mit zunehmender Zeit gegen den Uhrzeigersinn um den Ursprung dreht. Die Projektion dieses Zeigers auf die reelle Achse liefert den zeitlichen Verlauf von

$$x(t) = Re\{\hat{x}(t)\} = x_0 \cos(\omega t + \varphi_0).$$ (2.9)

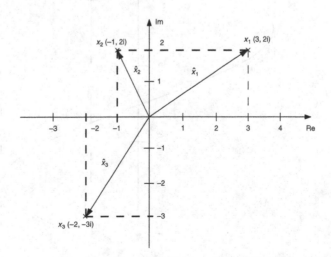

Abb. 2.3 Darstellung von Zahlen in der komplexen Ebene

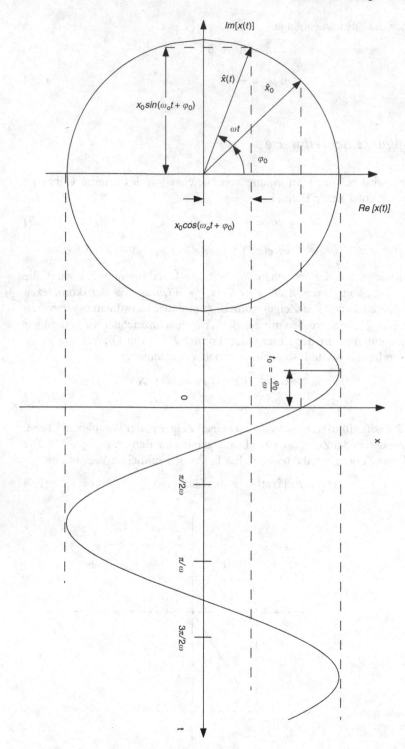

Abb. 2.4 Komplexe und reelle Darstellung von $x(t)$

$\hat{x}_0$ stellt einen feststehenden Zeiger in der komplexen Ebene dar, der sich vom Ursprung zum Punkt mit den Koordinaten $(x_0 \cos \varphi_0, i x_0 \sin \varphi_0)$ erstreckt.

2.2 Überlagerung von Schwingungen

Das Zeigerdiagramm in der komplexen Ebene ist besonders gut geeignet zur Darstellung der Überlagerung von harmonischen Schwingungen.

2.2.1 Schwingungen gleicher Frequenz

Für die Zeiger von zwei zu überlagernden Grundschwingungen können wir schreiben:

$$\hat{x}_1(t) = \hat{x}_{01} e^{i\omega t},$$
$$\hat{x}_2(t) = \hat{x}_{02} e^{i\omega t}.$$

Die Addition der beiden Zeiger ergibt:

$$\hat{x}(t) = \hat{x}_1(t) + \hat{x}_2(t) = \hat{x}_{01} e^{i\omega t} + \hat{x}_{02} e^{i\omega t}$$
$$= (\hat{x}_{01} + \hat{x}_{02}) e^{i\omega t} = \hat{x}_0 e^{i\omega t}.$$

Der Nullzeiger $\hat{x}_0$ der resultierenden Schwingung ergibt sich dementsprechend aus der Vektoraddition der beiden Nullzeiger $\hat{x}_{01}$ und $\hat{x}_{02}$ der beiden Teilschwingungen (Abb. 2.5). Es ist festzustellen, dass die resultierende Schwingung von gleicher Frequenz ist wie die beiden Teilschwingungen. Der resultierende Zeiger $\hat{x}(t)$ aus der

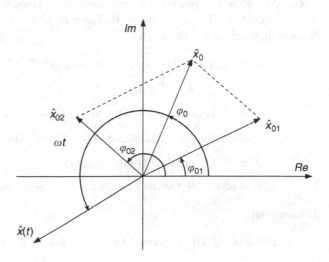

Abb. 2.5 Überlagerung von Schwingungen gleicher Frequenz

Addition (Überlagerung) von n- Teilschwingungen gleicher Frequenz, $\hat{x}_1, \hat{x}_2, \ldots, \hat{x}_n$ ergibt sich allgemein wie folgt:

$$\hat{x}(t) = (\hat{x}_{01} + \hat{x}_{02} + \cdots + \hat{x}_{0n})e^{i\omega t}, \qquad (2.10)$$

oder

$$\hat{x}(t) = \hat{x}_0 e^{i\omega t},$$

mit

$$\hat{x}_0 = \hat{x}_{01} + \hat{x}_{02} + \cdots + \hat{x}_{0n}. \qquad (2.11)$$

2.2.2 Schwebungen

Schwebungen sind eine im Allgemeinen äußerst lästige dynamische Erscheinung. Sie resultieren aus der Überlagerung von Teilschwingungen mit annähernd gleicher Frequenz. Zur mathematischen Behandlung im Falle der Überlagerung von zwei Teilschwingungen setzen wir

$$\hat{x}_1(t) = \hat{x}_{01} e^{i\omega_1 t} = x_{01} e^{i\varphi_1} e^{i\omega_1 t},$$

$$\hat{x}_2(t) = \hat{x}_{02} e^{i\omega_2 t} = x_{02} e^{i\varphi_2} e^{i\omega_2 t}.$$

Da ω_1 und ω_2 frequenzbenachbart sind, schreiben wir

$$\omega_1 = \omega - \Delta\omega,$$

$$\omega_2 = \omega + \Delta\omega, \qquad (2.12)$$

wobei $\Delta\omega \ll \omega$ ist. Weiterhin setzen wir – ohne Einschränkung der Allgemeinheit – in obigen Gl.: $\varphi_1 = \varphi_2 = 0$. Dann resultiert für die Überlagerung der Schwingungszeiger $\hat{x}_1(t)$ und $\hat{x}_2(t)$:

$$\hat{x}(t) = \hat{x}_1(t) + \hat{x}_2(t) = x_{01} e^{i(\omega - \Delta\omega)t} + x_{02} e^{i(\omega + \Delta\omega)t}$$

$$= e^{i\omega t}(x_{01} e^{-i\Delta\omega t} + x_{02} e^{+i\Delta\omega t})$$

$$= e^{i\omega t}[x_{01}(\cos \Delta\omega t - i \sin \Delta\omega t) + x_{02}(\cos \Delta\omega t + i \sin \Delta\omega t)]$$

$$= e^{i\omega t}[(x_{01} + x_{02}) \cos \Delta\omega t - i(x_{01} - x_{02}) \sin \Delta\omega t]$$

$$= e^{i\omega t}(x_P \cos \Delta\omega t - i x_M \sin \Delta\omega t)$$

$$= (\cos \omega t + i \sin \omega t)(x_P \cos \Delta\omega t - i x_M \sin \Delta\omega t).$$

Daraus folgt:

$$x(t) = Re\{\hat{x}(t)\} = x_P \cos \Delta\omega t \cdot \cos \omega t + x_M \sin \Delta\omega t \cdot \sin \omega t. \qquad (2.13)$$

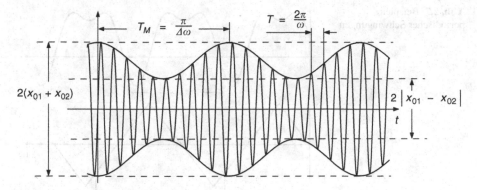

Abb. 2.6 Zeitlicher Verlauf einer Schwebung

Unter Berücksichtigung der Zusammenhänge aus Kap. 2.1.1 ergibt sich:

$$x(t) = x_0 \cos(\omega t + \varphi_0), \tag{2.14}$$

mit

$$x_0 = \sqrt{x_P^2 \cos^2 \Delta\omega t + x_M^2 \sin^2 \Delta\omega t} \tag{2.15}$$

$$= \sqrt{x_{01}^2 + x_{02}^2 + 2x_{01}x_{02} \cos 2\Delta\omega t} \tag{2.16}$$

und

$$\tan \varphi_0 = -\frac{x_M \sin \Delta\omega t}{x_P \cos \Delta\omega t} = -\frac{x_{01} - x_{02}}{x_{01} + x_{02}} \cdot \tan(\Delta\omega t). \tag{2.17}$$

Diese Zusammenhänge kennzeichnen den Zeitverlauf einer Schwebung, welche bei der Schwingungskreisfrequenz von $\omega = (\omega_1 + \omega_2)/2$ die Modulationsfrequenz $2\Delta\omega = (\omega_2 - \omega_1)$ aufweist (Abb. 2.6).

Anzumerken ist, dass die Maximalamplitude der Schwebung $x_{01} + x_{02}$ beträgt. Die Minimalamplitude ist $|x_{01} - x_{02}|$. Dementsprechend ergibt sich im Fall $x_{01} = x_{02} = x_0$: $x_{max} = 2x_0$ und $x_{min} = 0$. Schwebungen zeichnen sich dadurch aus, dass sie zeitlich schwellende, oftmals äußerst störende Geräusche bzw. Vibrationen hervorrufen.

2.3 Periodische Schwingungen

Periodische, d. h. sich regelmäßig wiederholende Schwingungen, sind dadurch gekennzeichnet, dass sie eine Grundkreisfrequenz $\omega^* = 2\pi f^* = \frac{2\pi}{T^*}$ aufweisen (Abb. 2.7).

Abb. 2.7 Beispiele
periodischer Schwingungen

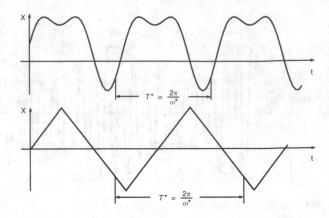

2.3.1   Die Fourierreihenentwicklung

Periodische Funktionen können wie folgt durch eine Reihe (Überlagerung) von
Sinus- und Cosinusfunktionen dargestellt werden:

$$x(t) = \frac{A_0}{2} + (A_1 \cos \omega^* t + B_1 \sin \omega^* t) \tag{2.18}$$

$$+ (A_2 \cos 2\omega^* t + B_2 \sin 2\omega^* t)$$

$$+ \cdots + (A_m \cos m\omega^* t + B_m \sin m\omega^* t) + \cdots$$

oder in Kurzschreibweise:

$$x(t) = \frac{A_0}{2} + \sum_{m=1}^{\infty} (A_m \cos m\omega^* t + B_m \sin m\omega^* t). \tag{2.19}$$

Anzumerken ist, dass die jeweiligen Teilschwingungen eine Kreisfrequenz aufweisen, die ein ganzes Vielfaches der Grundkreisfrequenz ω^* ist. Die Koeffizienten A_0,
A_1, B_1, A_2, B_2, ... werden als Fourierkoeffizienten bezeichnet. Weiterhin nennt
man das konstante Glied $A_0/2$ den Gleichwert, das Glied $(A_1 \cos \omega^* t + B_1 \sin \omega^* t)$
die Grundharmonische und ein beliebiges Glied $(A_m \cos m\omega^* t + B_m \sin m\omega^* t)$ eine
Höherharmonische. Die Fourierkoeffizienten werden wie folgt aus der Zeitfunktion
$x(t)$ bestimmt:

$$A_0 = \frac{2}{T^*} \cdot \int_0^{T^*} x(t)dt, \tag{2.20}$$

$$A_m = \frac{2}{T^*} \cdot \int_0^{T^*} x(t) \cos m\omega^* t dt, \tag{2.21}$$

$$B_m = \frac{2}{T^*} \cdot \int_0^{T^*} x(t) \sin m\omega^* t\, dt. \tag{2.22}$$

Erwähnt sei weiterhin, dass der Fourierreihenansatz – auf der Basis der in Abschn. 2.2 formulierten Zusammenhänge – wie folgt umgeformt werden kann:

$$x(t) = \frac{A_0}{2} + \sum_{m=1}^{\infty} x_{0m} \cos(m\omega^* t + \varphi_{0m}), \tag{2.23}$$

mit

$$x_{0m} = \sqrt{A_m^2 + B_m^2},$$

$$\tan\varphi_{0m} = -\frac{B_m}{A_m},$$

oder in komplexer Darstellung geschrieben werden kann entsprechend

$$\hat{x}(t) = \frac{A_0}{2} + \sum_{m=1}^{\infty} \hat{x}_{0m} e^{im\omega^* t}, \tag{2.24}$$

mit

$$\hat{x}_{0m} = x_{0m} e^{i\varphi_{0m}}.$$

Anwendungsbeispiel: Sägezahnfunktion Frage: Wie lautet die Fourierreihe der in Abb. 2.8 dargestellten periodischen Funktion?

Für $0 \le t \le T^*$ gilt: $x(t) = H/T^* \cdot t$.

Die Bestimmung der Fourierkoeffizienten erfolgt auf der Grundlage der Gl. 2.20–2.22. Es ergibt sich:

$$A_0 = \frac{2}{T^*} \int_0^{T^*} \frac{H}{T^*} t\, dt = \frac{2}{T^*}\frac{H}{T^*} \int_0^{T^*} t\, dt = \frac{2H}{T^{*2}}\left[\frac{t^2}{2}\right]_0^{T^*} = H,$$

$$A_m = \frac{2}{T^*} \int_0^{T^*} \frac{H}{T^*} t \cos m\omega^* t\, dt = \frac{2H}{T^{*2}} \int_0^{T^*} t \cos m\omega^* t\, dt$$

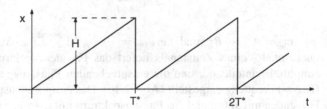

Abb. 2.8 Sägezahnfunktion

$$= \frac{2H}{T^{*2}} \left[\frac{\cos m\omega^* t}{m^2 \omega^{*2}} + \frac{t \sin m\omega^* t}{m\omega^*} \right]_0^{T^*} = \frac{2H}{T^{*2}} \left[\frac{1}{m^2 \omega^{*2}} + 0 - \frac{1}{m^2 \omega^{*2}} + 0 \right] = 0,$$

$$B_m = \frac{2}{T^*} \int_0^{T^*} \frac{H}{T^*} t \sin m\omega^* t \, dt = \frac{2H}{T^{*2}} \int_0^{T^*} t \sin m\omega^* t \, dt$$

$$= \frac{2H}{T^{*2}} \left[\frac{\sin m\omega^* t}{m^2 \omega^{*2}} - \frac{t \cos m\omega^* t}{m\omega^*} \right]_0^{T^*} = \frac{2H}{T^{*2}} \left[0 - \frac{T^*}{m\omega^*} - 0 + 0 \right]$$

$$= -\frac{2H}{T^*} \cdot \frac{1}{m\omega^*} = -\frac{H}{\pi m}.$$

Dementsprechend kann nach Gl. 2.23 für die Fourierreihe der Sägezahnfunktion geschrieben werden:

$$x(t) = \frac{H}{2} - \frac{H}{\pi} \cdot \sum_{m=1}^{\infty} \frac{\sin m\omega^* t}{m}, \tag{2.25}$$

oder in ausführlicher Schreibweise:

$$x(t) = \frac{H}{2} - \frac{H}{\pi} \left(\frac{\sin \omega^* t}{1} + \frac{\sin 2\omega^* t}{2} + \cdots + \frac{\sin m\omega^* t}{m} + \cdots \right). \tag{2.26}$$

Merke: Je mehr Glieder in einer Fourierreihenentwicklung berücksichtigt werden, umso besser wird die Ausgangsfunktion angenähert.

In Abb. 2.9 ist grafisch dargestellt, wie sich die Sägezahnfunktion aus der Überlagerung des Gleichwerts sowie der einzelnen Harmonischen zusammensetzt.

2.3.2 Frequenzspektrum

Betrachten wir nun die Fourierreihe entsprechend der in Gl. 2.23 angegebenen Form

$$x(t) = \frac{A_0}{2} + \sum_{m=1}^{\infty} x_{0m} \cos(m\omega^* t + \varphi_{0m}), \tag{2.27}$$

mit $x_{0m}^2 = A_m^2 + B_m^2$ und $\tan \varphi_{0m} = - B_m / A_m$. Eine Aussage über den „Frequenzinhalt" eines Zeitsignals liefert das Frequenzspektrum. Dabei werden die Amplitudenanteile x_{0m} und die entsprechenden Phasenlagen φ_{0m} jeweils über der (Kreis-) Frequenz dargestellt (Abb. 2.10). Das Amplitudenspektrum werden wir im Folgenden mit $x_0(\omega)$ und das Phasenspektrum mit $\varphi_0(\omega)$ bezeichnen.

Abb. 2.9 Zusammensetzung
der Sägezahnfunktion aus
ihren Fourier-Harmonischen

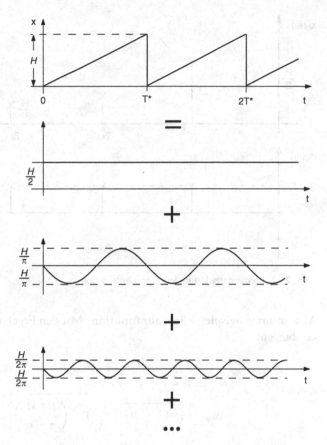

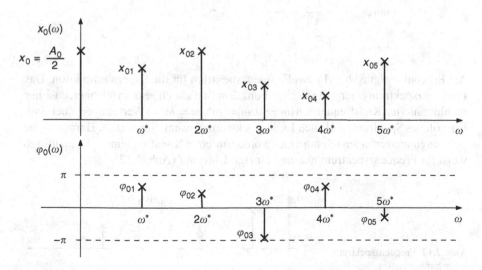

Abb. 2.10 Frequenzspektrum einer periodischen Funktion aufgetrennt nach Amplitude und Phase

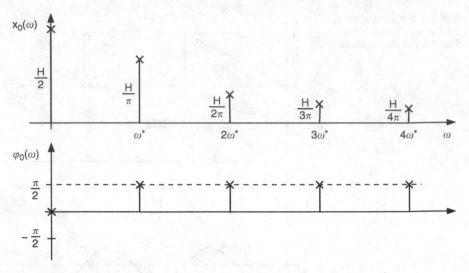

Abb. 2.11 Frequenzspektrum der Sägezahnfunktion

Anwendungsbeispiel: Sägezahnfunktion Mit den Ergebnissen aus Abschn. 2.3.1
ergibt sich:

$$x_0 = \frac{A_0}{2} = \frac{H}{2}$$

$$x_{0m} = \sqrt{A_m^2 + B_m^2} = \sqrt{0 + \left(\frac{H}{\pi} \cdot \frac{1}{m}\right)^2} = \frac{H}{\pi} \cdot \frac{1}{m}$$

$$\tan \varphi_{0m} = -\frac{B_m}{A_m} = \frac{\frac{H}{\pi} \cdot \frac{1}{m}}{0} \to +\infty$$

$$\to \varphi_{0m} = +\frac{\pi}{2}.$$

Als Ergebnis zeigt Abb. 2.11 das Frequenzspektrum für die Sägezahnfunktion. Das
Frequenzspektrum einer periodischen Funktion ist dadurch gekennzeichnet, dass nur
wohldefinierten Kreisfrequenzen ($\omega = 0, \omega = \omega^*, \omega = m\omega^*$) Werte zugeordnet sind.
Ein solches Spektrum wird auch Linienspektrum genannt. Sonderfall: Harmonische
Schwingungen erfolgen mit nur einer wohldefinierten Kreisfrequenz ω. Demzufolge
weist ihr Frequenzspektrum nur eine einzige Linie auf (Abb. 2.12).

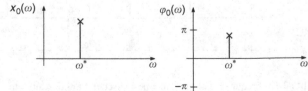

Abb. 2.12 Frequenzspektrum
einer harmonischen
Schwingung

2.4   Fastperiodische Schwingungen

Nicht jede Schwingung, deren Frequenzspektrum ein Linienspektrum ist, ist auch eine periodische Schwingung. Überlagerungen von einzelnen harmonischen Schwingungen unterschiedlicher Frequenz ergeben keine periodische Funktion, falls nicht alle Harmonischen Kreisfrequenzen aufweisen, die in einem rationalen Verhältnis zueinander stehen (Abb. 2.13). Die Zeitfunktion

$$x(t) = x_0 + \sum_{m=1}^{M} x_{0m} \cos(\omega_m t + \varphi_{0m})$$

weist aber ein fastperiodisches Aussehen auf, weswegen solche Schwingungen auch als „fastperiodische Schwingungen" bezeichnet werden.

2.5   Stochastische Schwingungen

Unter stochastischen Schwingungen versteht man zeitlich regellose, nicht vorhersagbare Schwingungsphänomene. Beispiel dafür sind die Schwingungsbewegungen eines Fahrzeugs beim Überfahren einer rauen Fahrbahn oder die Windbewegung in freier Atmosphäre. Die mathematische Behandlung von stochastischen Schwingungsphänomenen ist ein schwieriges Thema, dessen Untersuchung eine ganze

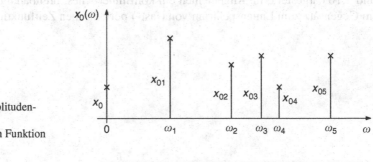

Abb. 2.13 Amplitudenspektrum einer fastperiodischen Funktion

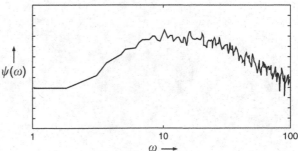

Abb. 2.14 Breitband-Rauschen

Abb. 2.15 Rauschen mit
Tiefpasscharakteristik

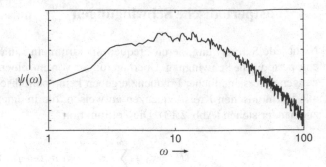

Abb. 2.16 Rauschen mit
ausgeprägten harmonischen
Anteilen

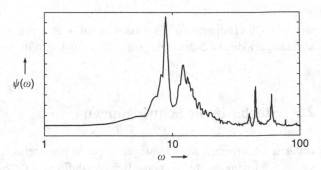

Vorlesung in Anspruch nehmen würde. Hier soll nur erwähnt sein, dass der „Frequenzinhalt" von regellosen Zeitfunktionen $x(t)$, in Form von Leistungsspektren $\psi(\omega)$ wiedergegeben wird. Dabei ist das Leistungsspektrum, wie in den Abb. 2.14, 2.15 und 2.16 dargestellt, im Allgemeinen ein kontinuierliches, breitbandiges Spektrum im Gegensatz zum Linienspektrum von (fast-) periodischen Zeitfunktionen.

Kapitel 3
Der Einmassenschwinger

Der Einmassenschwinger (EMS) ist das einfachste schwingungsfähige mechanische System. Es besteht aus einer trägen Masse m, einer Feder mit der Steifigkeit c und einem geschwindigkeitsproportionalem Dämpferelement mit dem Kennwert d (Abb. 3.1). Die schwingungsanalytische Behandlung des EMS ist von Bedeutung, weil viele kompliziertere Schwingungsprobleme auf dieses einfache Beispiel zurückgeführt werden können. Wird der EMS dynamisch durch eine äußere Kraft F um den Wert x aus seiner Ruhelage ausgelenkt, so greifen an der Masse m, außer der äußeren Erregerkraft F, folgende systeminterne Kräfte an: die Massenträgheitskraft $m\ddot{x}$, die Federrückstellkraft cx sowie die Dämpferkraft $d\dot{x}$. Da diese vier Kräfte zu jedem Zeitpunkt miteinander im Gleichgewicht stehen, muss gelten:

$$m\ddot{x}(t) + d\dot{x}(t) + cx(t) = F(t). \tag{3.1}$$

Gleichung 3.1 beschreibt die Bewegungsgleichung des EMS. Bevor wir uns mit den erzwungenen Schwingungen dieses Systems, das heißt unter Einwirkung einer äußeren Kraft F, befassen, soll im folgenden Abschnitt zunächst das Schwingungsverhalten des freien Systems untersucht werden.

3.1 Freie Schwingungen

Für die freie, gedämpfte Schwingung des EMS gilt die Bewegungsgleichung:

$$m\ddot{x}(t) + d\dot{x}(t) + cx(t) = 0. \tag{3.2}$$

Dies ist eine homogene, lineare Differentialgleichung 2. Ordnung mit konstanten Koeffizienten. Durch deren Lösung lässt sich die zeitliche Bewegung $x(t)$ des Systems ermitteln. Dazu wird Gl. 3.2 unter Berücksichtigung der komplexen Schreibweise sowie der Zusammenhänge

$$\omega_0^2 = \frac{c}{m}, \tag{3.3}$$

$$\vartheta = \frac{d}{2\sqrt{cm}} \tag{3.4}$$

R. Freymann, *Strukturdynamik*,
DOI 10.1007/978-3-642-19698-0_3, © Springer-Verlag Berlin Heidelberg 2011

Abb. 3.1 Der
Einmassenschwinger

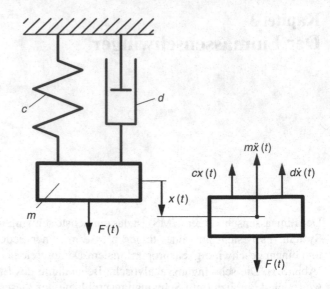

zuerst auf die Form

$$\hat{\ddot{x}}(t) + 2\vartheta\omega_0\hat{\dot{x}}(t) + \omega_0^2\hat{x}(t) = 0 \qquad (3.5)$$

gebracht. Als allgemeingültiger Lösungsansatz für die Gl. 3.5 setzen wir:

$$\hat{x}(t) = \hat{Y}e^{\lambda t}, \qquad (3.6)$$

mit $\hat{Y}$ als komplexer Amplitude und λ als einem frei wählbaren (komplexen) Parameter. Mit

$$\hat{\dot{x}}(t) = \lambda\hat{Y}e^{\lambda t}, \qquad (3.7)$$

$$\hat{\ddot{x}}(t) = \lambda^2\hat{Y}e^{\lambda t} \qquad (3.8)$$

ergibt sich dann durch Einsetzen von 3.6, 3.7 und 3.8 in die Gl. 3.5:

$$(\lambda^2 + 2\vartheta\omega_0\lambda + \omega_0^2)\hat{Y}e^{\lambda t} = 0. \qquad (3.9)$$

Da $e^{\lambda t}$ immer $\neq 0$ ist, muss gelten: entweder $\hat{Y} = 0$ (triviale Lösung), oder

$$\lambda^2 + 2\vartheta\omega_0\lambda + \omega_0^2 = 0. \qquad (3.10)$$

Diese Beziehung wird als „charakteristische Gleichung" der Differentialgleichung 3.5 bezeichnet. Sie besitzt die Wurzeln

$$\lambda_{1,2} = -\omega_0\vartheta \pm \sqrt{\omega_0^2\vartheta^2 - \omega_0^2},$$

oder

$$\lambda_{1,2} = -\omega_0\vartheta \pm i\omega_0\sqrt{1 - \vartheta^2}. \qquad (3.11)$$

Für den Fall, dass $\vartheta < 1$ ist, was bei den allermeisten strukturdynamischen Untersuchungen erfüllt ist, erhält man als Lösung der charakteristischen Gleichung zwei konjugiert komplexe Wurzeln

$$\lambda_1 = -\delta + i\omega_D, \tag{3.12}$$

$$\lambda_2 = -\delta - i\omega_D, \tag{3.13}$$

wobei gesetzt wurde:

$$\delta = \omega_0 \vartheta \tag{3.14}$$

und

$$\omega_D = \omega_0 \sqrt{1 - \vartheta^2}. \tag{3.15}$$

Damit ergibt sich folgende allgemeingültige Lösung für die Gl. 3.5:

$$\hat{x}(t) = \hat{Y}_1 e^{(-\delta + i\omega_D)t} + \hat{Y}_2 e^{(-\delta - i\omega_D)t},$$

oder

$$\begin{aligned}
\hat{x}(t) &= e^{-\delta t}(\hat{Y}_1 e^{+i\omega_D t} + \hat{Y}_2 e^{-i\omega_D t}) \tag{3.16}\\
&= e^{-\delta t}(Y_1 e^{i\varphi_1} e^{i\omega_D t} + Y_2 e^{i\varphi_2} e^{-i\omega_D t})\\
&= e^{-\delta t}[Y_1(\cos\varphi_1 + i\sin\varphi_1)(\cos\omega_D t + i\sin\omega_D t)\\
&\quad + Y_2(\cos\varphi_2 + i\sin\varphi_2)(\cos\omega_D t - i\sin\omega_D t)].
\end{aligned}$$

Daraus folgt:

$$\begin{aligned}
x(t) = \operatorname{Re}\{\hat{x}(t)\} = e^{-\delta t}[(Y_1\cos\varphi_1 + Y_2\cos\varphi_2)\cos\omega_D t \tag{3.17}\\
- (Y_1\sin\varphi_1 - Y_2\sin\varphi_2)\sin\omega_D t].
\end{aligned}$$

Mit

$$A = Y_1\cos\varphi_1 + Y_2\cos\varphi_2$$

und

$$B = -(Y_1\sin\varphi_1 - Y_2\sin\varphi_2)$$

kann für 3.17 geschrieben werden:

$$x(t) = e^{-\delta t}(A\cos\omega_D t + B\sin\omega_D t) \tag{3.18}$$

und bei weiterer Berücksichtigung von 2.1 bis 2.6:

$$x(t) = x_0 e^{-\delta t}\cos(\omega_D t + \varphi_0), \tag{3.19}$$

mit

$$x_0 = \sqrt{A^2 + B^2},\tag{3.20}$$

$$\tan \varphi_0 = -\frac{B}{A}.\tag{3.21}$$

Der zeitliche Verlauf der Schwingung ist in Abb. 3.2 dargestellt. Die Größen A und B können wie folgt aus den Anfangsbedingungen $x(t = 0) \equiv x(0)$ und $\dot{x}(t = 0) \equiv \dot{x}(0)$ bestimmt werden unter Berücksichtigung von 3.18:

$$x(0) = A\tag{3.22}$$

und mit

$$\dot{x}(t) = -\delta e^{-\delta t}(A \cos \omega_D t + B \sin \omega_D t)$$
$$+ e^{-\delta t}\omega_D(-A \sin \omega_D t + B \cos \omega_D t),$$

folgt weiterhin:

$$\dot{x}(0) = -\delta A + \omega_D B.\tag{3.23}$$

Aus den Gl. 3.20–3.23 resultiert:

$$x_0 = \sqrt{x^2(0) + \frac{1}{\omega_D^2}(\dot{x}(0) + \delta x(0))^2},\tag{3.24}$$

$$\tan \varphi_0 = -\frac{\dot{x}(0) + \delta x(0)}{\omega_D x(0)}.\tag{3.25}$$

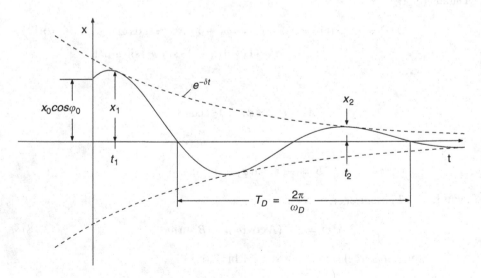

Abb. 3.2 Schwingungsverlauf nach Gl. 3.19

Die Schwingung besitzt die Kreisfrequenz ω_D. Sie nimmt zeitlich mit der Funktion $e^{-\delta t}$ ab. Die charakteristischen Schwingungskenngrößen werden wie folgt bezeichnet:

ω_0 Kreisfrequenz des ungedämpften Schwingers (Gl. 3.3),
ω_D Kreisfrequenz des gedämpften Schwingers (Gl. 3.15),
ϑ Lehr'sches Dämpfungsmaß (Gl. 3.4),
δ Abklingkonstante (Gl. 3.14).

Das Verhältnis von zwei aufeinanderfolgenden Amplitudenspitzenwerten x_1 und x_2 ist ein Maß für die Stärke des Abklingens der Schwingung. Damit lässt sich auf experimentellem Wege die Abklingkonstante δ wie folgt bestimmen:

$$\frac{x_1}{x_2} = \frac{x_0 e^{-\delta t_1}}{x_0 e^{-\delta t_2}} = \frac{e^{-\delta t_1}}{e^{-\delta(t_1 + T_D)}} = e^{\delta T_D}.$$

Daraus folgt

$$\ln \frac{x_1}{x_2} = \delta T_D,$$

oder

$$\delta = \frac{1}{T_D} \ln\left(\frac{x_1}{x_2}\right) = \frac{\omega_D}{2\pi} \ln\left(\frac{x_1}{x_2}\right). \tag{3.26}$$

Spezialfall: Schwinger ohne Dämpfung Für diesen Fall ist $d = 0$, woraus dann auch folgt: $\vartheta = 0$, $\delta = 0$ und $\omega_D = \omega_0$. Aus Gl. 3.2 resultiert folgende Bewegungsgleichung für den ungedämpften Schwinger:

$$m\ddot{x}(t) + cx(t) = 0. \tag{3.27}$$

Für die Lösung dieser Differentialgleichung ergibt sich aus Gl. 3.19:

$$x(t) = x_0 \cos(\omega_0 t + \varphi_0), \tag{3.28}$$

wobei aus den Gl. 3.24 und 3.25 resultiert:

$$x_0 = \sqrt{x^2(0) + \frac{\dot{x}^2(0)}{\omega_0^2}}, \tag{3.29}$$

$$\tan \varphi_0 = -\frac{\dot{x}(0)}{\omega_0 x(0)}. \tag{3.30}$$

Die Beziehung 3.28 ist identisch mit der Gl. 2.1 für harmonische Schwingungen. Die Kreisfrequenz hat den Wert ω_0 und die Schwingungsamplitude ist x_0. Dies zeigt, dass ein dämpfungsloser Schwinger – für alle Zeiten – eine harmonische Schwingungsbewegung ausführt. Interessant ist die Frage nach der Größe der Amplitude x_0 der

Schwingungsbewegung. Zur Klärung dieser Frage leiten wir zuerst Gl. 3.28 zweimal ab, woraus folgt:

$$\dot{x}(t) = -\omega_0 x_0 \sin(\omega_0 t + \varphi_0), \tag{3.31}$$

$$\dot{x}(t) = \omega_0 x_0 \cos(\omega_0 t + \varphi_0 + \pi/2), \tag{3.32}$$

und

$$\ddot{x}(t) = -\omega_0^2 x_0 \cos(\omega_0 t + \varphi_0), \tag{3.33}$$

$$\ddot{x}(t) = \omega_0^2 x_0 \cos(\omega_0 t + \varphi_0 + \pi). \tag{3.34}$$

Setzen wir nun die Gl. 3.28 und 3.33 in die Bewegungsgleichung 3.27 ein, so ergibt sich:

$$-m\omega_0^2 x_0 \cos(\omega_0 t + \varphi_0) + c x_o \cos(\omega_0 t + \varphi_0) = 0,$$

woraus resultiert:

$$x_0(c - m\omega_0^2) = 0. \tag{3.35}$$

Da der Klammerausdruck dieser Gleichung, wegen des in Gl. 3.3 formulierten Zusammenhangs, immer gleich Null ist, ist die Gl. 3.35 also für beliebige Werte der Amplitude x_0 erfüllt. Die Schwingungsamplitude der freien Schwingung ist demzufolge nicht definiert. Sie kann beliebig groß oder klein sein. Weiterhin interessant ist die Information, welche wir den Gl. 3.28, 3.32 und 3.34 hinsichtlich der Phasenlage für die Auslenkung, Geschwindigkeit und Beschleunigung entnehmen. Zu erkennen ist, dass die Bewegungsgeschwindigkeit der Auslenkung um den Phasenwinkel $\pi/2$ voreilt und die Beschleunigung der Auslenkung um den Winkel π vorauseilt. Daraus ergibt sich der in Abb. 3.3 dargestellte zeitliche Verlauf der drei Bewegungsgrößen. Diese Zusammenhänge können auch, wie in Abb. 3.4 angegeben, im Zeigerdiagramm dargestellt werden.

3.2   Erzwungene Schwingungen

Die Kenntnis des dynamischen Antwortverhaltens des Einmassenschwingers auf eine harmonische äußere Erregung ist bei vielen strukturdynamischen Untersuchungen von fundamentaler Bedeutung. Grund dafür ist, wie wir später noch sehen werden, dass die Antwortthematik bei elastischen Strukturen mit (unendlich) vielen Freiheitsgraden auf das Antwortproblem des Einmassenschwingers zurückgeführt werden kann. Erzwungene Schwingungen des Einmassenschwingers werden durch die Differentialgleichung 3.1 beschrieben. Zur Erinnerung:

$$m\ddot{x}(t) + d\dot{x}(t) + c x(t) = F(t). \tag{3.36}$$

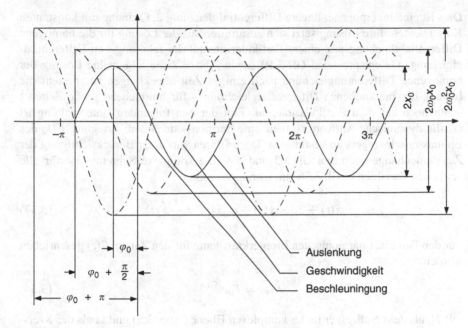

Abb. 3.3 Zeitlicher Verlauf der Bewegungsgrößen im Falle einer harmonischen Bewegung

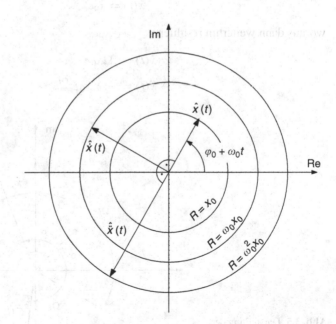

Abb. 3.4 Darstellung der
Bewegungsgrößen im
Zeigerdiagramm

Dies ist eine inhomogene, lineare Differentialgleichung 2. Ordnung mit konstanten Koeffizienten. Ihre Lösung setzt sich zusammen aus der Lösung für die homogene Differentialgleichung und einem Partikularintegral der inhomogenen Differential-gleichung. Da entsprechend Gl. 3.19 sowie Abb. 3.2 die allgemeine Lösung der homogenen Differentialgleichung nach einiger Zeit abgeklungen ist, besteht die Lösung der inhomogenen Differentialgleichung – für hinreichend große Zeiten t – nur noch aus dem Partikularintegral. Ziel der nun folgenden Untersuchung ist es, die dynamische Antwort $x(t)$ auf eine harmonische äußere Erregung $F(t)$ des Einmassenschwingers zu bestimmen. Dazu führen wir, unter Berücksichtigung der Zusammenhänge nach den Gl. 3.3 und 3.4, die komplexe Schreibweise für alle zeitlichen Variablen in Gl. 3.36 ein, woraus resultiert:

$$\ddot{\hat{x}}(t) + 2\vartheta\,\omega_0\dot{\hat{x}}(t) + \omega_0^2\hat{x}(t) = \frac{1}{m}\hat{F}(t). \qquad (3.37)$$

Für den Fall einer harmonischen Erregerkraft kann für den Zeiger $\hat{F}(t)$ geschrieben werden:

$$\hat{F}(t) = \hat{F}_0 e^{i\Omega t}, \qquad (3.38)$$

mit $\hat{F}_0$ als dem Nullzeiger in der komplexen Ebene (Abb. 3.5) und Ω als der Kreis-frequenz der Anregung. Als Partikularintegral der Differentialgleichung 3.36 wird gesetzt:

$$\hat{x}(t) = \hat{x}_0 e^{i\Omega t}, \qquad (3.39)$$

woraus dann weiterhin resultiert:

$$\dot{\hat{x}}(t) = i\Omega\hat{x}_0 e^{i\Omega t}, \qquad (3.40)$$

$$\ddot{\hat{x}}(t) = -\Omega^2\hat{x}_0 e^{i\Omega t}. \qquad (3.41)$$

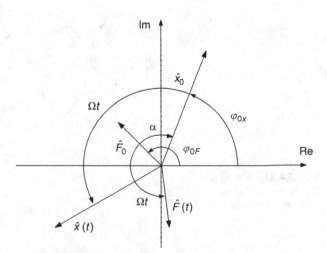

Abb. 3.5 Darstellung der Nullzeiger in der komplexen Ebene

Das Einsetzen von 3.38–3.41 in die Bewegungsgleichung 3.36 liefert:

$$(-\Omega^2 + i2\vartheta\omega_0\Omega + \omega_0^2)\hat{x}_0 e^{i\Omega t} = \frac{1}{m}\hat{F}_0 e^{i\Omega t}.$$

Daraus resultiert:

$$\hat{x}_o = \frac{\frac{1}{m}}{-\Omega^2 + \omega_0^2 + i2\vartheta\omega_0\Omega} \cdot \hat{F}_0.$$

Wird dieser Bruch mit dem komplex Konjugierten des Nenners, $-\Omega^2 + \omega_0^2 - i2\vartheta\omega_0\Omega$, erweitert, so ergibt sich:

$$\hat{x}_o = \frac{1}{m} \cdot \frac{-\Omega^2 + \omega_0^2 - i2\vartheta\omega_0\Omega}{(-\Omega^2 + \omega_0^2)^2 + 4\vartheta^2\omega_0^2\Omega^2} \cdot \hat{F}_0. \tag{3.42}$$

Setzen wir weiterhin, entsprechend Gl. 3.3, $1/m = \omega_0^2/c$ in die Gl. 3.42 ein, dividieren den Zähler und den Nenner durch ω_0^4, so resultiert daraus mit

$$\eta = \Omega/\omega_0 \tag{3.43}$$

als dimensionslosem Kreisfrequenzverhältnis:

$$\hat{x}_o = \frac{1}{c} \cdot \frac{(1-\eta^2) - i2\vartheta\eta}{(1-\eta^2)^2 + 4\vartheta^2\eta^2} \cdot \hat{F}_0, \tag{3.44}$$

oder

$$\hat{x}_o = \frac{1}{c}\left[\frac{(1-\eta^2)}{(1-\eta^2)^2 + 4\vartheta^2\eta^2} - i \cdot \frac{2\vartheta\eta}{(1-\eta^2)^2 + 4\vartheta^2\eta^2}\right]\hat{F}_0. \tag{3.45}$$

Setzen wir für den Klammerausdruck

$$\hat{V}_0 = V_0 e^{i\alpha} = \left[\frac{(1-\eta^2)}{(1-\eta^2)^2 + 4\vartheta^2\eta^2} - i \cdot \frac{2\vartheta\eta}{(1-\eta^2)^2 + 4\vartheta^2\eta^2}\right], \tag{3.46}$$

so kann mit $\hat{x}_0 = x_0 e^{i\varphi_{0x}}$ und $\hat{F}_0 = F_0 e^{i\varphi_{0F}}$ die Gl. 3.45 wie folgt nach Betrag und Phase aufgespalten werden:

$$\frac{x_0}{F_0} = \frac{1}{c} \cdot V_0 \tag{3.47}$$

und

$$\varphi_{0x} = \varphi_{0F} + \alpha \qquad \text{bzw.} \qquad \varphi_{0F} = \varphi_{0x} - \alpha. \tag{3.48}$$

Die Koordinaten des Zeigers $\hat{V}_0$ nach Gl. 3.46 können wie folgt angegeben werden:

$$\text{Re}\,(\hat{V}_0) = \frac{(1-\eta^2)}{(1-\eta^2)^2 + 4\vartheta^2\eta^2}, \tag{3.49}$$

$$\mathrm{Im}\,(\hat{V}_0) = -\frac{2\vartheta\eta}{(1-\eta^2)^2 + 4\vartheta^2\eta^2}. \tag{3.50}$$

Diese Koordinaten sind ausschließlich von ϑ und η abhängig. Die Gl. 3.49 und 3.50 zeigen, dass der Realteil von $\hat{V}_0$ sowohl positiv, null oder negativ sein kann, je nachdem ob $\eta < 1$, $\eta = 1$ oder $\eta > 1$ ist. Der Imaginärteil ist jedoch für alle Werte von η negativ. Für den Betrag des Zeigers $\hat{V}_0$ kann geschrieben werden:

$$V_0 = \sqrt{[\mathrm{Re}\,(\hat{V}_0)]^2 + [\mathrm{Im}\,(\hat{V}_0)]^2} = \frac{1}{\sqrt{(1-\eta^2)^2 + 4\vartheta^2\eta^2}}. \tag{3.51}$$

Der Phasenwinkel α nach Gl. 3.46 ergibt sich aus

$$\tan\alpha = \frac{\mathrm{Im}\,(\hat{V}_0)}{\mathrm{Re}\,(\hat{V}_0)} = -\frac{2\vartheta\eta}{1-\eta^2}. \tag{3.52}$$

Da α, entsprechend den Gl. 3.49 und 3.50, für alle Werte von η null oder negativ ist, folgt, dass der Wegzeiger $\hat{x}(t)$ dem Kraftzeiger $\hat{F}(t)$ immer nacheilt (Abb. 3.7). Die Funktion $\hat{V}_0 = \hat{V}_0(\eta, \vartheta)$ wird als Vergrößerungsfunktion bezeichnet (Abb. 3.6). Das Maximum der Kurvenscharen stellt sich bei

$$\eta_R = \sqrt{1 - 2\vartheta^2} \tag{3.53}$$

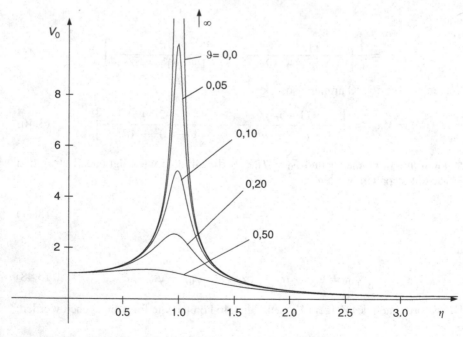

Abb. 3.6 Betrag V_0 der Vergrößerungsfunktion

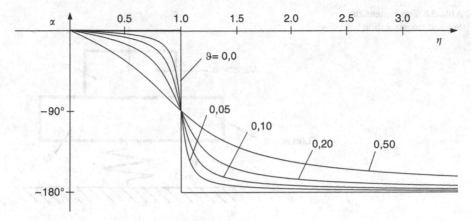

Abb. 3.7 Phasenwinkel α der Vergrößerungsfunktion

ein, wobei die Resonanzüberhöhung den Wert

$$V_{0R} = \frac{1}{2\vartheta\sqrt{1-\vartheta^2}} \tag{3.54}$$

aufweist.

Anwendungsbeispiel: Das Schwingungsfundament Gegeben ist eine mit hoher Drehzahl umlaufende Maschineneinheit. Ist eine Unwucht im System vorhanden, so können infolge der dadurch erzeugten Massenkräfte Schwingungen in der Umgebung der Maschine hervorgerufen werden (z. B. Deckenschwingungen in Fabriken). Aus diesem Grunde werden solche umlaufenden Maschinen meistens nicht direkt mit ihrer Umgebung verbunden, sondern über ein Schwingungsfundament von dieser Umgebung entkoppelt (Abb. 3.8). Die Frage ist nun, wie die Masse M des Fundamentes und die Aufhängesteifigkeit c zu wählen sind, damit möglichst kleine Kräfte in die Umgebung übertragen werden.

Läuft die Maschine bei konstanter Drehzahl, so wirkt – in Hochachsenrichtung – eine harmonische Unwuchterregerkraft

$$\hat{F}_u(t) = F_{u0}e^{i\Omega t}.$$

Aus dieser harmonischen Kraft resultiert eine Fundamentverschiebung mit der Amplitude

$$x_0 = \frac{1}{c} \cdot V_0 \cdot F_{u0}.$$

Damit wird eine dynamische Kraft mit der Amplitude

$$F_{F0} = c \cdot x_0 = V_0 \cdot F_{u0}$$

Abb. 3.8 Fundament zur
Schwingungsisolation

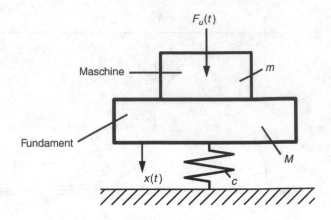

in der Aufhängefeder erzeugt. Diese Gleichung zeigt, dass F_{F0} minimal wird für den Fall, dass V_0 ein Minimum aufweist. Unter der Annahme, dass $d = 0$ ist, ergibt sich aus Gl. 3.51:

$$V_0 = \frac{1}{1 - \eta^2}.$$

Diese Funktion besitzt ein Minimum für $\eta = \Omega/\omega_0 \to \infty$. Zur Erzielung einer guten Schwingungsisolation muss also das Verhältnis Ω/ω_0 möglichst groß gewählt werden. Da Ω meistens eine nicht beeinflussbare Größe ist, muss demzufolge die Kreisfrequenz ω_0 entsprechend klein gewählt werden. Wegen

$$\omega_0 = \sqrt{\frac{c}{M + m}} \tag{3.55}$$

ergibt sich, dass dafür die Aufhängefedersteifigkeit c klein und/oder die Fundamentmasse M groß gewählt sein müssen. Die Eigenfrequenz der Gesamtsystemaufhängung liegt dann deutlich unterhalb der Systemanregungsfrequenz. Deshalb sagt man, dass das System *tief abgestimmt* ist.

Kapitel 4
Zwei- und Mehrmassenschwinger

Die Praxis zeigt, dass viele Konstruktionen, wegen ihres komplexeren Aufbaus, dynamisch nicht auf den Einmassenschwinger als Ersatzsystem zurückgeführt werden können. Vielfach bedarf es eines Mehrmassenschwingersystems zur Beschreibung des komplizierteren dynamischen Verhaltens.

4.1 Freie Schwingungen des Zweimassenschwingers

Es soll das dynamische Verhalten eines Flugzeugs beim Rollvorgang analysiert werden. Wie in Abb. 4.1 dargestellt, besteht dieses Schwingungssystem aus dem Flugzeug mit der Masse m_1, aus dem Fahrwerk mit der Federsteifigkeit c_1, der Radmasse m_2 sowie dem Fahrwerksreifen mit der Federsteifigkeit c_2. Diese schwingungsfähige Konstruktion kann, wie in Abb. 4.2 dargestellt, durch einen Zweimassenschwinger idealisiert werden. Formulieren wir die Gleichgewichtsbedingungen für die beiden Massen m_1 und m_2, so ergibt sich:

$$m_1 \ddot{x}_1(t) + c_1 x_1(t) - c_1 x_2(t) = 0, \tag{4.1}$$

$$m_2 \ddot{x}_2(t) - c_1 x_1(t) + (c_1 + c_2) x_2(t) = 0, \tag{4.2}$$

oder in Matrizenschreibweise:

$$\begin{bmatrix} m_1 & 0 \\ 0 & m_2 \end{bmatrix} \begin{Bmatrix} \ddot{x}_1 \\ \ddot{x}_2 \end{Bmatrix} + \begin{bmatrix} c_1 & -c_1 \\ -c_1 & c_1 + c_2 \end{bmatrix} \begin{Bmatrix} x_1 \\ x_2 \end{Bmatrix} = 0. \tag{4.3}$$

Setzen wir

$$m_1 = m, \quad m_2 = \alpha m, \quad c_1 = c, \quad c_2 = \beta c,$$

dann kann die Bewegungsgleichung wie folgt in Zeigerschreibweise formuliert werden:

$$m \begin{bmatrix} 1 & 0 \\ 0 & \alpha \end{bmatrix} \begin{Bmatrix} \ddot{\hat{x}}_1 \\ \ddot{\hat{x}}_2 \end{Bmatrix} + c \begin{bmatrix} 1 & -1 \\ -1 & 1+\beta \end{bmatrix} \begin{Bmatrix} \hat{x}_1 \\ \hat{x}_2 \end{Bmatrix} = 0. \tag{4.4}$$

R. Freymann, *Strukturdynamik*,
DOI 10.1007/978-3-642-19698-0_4, © Springer-Verlag Berlin Heidelberg 2011

Abb. 4.1 Flugzeug-
Fahrwerk-System

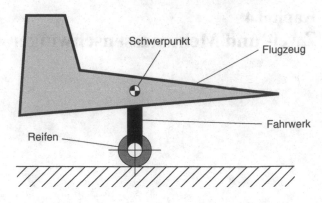

Abb. 4.2 Zweimassen-
schwinger zur Idealisierung
des Flugzeug-Fahrwerk-
Systems

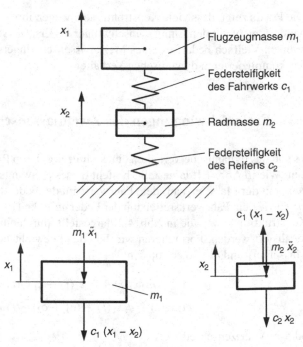

Mit dem Lösungsansatz für diese homogene Differentialgleichung

$$\begin{Bmatrix} \hat{x}_1 \\ \hat{x}_2 \end{Bmatrix} = \begin{Bmatrix} \hat{Y}_1 \\ \hat{Y}_2 \end{Bmatrix} e^{\lambda t}, \qquad\qquad (4.5)$$

entsprechend

$$\begin{Bmatrix} \hat{\ddot{x}}_1 \\ \hat{\ddot{x}}_2 \end{Bmatrix} = \lambda^2 \begin{Bmatrix} \hat{Y}_1 \\ \hat{Y}_2 \end{Bmatrix} e^{\lambda t}, \qquad\qquad (4.6)$$

resultiert unter weiterer Berücksichtigung von

$$\omega_0^2 = \frac{c}{m} \tag{4.7}$$

und

$$\bar{\lambda} = \frac{\lambda}{\omega_0} \tag{4.8}$$

aus Gl. 4.4:

$$\left[\bar{\lambda}^2 \begin{bmatrix} 1 & 0 \\ 0 & \alpha \end{bmatrix} + \begin{bmatrix} 1 & -1 \\ -1 & 1+\beta \end{bmatrix} \right] \begin{Bmatrix} \hat{Y}_1 \\ \hat{Y}_2 \end{Bmatrix} e^{\lambda t} = 0. \tag{4.9}$$

Mit $e^{\lambda t} \neq 0$ und $\begin{Bmatrix} \hat{Y}_1 \\ \hat{Y}_2 \end{Bmatrix} \neq 0$, da sonst eine triviale Lösung vorliegt, bedingt die Gl. 4.9, dass die Determinante des Klammerterms Null sein muss, entsprechend

$$\begin{vmatrix} \bar{\lambda}^2 + 1 & -1 \\ -1 & \alpha\bar{\lambda}^2 + 1 + \beta \end{vmatrix} = 0. \tag{4.10}$$

Daraus folgt die charakteristische Gleichung

$$\bar{\lambda}^4 + \left(1 + \frac{1}{\alpha} + \frac{\beta}{\alpha} \right) \bar{\lambda}^2 + \frac{\beta}{\alpha} = 0. \tag{4.11}$$

Setzen wir

$$b = \frac{\beta}{\alpha}, \tag{4.12}$$

$$a = 1 + \frac{1}{\alpha} + \frac{\beta}{\alpha} = 1 + \frac{1}{\alpha} + b, \tag{4.13}$$

sowie

$$\kappa = \bar{\lambda}^2, \tag{4.14}$$

dann kann für die Gl. 4.11 geschrieben werden:

$$\kappa^2 + a\kappa + b = 0. \tag{4.15}$$

Daraus ergeben sich folgende Lösungen für κ:

$$\kappa_{1,2} = -\frac{a}{2} \pm \frac{a}{2} \sqrt{1 - 4\frac{b}{a^2}}. \tag{4.16}$$

Da, wie gezeigt werden kann, der zweite Term in Gl. 4.16 immer kleiner $a/2$ ist, ergeben sich unter Berücksichtigung der Gl. 4.8 und 4.14 folgende Lösungen:

$$\lambda_1 = i\omega_0\sqrt{|\kappa_1|} = +i\omega_1, \tag{4.17}$$

$$\lambda_2 = -i\omega_0\sqrt{|\kappa_1|} = -i\omega_1, \tag{4.18}$$

$$\lambda_3 = i\omega_0\sqrt{|\kappa_2|} = +i\omega_2, \tag{4.19}$$

$$\lambda_4 = -i\omega_0\sqrt{|\kappa_2|} = -i\omega_2. \tag{4.20}$$

Diese Eigenwerte kennzeichnen die Eigenkreisfrequenzen $\omega_1 = \omega_0\sqrt{|\kappa_1|}$ und $\omega_2 = \omega_0\sqrt{|\kappa_2|}$ des Zweimassenschwingers. Zur Beschreibung des System-Schwingungsverhaltens werden, zusätzlich zu den Eigenfrequenzen, auch noch die Eigenvektoren, die sogenannten Eigenschwingungsformen, benötigt. Diese sind durch die in der Gl. 4.5 aufgeführten Zeiger $\hat{Y}_1$ und $\hat{Y}_2$ definiert. Die Eigenschwingungsformen können durch sukzessives Einsetzen der Eigenwerte in die Gl. 4.9 bestimmt werden. Es ergibt sich:

$$(1 + \bar{\lambda}^2)\hat{Y}_1 - \hat{Y}_2 = 0,$$

oder

$$\hat{Y}_2 = (1 + \bar{\lambda}^2) \cdot \hat{Y}_1. \tag{4.21}$$

Daraus folgen, unter Berücksichtigung der Gl. 4.14, die zugeordneten *normierten* Eigenvektoren oder Eigenschwingungsformen:

$$\left.\begin{array}{l} \begin{Bmatrix} \hat{Y}_{11} \\ \hat{Y}_{12} \end{Bmatrix} = \begin{Bmatrix} 1 \\ 1 + \kappa_1 \end{Bmatrix} \\[2em] \begin{Bmatrix} \hat{Y}_{21} \\ \hat{Y}_{22} \end{Bmatrix} = \begin{Bmatrix} 1 \\ 1 + \kappa_1 \end{Bmatrix} \end{array}\right\} \equiv \{\Phi_1\} = \begin{Bmatrix} \Phi_{11} \\ \Phi_{12} \end{Bmatrix} \tag{4.22}$$

$$\left.\begin{array}{l} \begin{Bmatrix} \hat{Y}_{31} \\ \hat{Y}_{32} \end{Bmatrix} = \begin{Bmatrix} 1 \\ 1 + \kappa_2 \end{Bmatrix} \\[2em] \begin{Bmatrix} \hat{Y}_{41} \\ \hat{Y}_{42} \end{Bmatrix} = \begin{Bmatrix} 1 \\ 1 + \kappa_2 \end{Bmatrix} \end{array}\right\} \equiv \{\Phi_2\} = \begin{Bmatrix} \Phi_{21} \\ \Phi_{22} \end{Bmatrix} \tag{4.23}$$

Damit ergibt sich mit Gl. 4.5 als vollständige Lösung für den Schwingungsverlauf:

$$\begin{Bmatrix} \hat{x}_1(t) \\ \hat{x}_2(t) \end{Bmatrix} = \tilde{q}_1\{\Phi_1\}e^{i\omega_1 t} + \tilde{q}_2\{\Phi_1\}e^{-i\omega_1 t} \tag{4.24}$$

$$+ \tilde{q}_3\{\Phi_2\}e^{i\omega_2 t} + \tilde{q}_4\{\Phi_2\}e^{-i\omega_2 t}.$$

In dieser Gleichung dienen die (komplexen) Konstanten $\tilde{q}_1, \tilde{q}_2, \tilde{q}_3$ und $\tilde{q}_4$ zur Darstellung der anteiligen Beteiligung der verschiedenen normierten Eigenschwingungen an der Gesamtschwingung. Gl. 4.24 kann mit Gl. 2.7 wie folgt umgeformt werden:

$$\begin{Bmatrix} \hat{x}_1(t) \\ \hat{x}_2(t) \end{Bmatrix} = \{\Phi_1\}[(\tilde{q}_1 + \tilde{q}_2)\cos\omega_1 t + i(\tilde{q}_1 - \tilde{q}_2)\sin\omega_1 t] \tag{4.25}$$

$$+ \{\Phi_2\}[(\tilde{q}_3 + \tilde{q}_4)\cos\omega_2 t + i(\tilde{q}_3 - \tilde{q}_4)\sin\omega_2 t].$$

Mit

$$A = \tilde{q}_1 + \tilde{q}_2, \qquad B = i(\tilde{q}_1 - \tilde{q}_2), \qquad C = \tilde{q}_3 + \tilde{q}_4, \qquad D = i(\tilde{q}_3 - \tilde{q}_4)$$

und $A' = \mathrm{Re}\,(A)$, $B' = \mathrm{Re}\,(B)$, $C' = \mathrm{Re}\,(C)$ und $D' = \mathrm{Re}\,(D)$ ergibt sich:

$$\begin{Bmatrix} x_1(t) \\ x_2(t) \end{Bmatrix} = \{\Phi_1\}[A' \cos \omega_1 t + B' \sin \omega_1 t] + \{\Phi_2\}[C' \cos \omega_2 t + D' \sin \omega_2 t]. \quad (4.26)$$

Die Konstanten A', B', C', D' können aus den Anfangsbedingungen der Schwingungsbewegung zum Zeitpunkt $t = 0$ bestimmt werden. Dazu benötigen wir den zeitlichen Verlauf der Geschwindigkeiten, für die, durch Ableiten von Gl. 4.26, geschrieben werden kann:

$$\begin{Bmatrix} \dot{x}_1(t) \\ \dot{x}_2(t) \end{Bmatrix} = \{\Phi_1\}\omega_1[-A' \sin \omega_1 t + B' \cos \omega_1 t]$$

$$+ \{\Phi_2\}\omega_2[-C' \sin \omega_2 t + D' \cos \omega_2 t]. \quad (4.27)$$

Für $t = 0$ resultiert aus den Gl. 4.26 und 4.27:

$$\begin{Bmatrix} x_1(0) \\ x_2(0) \end{Bmatrix} = \{\Phi_1\}A' + \{\Phi_2\}C', \quad (4.28)$$

$$\begin{Bmatrix} \dot{x}_1(0) \\ \dot{x}_2(0) \end{Bmatrix} = \{\Phi_1\}\omega_1 B' + \{\Phi_2\}\omega_2 D'. \quad (4.29)$$

Aus diesen 4 Gleichungen mit 4 Unbekannten können die Konstanten A', B', C', D' ermittelt werden. Es ergibt sich unter Berücksichtigung der Gl. 4.17, 4.19 und 4.22, 4.23:

$$A' = \frac{x_2(0) - x_1(0) \cdot (1 + \kappa_2)}{\kappa_1 - \kappa_2}, \quad (4.30)$$

$$B' = \frac{\dot{x}_2(0) - \dot{x}_1(0) \cdot (1 + \kappa_2)}{\omega_1(\kappa_1 - \kappa_2)}, \quad (4.31)$$

$$C' = \frac{x_1(0) \cdot (1 + \kappa_1) - x_2(0)}{\kappa_1 - \kappa_2}, \quad (4.32)$$

$$D' = \frac{\dot{x}_1(0) \cdot (1 + \kappa_2) - \dot{x}_2(0)}{\omega_2(\kappa_1 - \kappa_2)}. \quad (4.33)$$

Mit den Gl. 2.4–2.6 können die Bewegungsgleichungen des Zweimassenschwingers wie folgt in reeller Schreibweise formuliert werden:

$$\begin{Bmatrix} x_1(t) \\ x_2(t) \end{Bmatrix} = q_1\{\Phi_1\} \cos(\omega_1 t + \varphi_1) + q_2\{\Phi_2\} \cos(\omega_2 t + \varphi_2), \quad (4.34)$$

mit

$$q_1^2 = A'^2 + B'^2, \quad \tan \varphi_1 = -\frac{B'}{A'}, \quad q_2^2 = C'^2 + D'^2, \quad \tan \varphi_2 = -\frac{D'}{C'}. \quad (4.35)$$

Die Bewegungsgleichung 4.34 zeigt, dass das Schwingungssystem zeitliche Bewegungen ausführt, die als Überlagerung der Schwingungen in den beiden Eigenschwingungsformen $\{\Phi_1\}$ und $\{\Phi_2\}$ dargestellt werden können.

Anwendungsbeispiel: Flugzeug-Fahrwerk-System Ausgangspunkt aller Betrachtungen ist das in Abb. 4.1 dargestellte Schwingungssystem, dessen physikalisches Ersatzsystem in Abb. 4.2 aufgeführt ist. Wir setzen

$$m_1 = m, \; m_2 = \frac{m}{100} \qquad \Rightarrow \alpha = \frac{1}{100},$$

$$c_1 = c_2 = c \qquad \Rightarrow \beta = 1.$$

Daraus folgt:

$$b = \frac{\beta}{\alpha} = 100,$$

$$a = 1 + \frac{1}{\alpha} + b = 1 + 100 + 100 = 201.$$

Aus Gl. 4.16 folgt: $\kappa_1 = -0.4988$, $\kappa_2 = -200.50$.

Aus Gl. 4.17 resultiert: $\omega_1 = 0.7062\omega_0$, $\omega_2 = 14.1598\omega_0$.

Gleichung 4.22 liefert: $\{\Phi_1\} = \begin{Bmatrix} 1.0 \\ 0.5012 \end{Bmatrix}$, $\{\Phi_2\} = \begin{Bmatrix} 1.0 \\ -199.5 \end{Bmatrix}$.

Dementsprechend schwingen die beiden Massen in der ersten Eigenschwingungsform $\{\Phi_1\}$ in Phase und in der zweiten Eigenschwingungsform $\{\Phi_2\}$ in Gegenphase. Betrachten wir das Aufsetzen des Flugzeugs bei der Landung zum Zeitpunkt $t = 0$ mit den Anfangsbedingungen $x_1(0) = x_2(0) = 0$, $\dot{x}_1(0) = \dot{x}_2(0) = v_s$, mit v_s als der Sinkgeschwindigkeit des Flugzeugs, dann folgt aus den Gl. 4.30–4.33:

$$A' = 0; \qquad\qquad C' = 0,$$

$$B' = 1.4196\frac{v_s}{\omega_0}; \qquad\qquad D' = 0.0002\frac{v_s}{\omega_0}.$$

Daraus folgt:

$$q_1 = 1.4196\frac{v_s}{\omega_0}; \qquad\qquad \varphi_1 = -\frac{\pi}{2},$$

$$q_2 = 0.0002\frac{v_s}{\omega_0}; \qquad\qquad \varphi_2 = -\frac{\pi}{2}.$$

Eingesetzt in die Gl. 4.34 resultiert:

$$\begin{Bmatrix} x_1(t) \\ x_2(t) \end{Bmatrix} = \frac{v_s}{\omega_0} \left[\begin{Bmatrix} 1.4196 \\ 0.7115 \end{Bmatrix} \cos\left(0.7062\omega_0 t - \frac{\pi}{2} \right) \right.$$

$$\left. + \begin{Bmatrix} 0.0002 \\ -0.0399 \end{Bmatrix} \cos\left(14.1598\omega_0 t - \frac{\pi}{2} \right) \right].$$

Setzen wir in diese Gleichung die realistischen Zahlenwerte $\omega_0 = 6\frac{1}{s}$ sowie $v_s = -3\frac{m}{s}$ als Sinkgeschwindigkeit für eine harte Landung ein, dann ergibt sich

$$\begin{Bmatrix} x_1(t) \\ x_2(t) \end{Bmatrix} = - \begin{Bmatrix} 0.7098 \\ 0.3558 \end{Bmatrix} \cos\left(4.2372t - \frac{\pi}{2} \right) - \begin{Bmatrix} 0.0001 \\ -0.0200 \end{Bmatrix} \cos\left(84.9588t - \frac{\pi}{2} \right).$$

Abb. 4.3 Zeitverlauf der Schwingungsbewegung $x_1(t)$ und $x_2(t)$ für die Auslenkungen der Rumpfmasse und der Radmasse

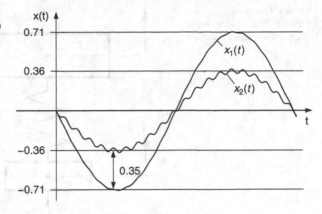

Der Zeitverlauf der Schwingungen $x_1(t)$ und $x_2(t)$ ist in Abb. 4.3 dargestellt. Interessant ist die Frage nach dem (maximalen) erforderlichen Einfederweg Δx des Fahrwerks (Fahrwerkshub). Mit

$$\Delta x(t) = x_1(t) - x_2(t)$$

ergibt sich in erster Näherung

$$|\Delta x_{max}| = 0.71 - 0.36 = 0.35\,\text{m}. \tag{4.36}$$

4.2 Erzwungene Schwingungen des Zweimassenschwingers

Wurde in Abschn. 4.1 auf die freien Schwingungen des Zweimassenschwingers eingegangen, so werden wir uns im Folgenden auf sein dynamisches Antwortverhalten im Falle erzwungener Schwingungen konzentrieren. Dazu werden wir das Schwingungsverhalten des Flugzeug-Fahrwerk-Systems beim Rollen auf unebener Fahrbahn analysieren. In Übereinstimmung mit Abb. 4.4 erfolgt die Anregung des Schwingers über eine Fußpunkterregung $a(t)$, welche die Fahrbahnunebenheit darstellt.

Die Bewegungsgleichungen dieses Systems können, entsprechend Gl. 4.3, wie folgt in Matrizenschreibweise formuliert werden:

$$\begin{bmatrix} m_1 & 0 \\ 0 & m_2 \end{bmatrix} \begin{Bmatrix} \ddot{x}_1 \\ \ddot{x}_2 \end{Bmatrix} + \begin{bmatrix} c_1 & -c_1 \\ -c_1 & c_1 + c_2 \end{bmatrix} \begin{Bmatrix} x_1 \\ x_2 \end{Bmatrix} = \begin{Bmatrix} 0 \\ c_2 \cdot a \end{Bmatrix}. \tag{4.37}$$

Diese Gleichung kann, mit den in Abschn. 4.1 aufgeführten Zusammenhängen, auch wie folgt in Zeigerschreibweise geschrieben werden:

$$\begin{bmatrix} 1 & 0 \\ 0 & \alpha \end{bmatrix} \begin{Bmatrix} \ddot{\hat{x}}_1 \\ \ddot{\hat{x}}_2 \end{Bmatrix} + \omega_0^2 \begin{bmatrix} 1 & -1 \\ -1 & 1 + \beta \end{bmatrix} \begin{Bmatrix} \hat{x}_1 \\ \hat{x}_2 \end{Bmatrix} = \omega_0^2 \begin{Bmatrix} 0 \\ \beta \end{Bmatrix} \cdot \hat{a}. \tag{4.38}$$

Abb. 4.4 Flugzeug-
Fahrwerk-Ersatzsystem beim
Rollen auf unebener Fahrbahn

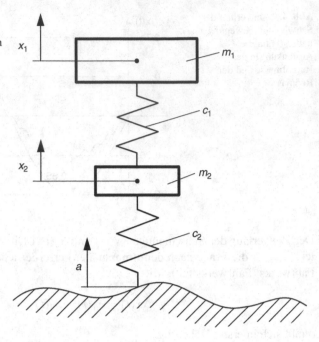

Nehmen wir nun eine harmonische Anregung über die Fahrbahn an, entsprechend

$$\hat{a}(t) = \hat{a}_0 e^{i\Omega t}, \tag{4.39}$$

so ergibt sich als Lösung von Gl. 4.38:

$$\begin{Bmatrix} \hat{x}_1(t) \\ \hat{x}_2(t) \end{Bmatrix} = \begin{Bmatrix} \hat{x}_{10} \\ \hat{x}_{20} \end{Bmatrix} e^{i\Omega t} \tag{4.40}$$

und dementsprechend

$$\begin{Bmatrix} \hat{\ddot{x}}_1(t) \\ \hat{\ddot{x}}_2(t) \end{Bmatrix} = -\Omega^2 \begin{Bmatrix} \hat{x}_{10} \\ \hat{x}_{20} \end{Bmatrix} e^{i\Omega t}. \tag{4.41}$$

Mit

$$\eta = \frac{\Omega}{\omega_0} \tag{4.42}$$

kann für die Gl. 4.38 geschrieben werden:

$$\left[-\eta^2 \begin{bmatrix} 1 & 0 \\ 0 & \alpha \end{bmatrix} + \begin{bmatrix} 1 & -1 \\ -1 & 1+\beta \end{bmatrix} \right] \begin{Bmatrix} \hat{x}_{10} \\ \hat{x}_{20} \end{Bmatrix} = \begin{Bmatrix} 0 \\ \beta \end{Bmatrix} \cdot \hat{a}_0 \tag{4.43}$$

oder

$$[\Delta(\eta)] \begin{Bmatrix} \hat{x}_{10} \\ \hat{x}_{20} \end{Bmatrix} = \begin{Bmatrix} 0 \\ \beta \end{Bmatrix} \cdot \hat{a}_0, \tag{4.44}$$

mit

$$[\Delta(\eta)] = \begin{bmatrix} 1 - \eta^2 & -1 \\ -1 & 1 + \beta - \alpha\eta^2 \end{bmatrix}. \tag{4.45}$$

Damit resultiert aus Gl. 4.43:

$$\begin{Bmatrix} \hat{x}_{10} \\ \hat{x}_{20} \end{Bmatrix} = [\Delta(\eta)]^{-1} \begin{Bmatrix} 0 \\ \beta \end{Bmatrix} \cdot \hat{a}_0, \tag{4.46}$$

mit

$$[\Delta(\eta)]^{-1} = \frac{1}{|\Delta(\eta)|} \begin{bmatrix} 1 + \beta - \alpha\eta^2 & 1 \\ 1 & 1 - \eta^2 \end{bmatrix}, \tag{4.47}$$

wobei $[\Delta(\eta)]^{-1}$ die Inverse und $|\Delta(\eta)|$ die Determinante der Matrix $[\Delta(\eta)]$ kennzeichnen. Mit $\hat{a}_0 = a_0 e^{i\varphi_{a0}} \equiv a_0$ resultiert aus Gl. 4.46:

$$\frac{x_{10}}{a_0} = \frac{1}{|\Delta(\eta)|} \cdot \beta \tag{4.48}$$

und

$$\frac{x_{20}}{a_0} = \frac{1}{|\Delta(\eta)|} (1 - \eta^2) \cdot \beta. \tag{4.49}$$

Befassen wir uns im Folgenden mit dem Frequenzverlauf der Funktionen x_{10}/a_0 und x_{20}/a_0. In übereinstimmung mit Gl. 4.10 gilt, dass $|\Delta(\eta)|$ für die bezogenen Eigenfrequenzen des Schwingers $\eta_1 = \omega_1/\omega_0$ und $\eta_2 = \omega_2/\omega_0$ gleich null ist. Mit Bezug auf die Gl. 4.48 und 4.49 folgt damit, dass x_{10}/a_0 und x_{20}/a_0 für $\eta = \eta_1$ und $\eta = \eta_2$ unendlich große Werte annehmen. Weiterhin kann gezeigt werden, dass

$$|\Delta(\eta)| = \begin{cases} > 0, & \text{für } 0 \leq \eta < \eta_1 \\ < 0, & \text{für } \eta_1 < \eta < \eta_2 \\ > 0, & \text{für } \eta > \eta_2 \end{cases}.$$

Damit ergeben sich die in Abb. 4.5 dargestellten qualitativen Verläufe der Frequenzgänge für x_{10}/a_0 bzw. x_{20}/a_0.

Abbildung 4.5 zeigt, dass unterhalb der dimensionslosen Frequenz $\eta = 1$ die beiden Massen in Phase schwingen. Oberhalb von $\eta = 1$ finden die Bewegungen gegenphasig statt.

Anmerkung: Es sei darauf hingewiesen, dass alle in den Abschn. 4.2 und 4.1 beschriebenen Herleitungen ohne Berücksichtigung der Dämpfungseigenschaften des Schwingersystems

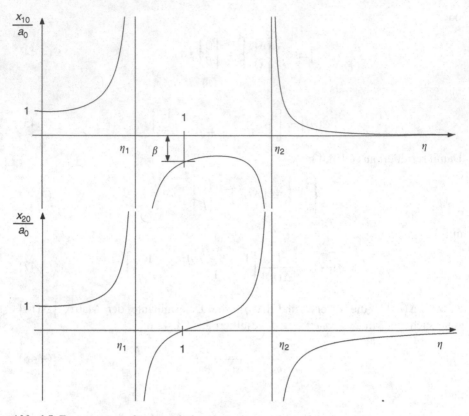

Abb. 4.5 Frequenzgänge der dynamischen Antworten x_{10}/a_0 und x_{20}/a_0

erfolgt sind.Grund dafür ist, dass bei Berücksichtigung von viskosen Dämpfern, in Parallelschaltung zu den in Abb. 4.2 dargestellten Federn, in der charakteristischen Gl. 4.11 Zusatzterme mit der Ordnung $\bar{\lambda}$ und $\bar{\lambda}^3$ hervorrufen würden, die eine Lösung dieser Gleichung auf analytischem Wege ausschließen würden. Deshalb ist es meist unmöglich, das dynamische Antwortverhalten von Schwingungssystemen auf diesem Wege – bei Berücksichtigung ihrer Dämpfungseigenschaften – zu berechnen. Es gibt aber andere analytische Verfahren, die es ermöglichen, dieses Antwortverhalten, das für strukturdynamische Untersuchungen von großer Bedeutung ist, zu ermitteln. Darauf wird in Kap. 7 näher eingegangen.

4.3   Mehrmassenschwinger

In den Abschn. 4.1 und 4.2 haben wir das Flugzeug-Fahrwerk-System in Form eines Zweimassenschwingers idealisiert. Auch wenn diese Beschreibung für grundlegende Analysen durchaus sinnvoll sein kann, so kann damit das Schwingungsverhalten des Flugzeugs beim Rollen auf der Fahrbahn nicht vollständig beschrieben werden. Dafür ist das Ersatzsystem zu einfach. Im Realfall verfügt ein Flugzeug über ein Bug- und ein Hauptfahrwerk. Das führt dazu, dass zur Analyse des Schwingungsverhaltens in der Flugzeug-Längsebene zumindest eine Idealisierung entsprechend Abb. 4.6 erforderlich ist. Dabei kennzeichnen

m_R, θ_s die Trägheitskenndaten des Flugzeugrumpfes,

m_H, m_B die Massen des Haupt- und Bugfahrwerks,

c_{FH}, c_{FB} die Steifigkeiten des Haupt- und Bugfahrwerks,

c_{RH}, c_{RB} die Steifigkeiten der Reifen am Haupt- und Bugfahrwerk.

Es ist einleuchtend, dass mit der Idealisierung nach Abb. 4.6 keine Auskunft über die Rollschwingungen des Flugzeugs um seine Längsachse erhalten werden können. Dafür wäre ein noch detaillierteres mathematisches Modell erforderlich, so z. B. die Aufteilung des Hauptfahrwerkes in ein linkes und ein rechtes Federbein.

Diese Feststellung zeigt, dass wir es bei vielen technischen Systemen im Allgemeinen mit Mehrmassenschwingern zu tun haben, wobei dann auch eine Vielzahl von Freiheitsgraden bei der Analyse des Schwingungsverhaltens zu berücksichtigen sind. So weist das in Abb. 4.6 dargestellte Ersatzsystem schon 4 Freiheitsgrade auf:

h die Hubbewegung des Flugzeugrumpfes im Schwerpunkt,

α der Nickwinkel,

x_H, x_B die Verschiebungen der Haupt- und Bugfahrwerksmassen.

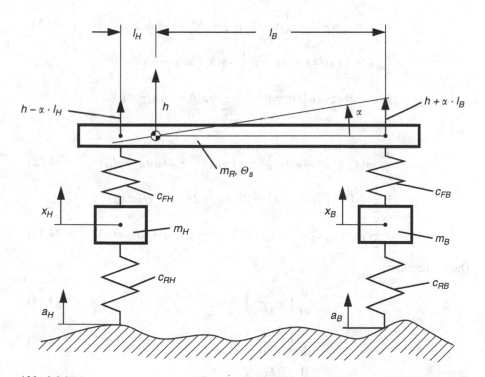

Abb. 4.6 Mehrmassenschwinger zur Flugzeug-Fahrwerk-Idealisierung

Als Anregung für das Schwingungssystem stehen die Fußpunktauslenkungen an den Haupt- und Bugfahrwerken a_H bzw. a_B. Selbstverständlich können die Bewegungsgleichungen für dieses System – ähnlich wie in Abschn. 4.1 für den Zweimassenschwinger – auf der Grundlage von Gleichgewichtsbetrachtungen an den einzelnen Massen aufgestellt werden. Es zeigt sich jedoch, dass mit zunehmender Anzahl von Freiheitsgraden diese Betrachtungsweise immer schwieriger wird. Aus diesem Grunde empfiehlt es sich, bei komplexeren Systemen die Bewegungsgleichungen auf der Grundlage der Lagrange'schen Gleichungen aufzustellen. Diese können wie folgt geschrieben werden:

$$\frac{\mathrm{d}}{\mathrm{d}t}\left(\frac{\partial E_{kin}}{\partial \dot{x}_i}\right) + \frac{\partial E_{pot}}{\partial x_i} = \frac{\partial W}{\partial x_i}\,; \quad (i = 1, 2, \ldots, n). \tag{4.50}$$

Dabei kennzeichnen

E_{kin} die kinetische Energie des Systems,
E_{pot} die potentielle Energie des Systems,
W die von den am System angreifenden Kräften geleistete Arbeit,
x_i die Auslenkung im i-ten physikalischen Freiheitsgrad,
$\dot{x}_i$ die Bewegungsgeschwindigkeit im i-ten Freiheitsgrad.

Damit kann für den in Abb. 4.6 dargestellten Schwinger geschrieben werden:

$$E_{kin} = \frac{1}{2}m_B\dot{x}_B^2 + \frac{1}{2}m_H\dot{x}_H^2 + \frac{1}{2}m_R\dot{h}^2 + \frac{1}{2}\theta_s\dot{\alpha}^2, \tag{4.51}$$

$$E_{pot} = \frac{1}{2}c_{RB}(x_B - a_B)^2 + \frac{1}{2}c_{FB}(h + \alpha l_B - x_B)^2$$

$$+ \frac{1}{2}c_{RH}(x_H - a_H)^2 + \frac{1}{2}c_{FH}(h - \alpha l_H - x_H)^2,$$

und

$$E_{pot} = \frac{1}{2}c_{RB}(x_B^2 - 2x_B a_B + a_B^2) + \frac{1}{2}c_{RH}(x_H^2 - 2x_H a_H + a_H^2) \tag{4.52}$$

$$+ \frac{1}{2}c_{FB}(h^2 + l_B^2\alpha^2 + x_B^2 + 2l_B h\alpha - 2hx_B - 2l_B\alpha x_B)$$

$$+ \frac{1}{2}c_{FH}(h^2 + l_H^2\alpha^2 + x_H^2 - 2l_H h\alpha - 2hx_H + 2l_H\alpha x_H). \tag{4.53}$$

Daraus resultiert:

$$\frac{\mathrm{d}}{\mathrm{d}t}\left(\frac{\partial E_{kin}}{\partial \dot{h}}\right) = m_R\ddot{h}, \tag{4.54}$$

$$\frac{\mathrm{d}}{\mathrm{d}t}\left(\frac{\partial E_{kin}}{\partial \dot{\alpha}}\right) = \theta_s\ddot{\alpha}, \tag{4.55}$$

$$\frac{\mathrm{d}}{\mathrm{d}t}\left(\frac{\partial E_{kin}}{\partial \dot{x}_B}\right) = m_B\ddot{x}_B, \tag{4.56}$$

$$\frac{d}{dt}\left(\frac{\partial E_{kin}}{\partial \dot{x}_H}\right) = m_H \ddot{x}_H \qquad (4.57)$$

und

$$\frac{\partial E_{pot}}{\partial h} = (c_{FB} + c_{FH})h + (c_{FB}l_B - c_{FH}l_H)\alpha - c_{FB}x_B - c_{FH}x_H, \qquad (4.58)$$

$$\frac{\partial E_{pot}}{\partial \alpha} = (c_{FB}l_B - c_{FH}l_H)h + (c_{FB}l_B^2 + c_{FH}l_H^2)\alpha$$
$$- c_{FB}l_B x_B + c_{FB}l_H x_H, \qquad (4.59)$$

$$\frac{\partial E_{pot}}{\partial x_B} = -c_{FB}h - c_{FB}l_B\alpha + (c_{RB} + c_{FB})x_B - c_{RB}a_B, \qquad (4.60)$$

$$\frac{\partial E_{pot}}{\partial x_H} = -c_{FH}h + c_{FB}l_H\alpha + (c_{RH} + c_{FH})x_H - c_{RH}a_H. \qquad (4.61)$$

Damit können die Bewegungsgleichungen des Mehrmassenschwingers mit 4 Freiheitsgraden wie folgt in Matrizenschreibweise geschrieben werden:

$$\begin{bmatrix} m_R & 0 & 0 & 0 \\ 0 & \theta_s & 0 & 0 \\ 0 & 0 & m_B & 0 \\ 0 & 0 & 0 & m_H \end{bmatrix} \begin{Bmatrix} \ddot{h} \\ \ddot{\alpha} \\ \ddot{x}_B \\ \ddot{x}_H \end{Bmatrix}$$

$$+ \begin{bmatrix} c_{FB} + c_{FH} & c_{FB}l_B - c_{FH}l_H & -c_{FB} & -c_{FH} \\ c_{FB}l_B - c_{FH}l_H & c_{FB}l_B^2 + c_{FH}l_H^2 & -c_{FB}l_B & c_{FB}l_H \\ -c_{FB} & -c_{FB}l_B & c_{RB} + c_{FB} & 0 \\ -c_{FH} & c_{FB}l_H & 0 & c_{RH} + c_{FH} \end{bmatrix} \begin{Bmatrix} h \\ \alpha \\ x_B \\ x_H \end{Bmatrix}$$

$$= \begin{Bmatrix} 0 \\ 0 \\ c_{RB}a_B \\ c_{RH}a_H \end{Bmatrix}. \qquad (4.62)$$

Ohne in die Details des Lösungsformalismus einzugehen, sei hier lediglich aufgeführt, dass

a) die Analyse des frei schwingenden Systems (mit $a_B = a_H \equiv 0$) als Ergebnis 4 Eigenfrequenzen mit den ihnen zugeordneten Eigenschwingungsformen liefert, entsprechend

$$\omega_1 : \{\Phi_1\}^\top = \{h_{10}, \alpha_{10}, x_{B10}, x_{H10}\}^\top,$$

$$\omega_2 : \{\Phi_2\}^\top = \{h_{20}, \alpha_{20}, x_{B20}, x_{H20}\}^\top,$$

$$\omega_3 : \{\Phi_3\}^\top = \{h_{30}, \alpha_{30}, x_{B30}, x_{H30}\}^\top,$$

$$\omega_4 : \{\Phi_4\}^\top = \{h_{40}, \alpha_{40}, x_{B40}, x_{H40}\}^\top,$$

b) das dynamische Antwortverhalten des Schwingungssystems dargestellt werden
kann in Form von Frequenzgängen, z. B. entsprechend

$$\frac{h_0}{a_{B0}}(\eta), \; \frac{h_0}{a_{H0}}(\eta); \quad \frac{\alpha_0}{a_{B0}}(\eta), \; \frac{\alpha_0}{a_{H0}}(\eta); \quad \frac{x_{B0}}{a_{B0}}(\eta), \; \frac{x_{B0}}{a_{H0}}(\eta); \quad \frac{x_{H0}}{a_{B0}}(\eta), \; \frac{x_{H0}}{a_{H0}}(\eta).$$

Allgemein gilt die Aussage, dass ein Mehrmassenschwinger mit n Freiheitsgraden
durch die Bewegungsgleichung

$$[m]\{\ddot{x}\} + [c]\{x\} = \{F\} \tag{4.63}$$

beschrieben werden kann. Dabei weisen die Matrizen $[m]$ und $[c]$ die Dimension
$n \times n$ auf, die Vektoren $\{\ddot{x}\}$, $\{x\}$ und $\{F\}$ die Dimension $n \times 1$.

Ein Schwingungssystem mit n Freiheitsgraden besitzt n Eigenfrequenzen und n
zugeordnete Eigenschwingungsformen.

Schließlich soll angemerkt sein, dass im Normalfall (z. B. keine innere Energie-
zufuhr über aktive Systeme und keine Kreiseleffekte) die in Gl. 4.63 aufgeführten
Massen- und Steifigkeitsmatrizen $[m]$ bzw. $[c]$ *symmetrisch* sind.

Kapitel 5
Finite-Elemente-Beschreibung von strukturdynamischen Systemen

Im vorhergehenden Kapitel wurde gezeigt, wie durch zunehmende Verfeinerung des mathematischen Modells eine immer genauere Beschreibung des Schwingungsverhaltens eines Flugzeug-Fahrwerk-Systems erreicht wurde. Bei der Behandlung dieses Beispiels wurde bisher davon ausgegangen, dass es sich bei der Flugzeugzelle um einen starren Körper handelt. In Realität ist das aber nicht der Fall.

Ein strukturdynamisches Kennzeichen von technischen Konstruktionen ist ihre Elastizität. Unter der Einwirkung von Belastungen deformieren sich diese Strukturen. Beispielhaft dafür ist in Abb. 5.1 eine typische Deformation einer Flugzeugstruktur dargestellt. Deutlich zu erkennen sind die Biegeverformungen des Rumpfes sowie die Torsionsdeformationen an den Tragflächen.

Frage ist, auf welcher Grundlage eines physikalischen Strukturmodells das Schwingungsverhalten von derartigen elastischen Systemen berechnet werden kann. Mit den im vorherigen Kapitel aufgeführten Überlegungen wäre es z. B. möglich, den Rumpf des Flugzeugs, wie in Abb. 5.2 dargestellt, durch ein Mehrmassen-Feder-System zu beschreiben. Eine solche Idealisierung würde es erlauben, bei bekannten Massen- und Steifigkeitsmatrizen, die Systembewegungsgleichungen in Differentialgleichungsform – entsprechend Gl. 4.63 – zu formulieren. Die Auflösung dieses Gleichungssystems würde die Eigenfrequenzen und Eigenschwingungsformen, sowie, bei bekannter Anregung, die dynamische Antwort des strukturellen Systems liefern.

5.1 Vorgehensweise

Praktisch wird bei der Anwendung von Finite-Elemente-Methoden (FEM) genau so vorgegangen. Dabei werden komplizierte kontinuierliche elastische Strukturen durch eine definierte Anzahl von sogenannten „Finiten Elementen", d. h. Strukturelementen mit endlichen Abmessungen, idealisiert (Abb. 5.3). Bei den Finiten Elementen kann es sich dabei um Stäbe, Balken, Platten oder Schalen mit unterschiedlicher Geometrie handeln (Abb. 5.4).

R. Freymann, *Strukturdynamik*,
DOI 10.1007/978-3-642-19698-0_5, © Springer-Verlag Berlin Heidelberg 2011

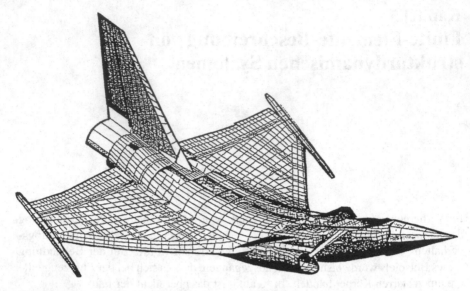

Abb. 5.1 Elastische Deformationen einer Flugzeugstruktur

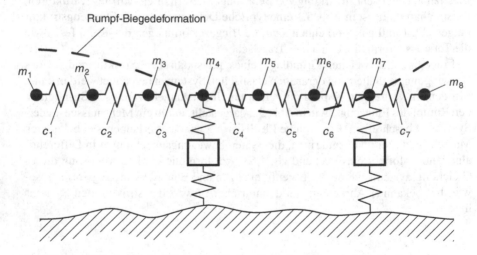

Abb. 5.2 Physikalisches Feder-Masse-Modell einer elastischen Flugzeugrumpfstruktur

Es ist nun möglich, die Massen- und Steifigkeitsmatrizen für die einzelnen Finiten Elemente zu definieren. Auf diese Zusammenhänge wird in Abschn. 5.2 noch näher eingegangen.

In Abschn. 5.3 wird dann gezeigt, wie – bei bekannten Massen– und Steifigkeitsmatrizen der einzelnen Finiten Elemente – die einzelnen Elementmatrizen durch Überlagerung zu einer Gesamtmassenmatrix $[m]$ und einer Gesamtsteifigkeitsmatrix $[c]$ für das Gesamtsystem zusammengefügt werden können.

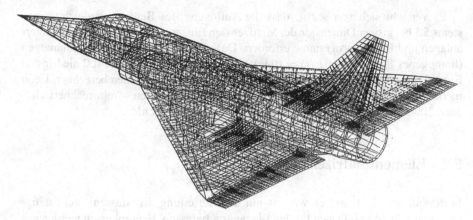

Abb. 5.3 Finite-Elemente-Idealisierung einer Flugzeugstruktur

Abb. 5.4 Typische Finite Elemente

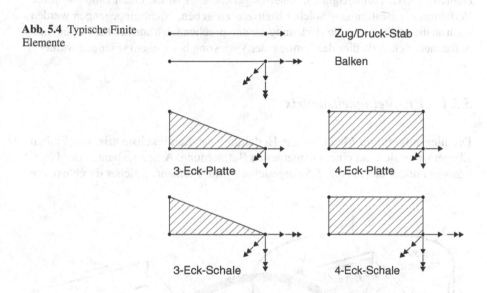

Zug/Druck-Stab

Balken

3-Eck-Platte

4-Eck-Platte

3-Eck-Schale

4-Eck-Schale

Damit kann dann, analog zu Gl. 4.63, auch für das Bewegungsgleichungssystem von kompliziertesten elastischen Strukturen ganz allgemein geschrieben werden:

$$[m]\{\ddot{x}(t)\} + [c]\{x(t)\} = \{F(t)\}. \tag{5.1}$$

Es ist einleuchtend, dass bei einer sehr feinen Idealisierung der Struktur in Finite Elemente, also bei einem sehr feinen Netz, die Dimension der Matrizen $[m]$ und $[c]$ sehr groß sein kann. Für den Fall der in Abb. 5.3 dargestellten Flugzeugstruktur weisen diese Matrizen die Dimension von ca. 30000×30000 auf. Jede dieser Matrizen enthält also $3 \cdot 10^4 \times 3 \cdot 10^4 = 9 \cdot 10^8 = 900 \cdot 10^6 = 900$ Millionen Werte!

Es versteht sich von selbst, dass die Auflösung des Bewegungsgleichungssystems 5.1 bei großer Dimension der Matrizen den Einsatz leistungsfähiger Computeranlagen und Rechenprogramme erfordert. Dabei werden bei Eigenwertrechnungen (homogenes Problem mit $F(t) = 0$) im Allgemeinen nur die $20 \ldots 100$ niedrigsten Eigenfrequenzen mit den zugeordneten Eigenschwingungsformen berechnet. Denn merke: Für ein System mit 30000 Freiheitsgraden existieren – rein rechnerisch – auch 30000 Eigenfrequenzen und Eigenschwingungsformen!

5.2   Elementmatrizen

In diesem Abschnitt wollen wir uns mit der Herleitung der Massen- und Steifigkeitsmatrizen von einfachen Finiten Elementen befassen. Exemplarisch werden wir dabei auf den Zug|Druck-Stab, den Torsionsstab, den Biegebalken und das Balkenelement mit 12 Freiheitsgraden näher eingehen. Ziel ist es, einen Einblick in die Verfahren zur Bestimmung solcher Matrizen zu geben. Nicht eingegangen werden kann an dieser Stelle auf die Herleitung der entsprechenden Matrizen für Platten- und Schalenelemente, da dies den Umfang der Vorlesung bei weitem sprengen würde.

5.2.1   FE-Steifigkeitsmatrix

Die hier aufgeführte Methodik zur Herleitung der Steifigkeitsmatrix von Finiten Elementen basiert auf einer energetischen Betrachtung. Ausgangspunkt aller Überlegungen bildet das in Abb. 5.5 dargestellte Finite Element, welches durch externe

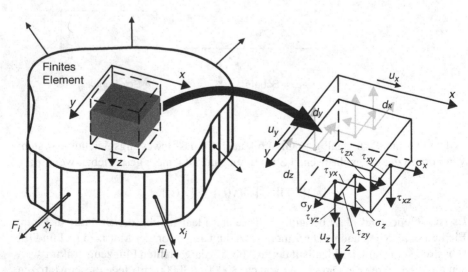

Anmerkung: Am gegenüberliegenden Schnittufer greifen jeweils Spannungen mit
                umgekehrtem Vorzeichen an!

Abb. 5.5 Beispielhafte Darstellung eines Finiten Elementes

Kräfte $F_1, \ldots, F_i, \ldots, F_j, \ldots$ an seinen Knotenpunkten belastet wird. Durch diese Belastung stellen sich an den Knotenpunkten Verschiebungen $x_1, \ldots, x_i, \ldots, x_j, \ldots$ ein.

Für die aufgrund der äußeren Belastung $\{F\}$ im Finiten Element gespeicherte potentielle Energie kann geschrieben werden:

$$
E_{pot} = \frac{1}{2} \left[\int_V \sigma_x \mathrm{d}y\mathrm{d}z \frac{\partial u_x}{\partial x}\mathrm{d}x + \int_V \sigma_y \mathrm{d}x\mathrm{d}z \frac{\partial u_y}{\partial y}\mathrm{d}y + \int_V \sigma_z \mathrm{d}x\mathrm{d}y \frac{\partial u_z}{\partial z}\mathrm{d}z \right.
$$

$$
+ \int_V \tau_{xy} \mathrm{d}y\mathrm{d}z \frac{\partial u_y}{\partial x}\mathrm{d}x + \int_V \tau_{xz} \mathrm{d}y\mathrm{d}z \frac{\partial u_z}{\partial x}\mathrm{d}x + \int_V \tau_{yz} \mathrm{d}x\mathrm{d}z \frac{\partial u_z}{\partial y}\mathrm{d}y
$$

$$
\left. + \int_V \tau_{yx} \mathrm{d}x\mathrm{d}z \frac{\partial u_x}{\partial y}\mathrm{d}y + \int_V \tau_{zx} \mathrm{d}x\mathrm{d}y \frac{\partial u_x}{\partial z}\mathrm{d}z + \int_V \tau_{zy} \mathrm{d}x\mathrm{d}y \frac{\partial u_y}{\partial z}\mathrm{d}z \right]. \quad (5.2)
$$

Wird das Momentengleichgewicht um den Mittelpunkt des infinitesimalen Quader-elementes von Abb. 5.5 gebildet, so resultiert daraus:

$$
\tau_{yx} = \tau_{xy},
$$

$$
\tau_{xz} = \tau_{zx},
$$

$$
\tau_{yz} = \tau_{zy}. \quad (5.3)
$$

Weiterhin resultiert aufgrund linearer Dehnungsannahmen:

$$
\varepsilon_x = \frac{\partial u_x}{\partial x},
$$

$$
\varepsilon_y = \frac{\partial u_y}{\partial y},
$$

$$
\varepsilon_z = \frac{\partial u_z}{\partial z}. \quad (5.4)
$$

Werden die Gl. 5.3 und 5.4 in 5.2 eingesetzt, so ergibt sich:

$$
E_{pot} = \frac{1}{2} \left[\int_V \sigma_x \varepsilon_x \mathrm{d}V + \int_V \sigma_y \varepsilon_y \mathrm{d}V + \int_V \sigma_z \varepsilon_z \mathrm{d}V + \int_V \tau_{xy} \left(\frac{\partial u_y}{\partial x} + \frac{\partial u_x}{\partial y} \right) \mathrm{d}V \right.
$$

$$
\left. + \int_V \tau_{yz} \left(\frac{\partial u_z}{\partial y} + \frac{\partial u_y}{\partial z} \right) \mathrm{d}V + \int_V \tau_{zx} \left(\frac{\partial u_x}{\partial z} + \frac{\partial u_z}{\partial x} \right) \mathrm{d}V \right]. \quad (5.5)
$$

Setzt man weiterhin für die Verzerrungen oder Schubwinkel

$$\gamma_{xy} = \gamma_{yx} = \frac{\partial u_y}{\partial x} + \frac{\partial u_x}{\partial y},$$

$$\gamma_{yz} = \gamma_{zy} = \frac{\partial u_z}{\partial y} + \frac{\partial u_y}{\partial z},$$

$$\gamma_{zx} = \gamma_{xz} = \frac{\partial u_x}{\partial z} + \frac{\partial u_z}{\partial x}, \tag{5.6}$$

so kann Gl. 5.5 wie folgt geschrieben werden:

$$E_{pot} = \frac{1}{2}\left[\int_V \varepsilon_x\sigma_x dV + \int_V \varepsilon_y\sigma_y dV + \int_V \varepsilon_z\sigma_z dV \right. \tag{5.7}$$

$$\left. + \int_V \gamma_{xy}\tau_{xy} dV + \int_V \gamma_{yz}\tau_{yz} dV + \int_V \gamma_{zx}\tau_{zx} dV \right],$$

oder in Matrixschreibweise:

$$E_{pot} = \frac{1}{2}\left[\int_V \{\varepsilon\}^{\mathsf{T}}\{\sigma\} dV + \int_V \{\gamma\}^{\mathsf{T}}\{\tau\} dV \right]. \tag{5.8}$$

Unter der Annahme eines linearen elastomechanischen Verhaltens ergibt sich folgender Zusammenhang zwischen Spannungs- und Dehnungskenngrößen (Stoffgesetz):

$$\begin{Bmatrix}\sigma_x\\\sigma_y\\\sigma_z\end{Bmatrix} = \frac{E}{(1-2v)(1+v)}\begin{bmatrix}1-v & v & v\\v & 1-v & v\\v & v & 1-v\end{bmatrix}\begin{Bmatrix}\varepsilon_x\\\varepsilon_y\\\varepsilon_z\end{Bmatrix}, \tag{5.9}$$

$$\begin{Bmatrix}\tau_{xy}\\\tau_{yz}\\\tau_{zx}\end{Bmatrix} = G\begin{bmatrix}1 & 0 & 0\\0 & 1 & 0\\0 & 0 & 1\end{bmatrix}\begin{Bmatrix}\gamma_{xy}\\\gamma_{yz}\\\gamma_{zx}\end{Bmatrix}, \tag{5.10}$$

oder in Matrixschreibweise:

$$\{\sigma\} = [\kappa]\{\varepsilon\}, \tag{5.11}$$

$$\{\tau\} = [\lambda]\{\gamma\}. \tag{5.12}$$

In den Gl. 5.9 und 5.10 kennzeichnet E den Elastizitätsmodul, v die Querkontraktionszahl und

$$G = \frac{E}{2(1+v)} \tag{5.13}$$

den Schubmodul des Werkstoffs.

Da die (inneren) Dehnungen $\{\varepsilon\}$ und Verzerrungen $\{\gamma\}$ im Zusammenhang mit den äußeren Verschiebungen stehen, schreiben wir:

$$\{\varepsilon\} = [a]\{x\}, \tag{5.14}$$

$$\{\gamma\} = [b]\{x\}. \tag{5.15}$$

Werden die Gl. 5.11, 5.12, 5.14 und 5.15 in 5.8 eingesetzt, so ergibt sich:

$$E_{pot} = \frac{1}{2}\{x\}^{\top}\left[\int\limits_{V} [a]^{\top}[\kappa][a]\mathrm{d}V + \int\limits_{V} [b]^{\top}[\lambda][b]\mathrm{d}V \right] \{x\}. \tag{5.16}$$

Bezeichnen wir die Steifigkeitsmatrix des Finiten Elementes mit $[c]$, so kann für die im Element gespeicherte potentielle Energie geschrieben werden:

$$E_{pot} = \frac{1}{2}\{x\}^{\top}[c]\{x\}. \tag{5.17}$$

Aus den Gl. 5.16 und 5.17 resultiert für die Steifigkeitsmatrix:

$$[c] = \int\limits_{V} \left([a]^{\top}[\kappa][a] + [b]^{\top}[\lambda][b] \right) \mathrm{d}V. \tag{5.18}$$

In den folgenden Abschnitten wird nun die Steifigkeitsmatrix für verschiedene Finite Elemente hergeleitet.

Zug|Druck-Stab Betrachten wir als Einstiegsbeispiel den einfachen Fall eines *homogenen* Zug|Druck-Stabes mit den Freiheitsgraden u_1 und u_4 sowie den Belastungen S_1 und S_4 an den Knotenpunkten entsprechend der Darstellung in Abb. 5.6. Der Stab weist die Länge l und den Querschnitt A auf.

Es gilt:

$$\{x\} = \{u_1 \quad u_4\}^{\top}, \tag{5.19}$$

$$\{F\} = \{S_1 \quad S_4\}^{\top}. \tag{5.20}$$

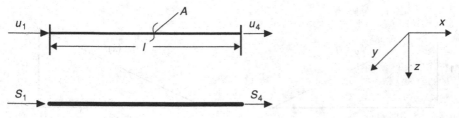

Abb. 5.6 Zug|Druck-Stab

Das Deformationsverhalten des Stabes in x-Richtung u_x wird über den Verschiebungsansatz 1. Ordnung

$$u_x(x) = C_0 + C_1 x \qquad (5.21)$$

beschrieben. Die Konstanten C_0 und C_1 werden aus den Randbedingungen

$$u_x(x = 0) = u_1 = C_0, \qquad (5.22)$$
$$u_x(x = l) = u_4 = C_0 + C_1 \cdot l \qquad (5.23)$$

bestimmt. Daraus resultiert:

$$C_0 = u_1, \qquad (5.24)$$
$$C_1 = \frac{u_4}{l} - \frac{u_1}{l}. \qquad (5.25)$$

Das Einsetzen der Gl. 5.24 und 5.25 in 5.21 ergibt

$$u_x(x) = \left(1 - \frac{x}{l}\right) u_1 + \left(\frac{x}{l}\right) u_4. \qquad (5.26)$$

Mit den Deformationsfunktionen

$$\psi_{u_1}(x) = 1 - \frac{x}{l}, \qquad (5.27)$$

$$\psi_{u_4}(x) = \frac{x}{l} \qquad (5.28)$$

lässt sich auch schreiben:

$$u_x = \psi_{u_1}(x) \cdot u_1 + \psi_{u_4}(x) \cdot u_4. \qquad (5.29)$$

Die in Abb. 5.7 dargestellten Funktionen kennzeichnen das Deformationsverhalten des Stabes infolge von Einheitsverschiebungen $u_1 \equiv 1$ bzw. $u_4 \equiv 1$ an den Knotenpunkten. Mit Gl. 5.29 ergibt sich für das Dehnungsverhalten des Elementes in Richtung der x-Achse:

$$\varepsilon_x = \frac{\partial u_x}{\partial x} = -\frac{1}{l} \cdot u_1 + \frac{1}{l} \cdot u_4 = \begin{bmatrix} -\dfrac{1}{l} & \dfrac{1}{l} \end{bmatrix} \begin{Bmatrix} u_1 \\ u_4 \end{Bmatrix}. \qquad (5.30)$$

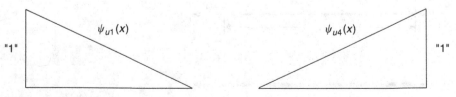

Abb. 5.7 Deformationsfunktionen

Damit resultiert aus Gl. 5.14 der Zusammenhang:

$$[a] = \begin{bmatrix} -\dfrac{1}{l} & \dfrac{1}{l} \end{bmatrix}. \tag{5.31}$$

Weiterhin liefert Gl. 5.9 für den Fall der eindimensionalen Belastung des Stabes $(\sigma_x \neq 0, \ \sigma_y = \sigma_z \equiv 0)$:

$$\sigma_x = E \cdot \varepsilon_x, \tag{5.32}$$

woraus mit Gl. 5.11 folgt:

$$[\kappa] = E. \tag{5.33}$$

Das Einsetzen von 5.31 und 5.33 in die Gl. 5.18 liefert für die Steifigkeitsmatrix des Stabelementes:

$$[c] = \int_V [a]^\top [\kappa][a] \mathrm{d}V$$

$$= \frac{EA}{l^2} \int_0^l \begin{bmatrix} 1 & -1 \\ -1 & 1 \end{bmatrix} \mathrm{d}x = \frac{EA}{l} \begin{bmatrix} 1 & -1 \\ -1 & 1 \end{bmatrix}. \tag{5.34}$$

Dementsprechend ergibt sich für den Zusammenhang zwischen den am Stabelementes angreifenden Knotenkräften und den Verschiebungen:

$$\begin{Bmatrix} S_1 \\ S_4 \end{Bmatrix} = \frac{EA}{l} \begin{bmatrix} 1 & -1 \\ -1 & 1 \end{bmatrix} \begin{Bmatrix} u_1 \\ u_4 \end{Bmatrix}. \tag{5.35}$$

Torsionsstab Die Belastungen und Verschiebungen an den Knotenpunkten des als homogen angenommenen Elementes sind in Abb. 5.8 dargestellt. Es gilt:

$$\{x\} = \{\varphi_1 \quad \varphi_4\}^\top, \tag{5.36}$$

$$\{F\} = \{M_1 \quad M_4\}^\top. \tag{5.37}$$

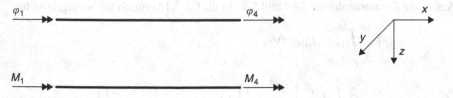

Abb. 5.8 Torsionsstab

Zur Beschreibung des Deformationsverhaltens in x-Richtung wird für den Drehwinkel des Elementes formuliert:

$$\varphi_x(x) = C_0 + C_1 x. \tag{5.38}$$

Durch das Einsetzen und Sortieren der Terme nach den Auslenkungen φ_1 und φ_4 an den Knotenpunkten ergibt sich in Analogie zu den beim Zug|Druck-Stab aufgeführten Überlegungen:

$$\varphi_x(x) = \psi_{\varphi_1}(x) \cdot \varphi_1 + \psi_{\varphi_4}(x) \cdot \varphi_4 \tag{5.39}$$

mit

$$\psi_{\varphi_1}(x) = \left(1 - \frac{x}{l}\right), \tag{5.40}$$

$$\psi_{\varphi_4}(x) = \frac{x}{l}. \tag{5.41}$$

Da zwischen Schubverformung $\gamma_x(r)$ und Drillung $\partial\varphi/\partial x$ der Zusammenhang

$$\gamma_x(r) = r \cdot \frac{\partial\varphi}{\partial x} \tag{5.42}$$

besteht, ergibt sicht unter Berücksichtigung der Gl. 5.39–5.41:

$$\gamma_x(r) = \left[-\frac{r}{l} \quad \frac{r}{l}\right] \begin{Bmatrix} \varphi_1 \\ \varphi_4 \end{Bmatrix}. \tag{5.43}$$

Unter Berücksichtigung von Gl. 5.15 gilt:

$$[b] = \left[-\frac{r}{l} \quad \frac{r}{l}\right]. \tag{5.44}$$

Weiterhin ergibt sich folgender Zusammenhang zwischen der radialen Schubspannungsverteilung in einem Stabquerschnitt und den Verzerrungen:

$$\tau_x = G \cdot \gamma_x, \tag{5.45}$$

woraus mit Gl. 5.10 resultiert:

$$[\lambda] = G. \tag{5.46}$$

Werden die Zusammenhänge 5.44 und 5.45 in die Gl. 5.18 eingeführt, so ergibt sich:

$$[c] = \int_V [b]^\top [\lambda][b] \mathrm{d}V$$

$$= G \int_0^l \int_A \frac{r^2}{l^2} \begin{bmatrix} 1 & -1 \\ -1 & 1 \end{bmatrix} \mathrm{d}A \mathrm{d}x = \frac{G I_x}{l} \begin{bmatrix} 1 & -1 \\ -1 & 1 \end{bmatrix}. \tag{5.47}$$

In 5.47 kennzeichnet

$$I_x = \int\limits_A r^2 \mathrm{d}A \qquad (5.48)$$

das polare Flächenträgheitsmoment des Stabes. Mit 5.47 gilt der Zusammenhang

$$\begin{Bmatrix} M_1 \\ M_4 \end{Bmatrix} = \frac{GI_x}{l} \begin{bmatrix} 1 & -1 \\ -1 & 1 \end{bmatrix} \begin{Bmatrix} \varphi_1 \\ \varphi_4 \end{Bmatrix}. \qquad (5.49)$$

Anmerkung: Bei nicht kreiförmigen Stabquerschnitten ist in Gl. 5.49 das polare Trägheits-moment I_x durch das Torsionsflächenmoment I_t zu ersetzen. Darauf wird in Abschn. 6.2 näher eingegangen

Biegebalken Die Deformationen und Belastungen des (als homogen angenomme-nen) Biegebalkens sind in Abb. 5.9 dargestellt. Es gilt:

$$\{x\} = \begin{Bmatrix} u_3 & \varphi_2 & u_6 & \varphi_5 \end{Bmatrix}^\top, \qquad (5.50)$$

$$\{F\} = \begin{Bmatrix} S_3 & M_2 & S_6 & M_5 \end{Bmatrix}^\top. \qquad (5.51)$$

Als Verschiebungsansatz für die vertikale Durchbiegung u_z wird ein Polynom 3. Ordnung definiert entsprechend

$$u_z(x) = C_0 + C_1 x + C_2 x^2 + C_3 x^3. \qquad (5.52)$$

Für dessen Ableitung nach der Koordinate x gilt:

$$u_z'(x) = C_1 + 2C_2 x + 3C_3 x^2, \qquad (5.53)$$

Aus den Verschiebungsrandbedingungen an den Knotenpunkten

$$u_z(0) = u_3,\ u_z'(0) = -\varphi_2,\ u_z(l) = u_6,\ u_z'(l) = -\varphi_5,$$

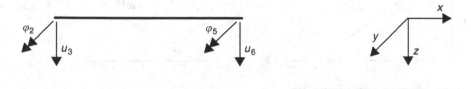

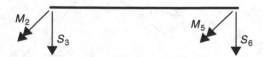

Abb. 5.9 Biegebalken bei Biegung in der xz-Ebene

kann ein Gleichungssystem mit 4 Gleichungen für die 4 Unbekannten C_0, C_1, C_2, C_3 aufgestellt werden. Daraus resultiert die Lösung

$$C_0 = u_3, \tag{5.54}$$

$$C_1 = -\varphi_2, \tag{5.55}$$

$$C_2 = -\frac{3}{l^2}u_3 + \frac{2}{l}\varphi_2 + \frac{3}{l^2}u_6 + \frac{1}{l}\varphi_5, \tag{5.56}$$

$$C_3 = \frac{2}{l^3}u_3 - \frac{1}{l^2}\varphi_2 - \frac{2}{l^3}u_6 - \frac{1}{l^2}\varphi_5. \tag{5.57}$$

Damit ergibt sich für die Balkendurchbiegung:

$$u_z(x) = \psi_{u_3}(x) \cdot u_3 + \psi_{\varphi_2}(x) \cdot \varphi_2 + \psi_{u_6}(x) \cdot u_6 + \psi_{\varphi_5}(x) \cdot \varphi_5, \tag{5.58}$$

mit

$$\psi_{u_3}(x) = 1 - 3\left(\frac{x}{l}\right)^2 + 2\left(\frac{x}{l}\right)^3, \tag{5.59}$$

$$\psi_{\varphi_2}(x) = l\left(-\frac{x}{l} + 2\left(\frac{x}{l}\right)^2 - \left(\frac{x}{l}\right)^3\right), \tag{5.60}$$

$$\psi_{u_6}(x) = 3\left(\frac{x}{l}\right)^2 - 2\left(\frac{x}{l}\right)^3, \tag{5.61}$$

$$\psi_{\varphi_5}(x) = l\left(\left(\frac{x}{l}\right)^2 - \left(\frac{x}{l}\right)^3\right). \tag{5.62}$$

Die diesen Deformationsfunktionen entsprechenden Einheitsdeformationen sind in Abb. 5.10 dargestellt.

Für den Zusammenhang zwischen Balkendehnung in x-Richtung und Balkendurchbiegung gilt:

$$\varepsilon_x = z \cdot u_z'', \tag{5.63}$$

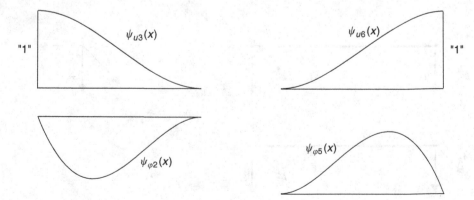

Abb. 5.10 Deformationsfunktionen

wobei z für den Abstand einer Teilfläche des Balkenquerschnitts zur neutralen Faser steht. Durch Ableiten der Gl. 5.53 in

$$u_z'' = 2C_2 + 6C_3 \cdot x \qquad (5.64)$$

und dem Einsetzen von 5.56 und 5.57 ergibt sich nach Gl. 5.14 der Zusammenhang:

$$\varepsilon_x = [a] \left\{ u_3 \quad \varphi_2 \quad u_6 \quad \varphi_5 \right\}^\top, \qquad (5.65)$$

mit

$$[a] = \left[\left(-\frac{6}{l^2} + \frac{12}{l^3} \cdot x \right) z \quad \left(\frac{4}{l} - \frac{6}{l^2} \cdot x \right) z \quad \left(\frac{6}{l^2} - \frac{12}{l^3} \cdot x \right) z \quad \left(\frac{2}{l} - \frac{6}{l^2} \cdot x \right) z \right]. \qquad (5.66)$$

Weiterhin liefert Gl. 5.9 für den Zusammenhang zwischen Spannungs- und Deformationszustand für den Fall $\sigma_y = \sigma_z \equiv 0$:

$$\sigma_x = E \cdot \varepsilon_x, \qquad (5.67)$$

woraus unter Berücksichtigung von 5.11 folgt:

$$[\kappa] = E. \qquad (5.68)$$

Mit 5.66 und 5.68 ergibt sich aus Gl. 5.18:

$$[c] = \int\limits_V [a]^\top [\kappa][a] \mathrm{d}V$$

$$= E \int\limits_0^l \int\limits_A [a]^\top [a] \mathrm{d}A \mathrm{d}x = \frac{E I_y}{l^3} \begin{bmatrix} 12 & -6l & -12 & -6l \\ -6l & 4l^2 & 6l & 2l^2 \\ -12 & 6l & 12 & 6l \\ -6l & 2l^2 & 6l & 4l^2 \end{bmatrix}. \qquad (5.69)$$

mit

$$I_y = \int\limits_A z^2 \cdot A \qquad (5.70)$$

als dem Flächenträgheitsmoment des Balkens um die y-Achse. Zusammenfassend kann geschrieben werden:

$$\begin{Bmatrix} S_3 \\ M_2 \\ S_6 \\ M_5 \end{Bmatrix} = \frac{E I_y}{l^3} \begin{bmatrix} 12 & -6l & -12 & -6l \\ -6l & 4l^2 & 6l & 2l^2 \\ -12 & 6l & 12 & 6l \\ -6l & 2l^2 & 6l & 4l^2 \end{bmatrix} \begin{Bmatrix} u_3 \\ \varphi_2 \\ u_6 \\ \varphi_5 \end{Bmatrix}. \qquad (5.71)$$

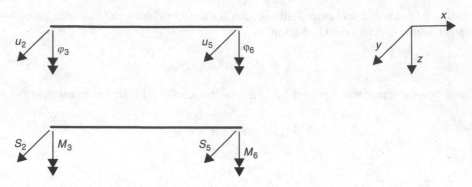

Abb. 5.11 Biegebalken bei Biegung in der xy-Ebene

Es versteht sich von selbst, dass aufgrund identischer Überlegungen die Zusammenhänge für die Balkenbiegung in der xy-Ebene, mit den Freiheitsgraden u_2, φ_3, u_5, φ_6 (Abb. 5.11), hergeleitet werden können. Es ergibt sich:

$$
\begin{Bmatrix} S_2 \\ M_3 \\ S_5 \\ M_6 \end{Bmatrix} = \frac{E I_z}{l^3} \begin{bmatrix} 12 & 6l & -12 & 6l \\ 6l & 4l^2 & -6l & 2l^2 \\ -12 & -6l & 12 & -6l \\ 6l & 2l^2 & -6l & 4l^2 \end{bmatrix} \begin{Bmatrix} u_2 \\ \varphi_3 \\ u_5 \\ \varphi_6 \end{Bmatrix} . \tag{5.72}
$$

Balkenelement mit 12 Freiheitsgraden Die Steifigkeitsmatrix eines Balkenelementes mit jeweils 6 Belastungen (3 Kräfte und 3 Momente) an jedem der beiden Knotenpunkte kann durch Superposition der Zusammenhänge für den Zug|Druck-Stab, den Torsionsstab und den Biegebalken in den xz- und xy-Ebenen aufgestellt

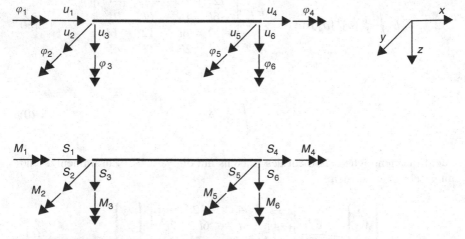

Abb. 5.12 Balkenelement mit 12 Freiheitsgraden

werden. Mit den in Abb. 5.12 dargestellten Bezeichnungen gilt:

$$\{F\} = [c] \cdot \{x\}, \tag{5.73}$$

mit

$$\{F\} = \left\{ S_1 \ S_2 \ S_3 \ M_1 \ M_2 \ M_3 \ S_4 \ S_5 \ S_6 \ M_4 \ M_5 \ M_6 \right\}^\top,$$

als der Belastung an den Knotenpunkten des Elementes,

$$\{x\} = \left\{ u_1 \ u_2 \ u_3 \ \varphi_1 \ \varphi_2 \ \varphi_3 \ u_4 \ u_5 \ u_6 \ \varphi_4 \ \varphi_5 \ \varphi_6 \right\}^\top,$$

als den Knotenpunktverschiebungen und mit $[c]$ als der in Gl. 5.74 aufgeführten Steifigkeitsmatrix.

$$[c] = \begin{bmatrix}
\frac{EA}{l} & & & & & & -\frac{EA}{l} & & & & & \\[4pt]
& \frac{12EI_z}{l^3} & & & & \frac{6EI_z}{l^2} & & -\frac{12EI_z}{l^3} & & & & \frac{6EI_z}{l^2} \\[4pt]
& & \frac{12EI_y}{l^3} & & -\frac{6EI_y}{l^2} & & & & -\frac{12EI_y}{l^3} & & -\frac{6EI_y}{l^2} & \\[4pt]
& & & \frac{GI_x}{l} & & & & & & -\frac{GI_x}{l} & & \\[4pt]
& & -\frac{6EI_y}{l^2} & & \frac{4EI_y}{l} & & & & \frac{6EI_y}{l^2} & & \frac{2EI_y}{l} & \\[4pt]
& \frac{6EI_z}{l^2} & & & & \frac{4EI_z}{l} & & -\frac{6EI_z}{l^2} & & & & \frac{2EI_z}{l} \\[4pt]
-\frac{EA}{l} & & & & & & \frac{EA}{l} & & & & & \\[4pt]
& -\frac{12EI_z}{l^3} & & & & -\frac{6EI_z}{l^2} & & \frac{12EI_z}{l^3} & & & & -\frac{6EI_z}{l^2} \\[4pt]
& & -\frac{12EI_y}{l^3} & & \frac{6EI_y}{l^2} & & & & \frac{12EI_y}{l^3} & & \frac{6EI_y}{l^2} & \\[4pt]
& & & -\frac{GI_x}{l} & & & & & & \frac{GI_x}{l} & & \\[4pt]
& & -\frac{6EI_y}{l^2} & & \frac{2EI_y}{l} & & & & \frac{6EI_y}{l^2} & & \frac{4EI_y}{l} & \\[4pt]
& \frac{6EI_z}{l^2} & & & & \frac{2EI_z}{l} & & -\frac{6EI_z}{l^2} & & & & \frac{4EI_z}{l}
\end{bmatrix}$$

$$\tag{5.74}$$

Merke: Steifigkeitsmatrizen sind symmetrisch!

5.2.2 FE-Massenmatrix

Entsprechend Gl. 5.1 sind bei Finiten Elementen die Trägheitskennwerte den Knotenpunkten zugeordnet. Da es sich bei den durch Finite Elemente modellierten Systemen im Allgemeinen um 3-dimensional ausgeprägte Körper mit verteilter Masse handelt, stellt sich nun die Frage, in welcher Form die verteilten Trägheitseigenschaften auf die Knotenpunkte reduziert werden können.

Die Beantwortung dieser Frage kann auf der Grundlage von energetischen Betrachtungen erfolgen, wobei in diesem Fall die kinetische Energie im Mittelpunkt steht. Gehen wir der Einfachheit halber von dem in Abb. 5.13 dargestellten ebenen (2-dimensionalen) FE aus. Wie können die Trägheitskennwerte dieses flächigen Gebildes auf die Knotenpunkte mit den entsprechenden Freiheitsgraden x_j reduziert werden?

Die dem Finiten Element zugeordnete kinetische Energie kann auf Basis der den infinitesimalen Volumenelementen, mit der Masse $\mathrm{d}m_i = \rho \cdot \mathrm{d}V_i$ und der ihnen jeweils allokierten Geschwindigkeit $\dot{\xi}_i$, wie folgt berechnet werden:

$$E_{kin} = \frac{1}{2}\rho \int_V \dot{\xi}_i^{\,2}\,\mathrm{d}V. \qquad (5.75)$$

Für den Fall, dass die Verschiebungen ξ_i auf der Fläche des Finiten Elementes als Funktion der Knotenpunktverschiebungen beschrieben werden können, entsprechend

$$\xi_i = \left[\psi\right]\{x\}, \qquad (5.76)$$

ergibt sich für die zugeordneten Geschwindigkeiten:

$$\dot{\xi}_i = \left[\psi\right]\{\dot{x}\}. \qquad (5.77)$$

Wird die Gl. 5.77 in 5.75 eingesetzt, so resultiert daraus:

$$E_{kin} = \frac{1}{2}\{\dot{x}\}^\top \left(\rho \int_V \left[\psi\right]^\top \left[\psi\right]\,\mathrm{d}V\right)\{\dot{x}\}. \qquad (5.78)$$

Ziel bei der Verteilung der Trägheitsdaten auf die Knotenpunkte des Finiten Elementes muss es nun sein, eine gleich große kinetische Energie im Fall gleicher

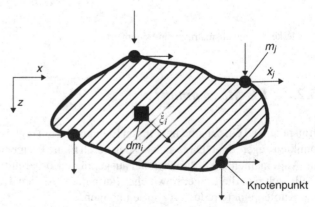

Abb. 5.13 Verteilung der Geschwindigkeiten bei einem ebenen Finiten Element

Bewegung zu erzeugen. Für die auf die Knotenpunkte reduzierten Trägheitskenndaten kann mit der Element-Massenmatrix $[m]$ folgender Ausdruck für die kinetische
Energie geschrieben werden:

$$E_{kin} = \frac{1}{2} \{\dot{x}\}^\top [m] \{\dot{x}\}. \qquad (5.79)$$

Ein Vergleich der Gl. 5.78 und 5.79 zeigt, dass die gleiche kinetische Energie dann
erzeugt wird, wenn die reduzierte Massenmatrix des Finiten Elementes wie folgt
definiert ist:

$$[m] = \rho \int_V [\psi]^\top [\psi] \, dV. \qquad (5.80)$$

Im Folgenden werden die Massenmatrizen für die Elemente Zug|Druck-stab,
Torsionsstab, Biegebalken und Balkenelement mit 12 Freiheitsgraden hergeleitet.

Zug|Druck-Stab Unter Berücksichtigung der Gl. 5.26–5.28 ergibt sich aus Gl. 5.76
folgender Ausdruck im Zusammenhang mit Deformationen $\xi_i \equiv u_x$ des Stabelementes in seiner Längsrichtung:

$$[\psi] = \left[1 - \frac{x}{l} \quad \frac{x}{l} \right]. \qquad (5.81)$$

Damit liefert Gl. 5.80:

$$[m] = \rho A \int_0^l [\psi]^\top [\psi] \, dx. \qquad (5.82)$$

Nach Integralberechnung resultiert daraus:

$$[m] = \rho A l \begin{bmatrix} \dfrac{1}{3} & \dfrac{1}{6} \\ \dfrac{1}{6} & \dfrac{1}{3} \end{bmatrix}. \qquad (5.83)$$

Torsionsstab Mit r als dem Abstand zur Torsionslinie kann für die translatorische
Bewegung eines Volumenelementes – bei Drehung des Stabes um seine x-Achse
(Abb. 5.14) geschrieben werden:

$$\xi_i = r \cdot \varphi_x. \qquad (5.84)$$

Damit ergibt sich aus 5.76 bei Berücksichtigung der Gl. 5.39–5.41:

$$[\psi] = r \left[1 - \frac{x}{l} \quad \frac{x}{l} \right]. \qquad (5.85)$$

Das Einsetzen von 5.85 in die Gl. 5.80 liefert:

$$[m] = \rho \int\limits_{A} \int\limits_{0}^{l} [\psi]^{\top} [\psi] \, \mathrm{d}A \mathrm{d}x \tag{5.86}$$

und nach der Integration:

$$[m] = \rho I_x l \begin{bmatrix} \dfrac{1}{3} & \dfrac{1}{6} \\ \dfrac{1}{6} & \dfrac{1}{3} \end{bmatrix} \tag{5.87}$$

mit I_x als dem polaren Flächenträgheitsmoment des Stabes nach Gl. 5.48.

Biegebalken Ausgehend von der Gl. 5.76 für die Vertikaldeformation $\xi_i \equiv u_z$ eines Biegebalkenelementes in der xz-Ebene – mit den Freiheitsgraden u_3, φ_2, u_6 und φ_5 – kann unter Berücksichtigung der Gl. 5.58–5.62 geschrieben werden:

$$[\psi] = \begin{bmatrix} 1 - 3\left(\dfrac{x}{l}\right)^2 + 2\left(\dfrac{x}{l}\right)^3 \\ l\left(-\dfrac{x}{l} + 2\left(\dfrac{x}{l}\right)^2 - \left(\dfrac{x}{l}\right)^3\right) \\ 3\left(\dfrac{x}{l}\right)^2 - 2\left(\dfrac{x}{l}\right)^3 \\ l\left(\left(\dfrac{x}{l}\right)^2 - \left(\dfrac{x}{l}\right)^3\right) \end{bmatrix}^{\top} . \tag{5.88}$$

Mit Gl. 5.80 resultiert damit für die Massenmatrix des Biegebalkens

$$[m] = \rho A \int\limits_{0}^{l} [\psi]^{\top} [\psi] \, \mathrm{d}x, \tag{5.89}$$

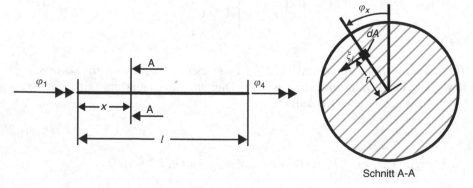

Schnitt A-A

Abb. 5.14 Torsionsstab

woraus sich nach Auswertung des Integrals ergibt:

$$[m] = \rho Al \begin{bmatrix} \dfrac{13}{35} & -\dfrac{11}{210}l & \dfrac{9}{70} & \dfrac{13}{420}l \\[2mm] -\dfrac{11}{210}l & \dfrac{1}{105}l^2 & -\dfrac{13}{420}l & -\dfrac{1}{140}l^2 \\[2mm] \dfrac{9}{70} & -\dfrac{13}{420}l & \dfrac{13}{35} & \dfrac{11}{210}l \\[2mm] \dfrac{13}{420}l & -\dfrac{1}{140}l^2 & \dfrac{11}{210}l & \dfrac{1}{105}l^2 \end{bmatrix}. \tag{5.90}$$

In analoger Weise kann die Massenmatrix im Zusammenhang mit der Bewegung des Biegebalkens in der yz-Ebene, gekennzeichnet durch die Freiheitsgrade u_2, φ_3, u_5 und φ_6, hergeleitet werden. Es ergibt sich:

$$[m] = \rho Al \begin{bmatrix} \dfrac{13}{35} & \dfrac{11}{210}l & \dfrac{9}{70} & -\dfrac{13}{420}l \\[2mm] \dfrac{11}{210}l & \dfrac{1}{105}l^2 & \dfrac{13}{420}l & -\dfrac{1}{140}l^2 \\[2mm] \dfrac{9}{70} & \dfrac{13}{420}l & \dfrac{13}{35} & -\dfrac{11}{210}l \\[2mm] -\dfrac{13}{420}l & -\dfrac{1}{140}l^2 & -\dfrac{11}{210}l & \dfrac{1}{105}l^2 \end{bmatrix}. \tag{5.91}$$

Anmerkung: Bei der Herleitung der Massenmatrix für den Biegebalken wurde davon ausgegangen, dass sich die einzelnen Balkensegmente über die Balkenlänge rein translatorisch in den z- bzw. y-Richtungen verschieben. In der Realität werden die Segmente aber – neben der translatorischen Bewegung – eine zusätzliche Drehung ausführen und zwar um die y-Achse für den Fall von Biegedeformation in z-Richtung und um die z-Achse für den Fall einer Deformation in y-Richtung. Durch diese Drehbewegung von Einzelsegmenten werden zusätzliche Trägheiten erzeugt, deren Beitrag in der Massenmatrix aber vernachlässigt werden kann.

Balkenelement mit 12 Freiheitsgraden Die Massenmatrix für das in Abb. 5.12 dargestellte Element ergibt sich durch die Überlagerung der Massenmatrizen für den Zug|Druck-Stab, den Torsionsstab und den Biegebalken (xy- und xz-Ebene). Die daraus resultierende Gesamtmassenmatrix ist in Gl. 5.92 aufgeführt.

$$[m] = \rho Al \begin{bmatrix} \tfrac{1}{3} & & & & & \tfrac{1}{6} & & & & & & \\ & \tfrac{13}{35} & & & & \tfrac{11}{210}l & \tfrac{9}{70} & & & & & -\tfrac{13}{420}l \\ & & \tfrac{13}{35} & & -\tfrac{11}{210}l & & & \tfrac{9}{70} & & \tfrac{13}{420}l & & \\ & & & \tfrac{1}{3}\tfrac{I_x}{A} & & & & & \tfrac{1}{6}\tfrac{I_x}{A} & & & \\ & & -\tfrac{11}{210}l & & \tfrac{1}{105}l^2 & & & -\tfrac{13}{420}l & & -\tfrac{1}{140}l^2 & & \\ \tfrac{11}{210}l & & & & & \tfrac{1}{105}l^2 & \tfrac{13}{420}l & & & & & -\tfrac{1}{140}l^2 \\ \tfrac{1}{6} & \tfrac{9}{70} & & & & \tfrac{13}{420}l & \tfrac{1}{6} & & & & & -\tfrac{11}{210}l \\ & & \tfrac{9}{70} & & -\tfrac{13}{420}l & & & \tfrac{13}{35} & & \tfrac{13}{35} & & \\ & & & \tfrac{1}{6}\tfrac{I_x}{A} & & & & & \tfrac{1}{3}\tfrac{I_x}{A} & \tfrac{11}{210}l & & \\ & & \tfrac{13}{420}l & & -\tfrac{1}{140}l^2 & & & \tfrac{13}{35} & & \tfrac{11}{210}l & & \tfrac{1}{105}l^2 \\ & & & & & & & \tfrac{11}{210}l & & & & \\ -\tfrac{13}{420}l & & & & -\tfrac{1}{140}l^2 & & -\tfrac{11}{210}l & & & & & \tfrac{1}{105}l^2 \end{bmatrix}$$

$$\tag{5.92}$$

Merke: Massenmatrizen sind symmetrische Matrizen!

5.3 Gesamt-Massen- und Steifigkeitsmatrizen von FE-Modellen

In Abschn. 5.2 wurde auf die Herleitung der Massen- und Steifigkeitsmatrizen von einzelnen Finiten Elementen eingegangen. Frage ist nun, wie die Gesamt-Massen- und Steifigkeitsmatrizen eines kompletten FE-Modells, wie es z. B. in Abb. 5.3 dargestellt ist, auf der Grundlage der den einzelnen Elementen zugeordneten Matrizen hergeleitet werden können. Hierbei ist zu beachten, dass die im Zusammenhang mit den Einzelelementen angegebenen Matrizen auf ein definiertes Koordinatensystem, das so genannte lokale (Element)Koordinatensystem, bezogen sind. In diesem lokalen Koordinatensystem kann für die Bewegungsgleichung eines i-ten FE geschrieben werden:

$$[m_i]\{\ddot{x}_i\} + [c_i]\{x_i\} = \{F_i\}. \tag{5.93}$$

Wird das FE mit der Nummer i in ein FE-Modell eingebunden, so muss dessen Bewegungsgleichung in dem übergeordneten globalen Koordinatensystem des Gesamtmodells definiert werden. Dazu schreiben wir für den Zusammenhang zwischen den Elementverschiebungen im lokalen und im globalen Koordinatensystem, $\{x_i\}$ bzw. $\{\tilde{x}_i\}$, mit der Koordinaten-Transformationsmatrix $[T_i]$:

$$\{x_i\} = [T_i]\{\tilde{x}_i\}, \tag{5.94}$$

woraus dann auch resultiert:

$$\{\ddot{x}_i\} = [T_i]\{\ddot{\tilde{x}}_i\}. \tag{5.95}$$

Werden die Gl. 5.94 und 5.95 in 5.93 eingesetzt, so ergibt sich:

$$[m_i][T_i]\{\ddot{\tilde{x}}_i\} + [c_i][T_i]\{\tilde{x}_i\} = \{F_i\}. \tag{5.96}$$

Die formale Multiplikation von links mit $[T_i]^\top$ führt zu

$$[T_i]^\top [m_i][T_i]\{\ddot{\tilde{x}}_i\} + [T_i]^\top [c_i][T_i]\{\tilde{x}_i\} = [T_i]^\top \{F_i\}. \tag{5.97}$$

Wir setzen nun

$$[\tilde{m}_i] = [T_i]^\top [m_i][T_i], \tag{5.98}$$

und

$$[\tilde{c}_i] = [T_i]^\top [c_i][T_i] \tag{5.99}$$

für die im globalen Koordinatensystem definierten Massen- und Steifigkeitsmatrizen des i-ten Finiten Elementes. Für den Ausdruck auf der rechten Seite von Gl. 5.97 kann geschrieben werden:

$$\{\tilde{F}_i\} = [T_i]^\top \{F_i\}, \tag{5.100}$$

wobei $\{\tilde{F}_i\}$ die äußere Belastung an den Knoten des FE in Bezug auf das globale Koordinatensystem darstellt. Dieser Zusammenhang kann auf der Basis von energetischen Betrachtungen hergeleitet werden. Für die virtuelle Arbeit am Element ergibt sich für die Beschreibung in beiden Koordinatensystemen:

$$\delta W_i = \{\delta x_i\}^\top \cdot \{F_i\} = \{\delta \tilde{x}_i\}^\top \cdot \{\tilde{F}_i\} \tag{5.101}$$

und bei Berücksichtigung von Gl. 5.94:

$$\delta W_i = \{\delta \tilde{x}_i\}^\top [T_i]^\top \{F_i\} = \{\delta \tilde{x}_i\}^\top \cdot \{\tilde{F}_i\}, \tag{5.102}$$

woraus dann $\{\tilde{F}_i\} = [T_i]^\top \{F_i\}$ entsprechend Gl. 5.100 folgt. Mit Betrachtung der Gl. 5.98–5.100 kann für Gl. 5.97 geschrieben werden:

$$[\tilde{m}_i]\{\ddot{\tilde{x}}_i\} + [\tilde{c}_i]\{\tilde{x}_i\} = \{\tilde{F}_i\}. \tag{5.103}$$

Diese Gleichung beschreibt die Bewegungsgleichung des i-ten FE in globalen Koordinaten. In einem weiteren Schritt muss nun die Zuordnung zwischen Elementverschiebungen und den Verschiebungen am Gesamt-FE-Modell erfolgen. Diese Zuordnung steht in einem direkten Zusammenhang mit der Nummerierung der Knoten am Gesamtmodell. Dazu folgende Überlegung: Gehen wir von einem Gesamt-FE-Modell mit M Knotenpunkten aus. Handelt es sich um ein 3-dimensionales Modell, so sind jedem Knotenpunkt 6 Freiheitsgrade (3 Verschiebungen, 3 Drehungen) zugeordnet. Daraus resultiert, dass Knoten 1 die Freiheitsgrade 1 bis 6 aufweist, Knoten 2 die Freiheitsgrade 7–12, ..., Knoten m die Freiheitsgrade $[(m-1) \cdot 6 + 1]$ bis $6m$, usw. Sei $\{X\}$ der Vektor der Verschiebungen in allen Freiheitsgraden des Gesamtmodells. Die (Rechteck-) Zuordnungsmatrix $[T_i^*]$ liefert den Zusammenhang in der Nummerierung von Elementverschiebungen $[\tilde{x}_i]$ und Gesamtmodellverschiebungen $\{X\}$ entsprechend

$$[\tilde{x}_i] = [T_i^*]\{X\}. \tag{5.104}$$

Das Einsetzen der Gl. 5.104 in die Gl. 5.103 mit anschließender formaler Multiplikation von links mit $[T_i^*]^\top$ ergibt:

$$[T_i^*]^\top [\tilde{m}_i] [T_i^*] \{\ddot{X}\} + [T_i^*]^\top [\tilde{c}_i] [T_i^*] \{X\} = [T_i^*]^\top \{\tilde{F}_i\}, \tag{5.105}$$

oder mit

$$[m_i^*] = [T_i^*]^\top [\tilde{m}_i] [T_i^*], \tag{5.106}$$

$$[c_i^*] = [T_i^*]^\top [\tilde{c}_i] [T_i^*], \tag{5.107}$$

$$\{F_i^*\} = [T_i^*]^\top \{\tilde{F}_i\} : \tag{5.108}$$

$$[m_i^*] \{\ddot{X}\} + [c_i^*] \{X\} = \{F_i^*\}. \tag{5.109}$$

Dabei ist zu beachten, dass die Matrizen $[m_i^*]$ und $[c_i^*]$ die Dimension $6M \times 6M$ aufweisen und der Belastungsvektor $\{F_i^*\}$ von der Dimension $6M$ ist. Es versteht sich nun von selbst, dass für alle Finiten Elemente des Gesamtmodells die Gl. 5.109 gilt. Demzufolge kann für die Bewegungsgleichung des Gesamt-FE-Modells geschrieben werden:

$$\left[\sum_i [m_i^*]\right] \{\ddot{X}\} + \left[\sum_i [c_i^*]\right] \{X\} = \sum_i \{F_i^*\}, \tag{5.110}$$

oder

$$[m] \{\ddot{X}\} + [c] \{X\} = \{F\}, \tag{5.111}$$

wobei $[m]$ die Gesamtmassenmatrix, $[c]$ die Gesamtsteifigkeitsmatrix und $\{F\}$ den Vektor der äußeren Anregung darstellt.

5.4 Koordinaten-Transformationsmatrizen

Dieser Abschnitt befasst sich mit der Definition der Transformationsmatrix $[T_i]$ nach Gl. 5.94. Diese Matrix stellt den Zusammenhang zwischen einander zugeordneten Verschiebungen im lokalen und globalen Koordinatensystem her.

Ebenes Problem   Gegeben sei der in Abb. 5.15 aufgeführte ebene FE-Balken mit den Freiheitsgraden $\{x_i\}^\top = \{u_1 \ u_2 \ \varphi_1 \ u_3 \ u_4 \ \varphi_2\}^\top$ in lokalen Koordinaten. Der globale Verschiebungsvektor ist definiert durch $\{\tilde{x}_i\}^\top = \{\tilde{u}_1 \ \tilde{u}_2 \ \tilde{\varphi}_1 \ \tilde{u}_3 \ \tilde{u}_4 \ \tilde{\varphi}_2\}^\top$. Zwischen den Verschiebungsgrößen besteht nun folgender Zusammenhang, wenn β den Drehwinkel zwischen den Koordinatensystemen in der xz-Ebene darstellt:

$$u_1 = \tilde{u}_1 \cos\beta + \tilde{u}_2 \sin\beta,$$

$$u_2 = \tilde{u}_2 \cos\beta - \tilde{u}_1 \sin\beta,$$

$$\varphi_1 = \tilde{\varphi}_1,$$

$$u_3 = \tilde{u}_3 \cos\beta + \tilde{u}_4 \sin\beta,$$

$$u_4 = \tilde{u}_4 \cos\beta - \tilde{u}_3 \sin\beta,$$

$$\varphi_2 = \tilde{\varphi}_2.$$

Daraus resultiert folgender Ausdruck in Matrizenschreibweise:

$$\begin{Bmatrix} u_1 \\ u_2 \\ \varphi_1 \\ u_3 \\ u_4 \\ \varphi_2 \end{Bmatrix} = \begin{bmatrix} [\tilde{T}_1] & 0 \\ 0 & [\tilde{T}_1] \end{bmatrix} \cdot \begin{Bmatrix} \tilde{u}_1 \\ \tilde{u}_2 \\ \tilde{\varphi}_1 \\ \tilde{u}_3 \\ \tilde{u}_4 \\ \tilde{\varphi}_2 \end{Bmatrix}, \tag{5.112}$$

mit der Transformationsmatrix

$$[T] = \begin{bmatrix} [\tilde{T}_1] & 0 \\ 0 & [\tilde{T}_1] \end{bmatrix}, \tag{5.113}$$

wobei gilt:

$$[\tilde{T}_1] = \begin{bmatrix} \cos\beta & \sin\beta & 0 \\ -\sin\beta & \cos\beta & 0 \\ 0 & 0 & 1 \end{bmatrix}. \tag{5.114}$$

Dreidimensionales Problem Bei einem 3-dimensionalen FE-Modell weist jeder Knotenpunkt 6 Verschiebungen auf,

$$\{x_i\}^\top = \{u_1 \quad u_2 \quad u_3 \quad \varphi_1 \quad \varphi_2 \quad \varphi_3\}^\top \text{ in lokalen Koordinaten,}$$

$$\{\tilde{x}_i\}^\top = \{\tilde{u}_1 \quad \tilde{u}_2 \quad \tilde{u}_3 \quad \tilde{\varphi}_1 \quad \tilde{\varphi}_2 \quad \tilde{\varphi}_3\}^\top \text{ in globalen Koordinaten.}$$

Beide Koordinatensysteme (Abb. 5.16) können ineinander übergeführt werden durch folgende drei Drehungen des *lokalen* Koordinatensystems:

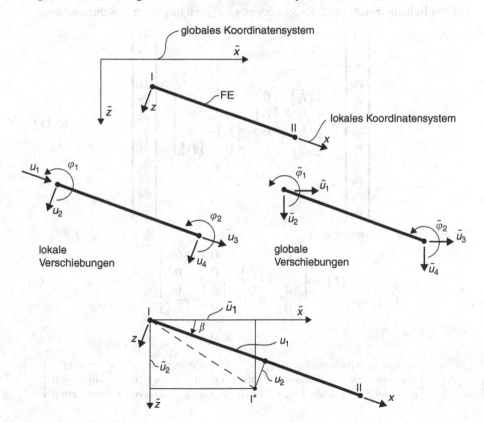

Abb. 5.15 Globale und lokale Koordinaten (2-dimensional)

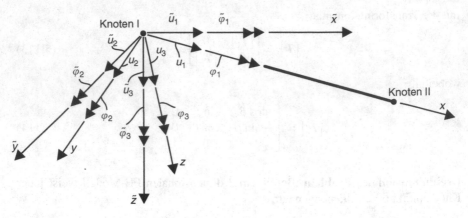

Abb. 5.16 Globale und lokale Koordinaten (3-dimensional)

1. Drehung α um die x-Achse,
2. Drehung β um die (neue) y-Achse,
3. Drehung γ um die (neue) z-Achse.

Für das Balkenelement mit 2 Knoten ergibt sich dann folgender Zusammenhang:

$$
\begin{Bmatrix} u_1 \\ u_2 \\ u_3 \\ \varphi_1 \\ \varphi_2 \\ \varphi_3 \\ u_4 \\ u_5 \\ u_5 \\ \varphi_4 \\ \varphi_5 \\ \varphi_6 \end{Bmatrix}
=
\begin{bmatrix} [\tilde{T}_2] & 0 & 0 & 0 \\ 0 & [\tilde{T}_2] & 0 & 0 \\ 0 & 0 & [\tilde{T}_2] & 0 \\ 0 & 0 & 0 & [\tilde{T}_2] \end{bmatrix}
\cdot
\begin{Bmatrix} \tilde{u}_1 \\ \tilde{u}_2 \\ \tilde{u}_3 \\ \tilde{\varphi}_1 \\ \tilde{\varphi}_2 \\ \tilde{\varphi}_3 \\ \tilde{u}_4 \\ \tilde{u}_5 \\ \tilde{u}_6 \\ \tilde{\varphi}_4 \\ \tilde{\varphi}_5 \\ \tilde{\varphi}_6 \end{Bmatrix}
\tag{5.115}
$$

mit der Transformationsmatrix

$$
[T] =
\begin{bmatrix} [\tilde{T}_2] & 0 & 0 & 0 \\ 0 & [\tilde{T}_2] & 0 & 0 \\ 0 & 0 & [\tilde{T}_2] & 0 \\ 0 & 0 & 0 & [\tilde{T}_2] \end{bmatrix}
\tag{5.116}
$$

wobei gilt:

$$
[\tilde{T}_2] =
\begin{bmatrix} \cos\beta\cos\gamma & \cos\beta\sin\gamma & -\sin\beta \\ \sin\alpha\sin\beta\cos\gamma - \cos\alpha\sin\gamma & \sin\alpha\sin\beta\sin\gamma + \cos\alpha\cos\gamma & \sin\alpha\cos\beta \\ \cos\alpha\sin\beta\cos\gamma + \sin\alpha\sin\gamma & \cos\alpha\sin\beta\sin\gamma - \sin\alpha\cos\gamma & \cos\alpha\cos\beta \end{bmatrix}.
\tag{5.117}
$$

5.5 Berücksichtigung der Lagerrandbedingungen

Ganz allgemein können die Bewegungsgleichungen eines Gesamt-FE-Modells, in Übereinstimmung mit Gl. 5.111, wie folgt formuliert werden:

$$[m]\left\{\ddot{X}\right\} + [c]\left\{X\right\} = \left\{F\right\}. \tag{5.118}$$

Wie in Abschn. 4.3 schon gezeigt wurde, kann auf der Grundlage dieser Gleichung eine dynamische Antwortrechnung vollzogen werden.

Für den Fall, dass es sich bei dem untersuchten Modell um ein sogenanntes frei-freies System handelt, d. h. ein System ohne Lagerung, bildet Gl. 5.118 die Basis. In vielen Fällen ist das elastomechanische System aber an definierten Stellen (Knotenpunkten) gelagert. Daraus resultiert eine eingeschränkte Bewegungsfreiheit des Systems, die auf die Blockierung einzelner Freiheitsgrade an den Knotenstellen von Auflagerpunkten zurückzuführen ist. Für diese Freiheitsgrade gilt also $\left\{X_1\right\} = 0$ und dementsprechend auch $\left\{\ddot{X}_1\right\} = 0$.

Zur Berechnung der sich im elastomechanischen System einstellenden Verschiebungen in den Freiheitsgraden $\left\{X_2\right\} \neq 0$ wird nun wie folgt vorgegangen. Zuerst wird der Verschiebungsvektor $\left\{X\right\}$ umgeordnet in

$$\left\{X\right\} = \begin{Bmatrix} X_1 \\ X_2 \end{Bmatrix}. \tag{5.119}$$

Damit kann Gl. 5.118 wie folgt geschrieben werden:

$$\begin{bmatrix} m_{11} & m_{12} \\ m_{21} & m_{22} \end{bmatrix} \begin{Bmatrix} \ddot{X}_1 \\ \ddot{X}_2 \end{Bmatrix} + \begin{bmatrix} c_{11} & c_{12} \\ c_{21} & c_{22} \end{bmatrix} \begin{Bmatrix} X_1 \\ X_2 \end{Bmatrix} = \begin{Bmatrix} F_1 \\ F_2 \end{Bmatrix}. \tag{5.120}$$

Da $\left\{\ddot{X}_1\right\} = \left\{X_1\right\} \equiv 0$, liefert der untere Gleichungssatz

$$[m_{22}]\left\{\ddot{X}_2\right\} + [c_{22}]\left\{X_2\right\} = \left\{F_2\right\}. \tag{5.121}$$

Diese Gleichung ermöglicht die Berechnung von $\left\{X_2\right\}$ bei bekannter Anregung $\left\{F_2\right\}$.

Bei bekanntem $\left\{X_2\right\}$ kann dann aus dem oberen Gleichungssatz von 5.120 die Belastung $\left\{F_1\right\}$ an den Auflagerpunkten wie folgt berechnet werden:

$$\left\{F_1\right\} = [m_{12}]\left\{\ddot{X}_2\right\} + [c_{12}]\left\{X_2\right\}. \tag{5.122}$$

5.6 Anwendungsbeispiel: Fachwerkstruktur

Um den Rechenaufwand in Grenzen zu halten, müssen wir uns hier auf die Berechnung eines relativ einfachen Systems, wie es in Abb. 5.17 dargestellt ist, beschränken. Sinn dieser Aufgabe ist es, ein besseres Verständnis für die praktische Anwendung der FE-Methodik zu erhalten.

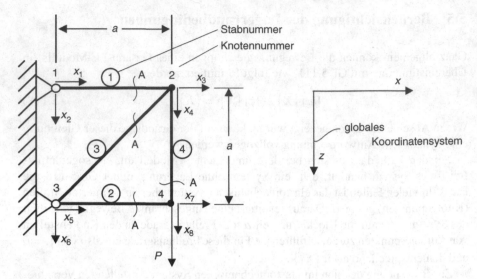

Abb. 5.17 Stab-Fachwerk

Das in Abb. 5.17 dargestellte Fachwerk besteht aus 4 Zug|Druck-Stäben ①, ②, ③ und ④. Es weist 4 Knoten mit den im globalen Koordinatensystem definierten Freiheitsgraden $x_1, x_2, x_3, \ldots, x_8$ auf.

Die Struktur ist über Festlager an Knoten 1 ($x_1 = 0$, $x_2 = 0$) und an Knoten 3 ($x_5 = 0$, $x_6 = 0$) gelagert.

Wir werden hier nur den *statischen* Lastfall betrachten, bei dem das Fachwerk am Knotenpunkt 4 durch eine Belastung P in z-Richtung beaufschlagt wird. Es sind folgende Größen zu ermitteln:

a) die elastischen Verschiebungen an den einzelnen Knotenpunkten,
b) die Lagerkräfte.

Da nur eine statische Betrachtung erfolgt, reduziert sich die Gl. 5.111 auf:

$$[c]\{X\} = \{F\}. \tag{5.123}$$

Für Zug|Druck-Stäbe gilt entsprechend Gl. 5.34

$$[c_i] = \frac{EA}{l_i}\begin{bmatrix} 1 & -1 \\ -1 & 1 \end{bmatrix}$$

als Steifigkeitsmatrix und nach den Gl. 5.113 und 5.114

$$[T_i] = \begin{bmatrix} \cos\beta & \sin\beta & 0 & 0 \\ 0 & 0 & \cos\beta & \sin\beta \end{bmatrix}$$

als Transformationsmatrix.

Im Folgenden werden die im Zusammenhang mit dem globalen Koordinatensystem und dem globalen Verschiebungsvektor $\{X\}$ stehenden Steifigkeitsmatrizen der einzelnen Stäbe ermittelt.

Stab ①:

$$[c_1] = \frac{EA}{a} \begin{bmatrix} 1 & -1 \\ -1 & 1 \end{bmatrix}$$

$$\beta = 0 \Rightarrow [T_1] = \begin{bmatrix} 1 & 0 & 0 & 0 \\ 0 & 0 & 1 & 0 \end{bmatrix}$$

$$[\tilde{c}_1] = [T_1]^\top [c_1][T_1] \tag{5.99}$$

$$= \frac{EA}{a} \begin{bmatrix} 1 & 0 & -1 & 0 \\ 0 & 0 & 0 & 0 \\ -1 & 0 & 1 & 0 \\ 0 & 0 & 0 & 0 \end{bmatrix}$$

$$[T_1^*] = \begin{bmatrix} 1 & 0 & 0 & 0 & 0 & 0 & 0 & 0 \\ 0 & 1 & 0 & 0 & 0 & 0 & 0 & 0 \\ 0 & 0 & 1 & 0 & 0 & 0 & 0 & 0 \\ 0 & 0 & 0 & 1 & 0 & 0 & 0 & 0 \end{bmatrix} \tag{5.104}$$

$$[c_1^*] = [T_1^*]^\top [\tilde{c}_1][T_1^*] \tag{5.107}$$

$$= \frac{EA}{a} \begin{bmatrix} 1 & 0 & -1 & 0 & 0 & 0 & 0 & 0 \\ 0 & 0 & 0 & 0 & 0 & 0 & 0 & 0 \\ -1 & 0 & 1 & 0 & 0 & 0 & 0 & 0 \\ 0 & 0 & 0 & 0 & 0 & 0 & 0 & 0 \\ 0 & 0 & 0 & 0 & 0 & 0 & 0 & 0 \\ 0 & 0 & 0 & 0 & 0 & 0 & 0 & 0 \\ 0 & 0 & 0 & 0 & 0 & 0 & 0 & 0 \\ 0 & 0 & 0 & 0 & 0 & 0 & 0 & 0 \end{bmatrix}$$

Stab ②:

$$[c_2] = \frac{EA}{a} \begin{bmatrix} 1 & -1 \\ -1 & 1 \end{bmatrix}$$

$$\beta = 0 \Rightarrow [T_2] = \begin{bmatrix} 1 & 0 & 0 & 0 \\ 0 & 0 & 1 & 0 \end{bmatrix}$$

$$[\tilde{c}_2] = \frac{EA}{a} \begin{bmatrix} 1 & 0 & -1 & 0 \\ 0 & 0 & 0 & 0 \\ -1 & 0 & 1 & 0 \\ 0 & 0 & 0 & 0 \end{bmatrix}$$

$$[T_2^*] = \begin{bmatrix} 0 & 0 & 0 & 0 & 1 & 0 & 0 & 0 \\ 0 & 0 & 0 & 0 & 0 & 1 & 0 & 0 \\ 0 & 0 & 0 & 0 & 0 & 0 & 1 & 0 \\ 0 & 0 & 0 & 0 & 0 & 0 & 0 & 1 \end{bmatrix}$$

$$[c_2^*] = \frac{EA}{a} \begin{bmatrix} 0 & 0 & 0 & 0 & 0 & 0 & 0 & 0 \\ 0 & 0 & 0 & 0 & 0 & 0 & 0 & 0 \\ 0 & 0 & 0 & 0 & 0 & 0 & 0 & 0 \\ 0 & 0 & 0 & 0 & 0 & 0 & 0 & 0 \\ 0 & 0 & 0 & 0 & 1 & 0 & -1 & 0 \\ 0 & 0 & 0 & 0 & 0 & 0 & 0 & 0 \\ 0 & 0 & 0 & 0 & -1 & 0 & 1 & 0 \\ 0 & 0 & 0 & 0 & 0 & 0 & 0 & 0 \end{bmatrix}$$

Stab ③:

$$[c_3] = \frac{EA}{a\sqrt{2}} \begin{bmatrix} 1 & -1 \\ -1 & 1 \end{bmatrix}$$

$$\beta = -\frac{\pi}{4} \Rightarrow [T_3] = \frac{\sqrt{2}}{2} \begin{bmatrix} 1 & -1 & 0 & 0 \\ 0 & 0 & 1 & -1 \end{bmatrix}$$

$$[\tilde{c}_3] = \frac{\sqrt{2}}{4} \frac{EA}{a} \begin{bmatrix} 1 & -1 & -1 & 1 \\ -1 & 1 & 1 & -1 \\ -1 & 1 & 1 & -1 \\ 1 & -1 & -1 & 1 \end{bmatrix}$$

$$[T_3^*] = \begin{bmatrix} 0 & 0 & 0 & 0 & 1 & 0 & 0 & 0 \\ 0 & 0 & 0 & 0 & 0 & 1 & 0 & 0 \\ 0 & 0 & 1 & 0 & 0 & 0 & 0 & 0 \\ 0 & 0 & 0 & 1 & 0 & 0 & 0 & 0 \end{bmatrix}$$

$$[c_3^*] = \frac{\sqrt{2}}{4} \frac{EA}{a} \begin{bmatrix} 0 & 0 & 0 & 0 & 0 & 0 & 0 & 0 \\ 0 & 0 & 0 & 0 & 0 & 0 & 0 & 0 \\ 0 & 0 & 1 & -1 & -1 & 1 & 0 & 0 \\ 0 & 0 & -1 & 1 & 1 & -1 & 0 & 0 \\ 0 & 0 & -1 & 1 & 1 & -1 & 0 & 0 \\ 0 & 0 & 1 & -1 & -1 & 1 & 0 & 0 \\ 0 & 0 & 0 & 0 & 0 & 0 & 0 & 0 \\ 0 & 0 & 0 & 0 & 0 & 0 & 0 & 0 \end{bmatrix}$$

Stab ④:

$$[c_4] = \frac{EA}{a} \begin{bmatrix} 1 & -1 \\ -1 & 1 \end{bmatrix}$$

$$\beta = -\frac{\pi}{2} \Rightarrow [T_4] = \begin{bmatrix} 0 & -1 & 0 & 0 \\ 0 & 0 & 0 & -1 \end{bmatrix}$$

$$[\tilde{c}_4] = \frac{EA}{a} \begin{bmatrix} 0 & 0 & 0 & 0 \\ 0 & 1 & 0 & -1 \\ 0 & 0 & 0 & 0 \\ 0 & -1 & 0 & 1 \end{bmatrix}$$

$$[T_4^*] = \begin{bmatrix} 0 & 0 & 0 & 0 & 0 & 0 & 1 & 0 \\ 0 & 0 & 0 & 0 & 0 & 0 & 0 & 1 \\ 0 & 0 & 1 & 0 & 0 & 0 & 0 & 0 \\ 0 & 0 & 0 & 1 & 0 & 0 & 0 & 0 \end{bmatrix}$$

$$[c_4^*] = \frac{EA}{a}\begin{bmatrix} 0 & 0 & 0 & 0 & 0 & 0 & 0 & 0 \\ 0 & 0 & 0 & 0 & 0 & 0 & 0 & 0 \\ 0 & 0 & 0 & 0 & 0 & 0 & 0 & 0 \\ 0 & 0 & 0 & 1 & 0 & 0 & 0 & -1 \\ 0 & 0 & 0 & 0 & 0 & 0 & 0 & 0 \\ 0 & 0 & 0 & 0 & 0 & 0 & 0 & 0 \\ 0 & 0 & 0 & 0 & 0 & 0 & 0 & 0 \\ 0 & 0 & 0 & -1 & 0 & 0 & 0 & 1 \end{bmatrix}$$

Die Gesamtsteifigkeitsmatrix $[c]$ ergibt sich nach den Gl. 5.110 und 5.111 zu

$$[c] = \sum_{i=1}^{4}[c_i^*]$$

$$[c] = \frac{EA}{a}\begin{bmatrix} 1 & 0 & -1 & 0 & 0 & 0 & 0 & 0 \\ 0 & 0 & 0 & 0 & 0 & 0 & 0 & 0 \\ -1 & 0 & 1+\frac{\sqrt{2}}{4} & -\frac{\sqrt{2}}{4} & -\frac{\sqrt{2}}{4} & \frac{\sqrt{2}}{4} & 0 & 0 \\ 0 & 0 & -\frac{\sqrt{2}}{4} & 1+\frac{\sqrt{2}}{4} & \frac{\sqrt{2}}{4} & -\frac{\sqrt{2}}{4} & 0 & -1 \\ 0 & 0 & -\frac{\sqrt{2}}{4} & \frac{\sqrt{2}}{4} & 1+\frac{\sqrt{2}}{4} & -\frac{\sqrt{2}}{4} & -1 & 0 \\ 0 & 0 & \frac{\sqrt{2}}{4} & -\frac{\sqrt{2}}{4} & -\frac{\sqrt{2}}{4} & \frac{\sqrt{2}}{4} & 0 & 0 \\ 0 & 0 & 0 & 0 & -1 & 0 & 1 & 0 \\ 0 & 0 & 0 & -1 & 0 & 0 & 0 & 1 \end{bmatrix}$$

Die Umordnung von $[c]$ entsprechend Gl. 5.120 liefert:

$$[c] = \frac{EA}{a}\begin{bmatrix} 1 & 0 & 0 & 0 & -1 & 0 & 0 & 0 \\ 0 & 0 & 0 & 0 & 0 & 0 & 0 & 0 \\ 0 & 0 & 1+\frac{\sqrt{2}}{4} & -\frac{\sqrt{2}}{4} & -\frac{\sqrt{2}}{4} & \frac{\sqrt{2}}{4} & -1 & 0 \\ 0 & 0 & -\frac{\sqrt{2}}{4} & \frac{\sqrt{2}}{4} & \frac{\sqrt{2}}{4} & -\frac{\sqrt{2}}{4} & 0 & 0 \\ -1 & 0 & -\frac{\sqrt{2}}{4} & \frac{\sqrt{2}}{4} & 1+\frac{\sqrt{2}}{4} & -\frac{\sqrt{2}}{4} & 0 & 0 \\ 0 & 0 & \frac{\sqrt{2}}{4} & -\frac{\sqrt{2}}{4} & -\frac{\sqrt{2}}{4} & 1+\frac{\sqrt{2}}{4} & 0 & -1 \\ 0 & 0 & -1 & 0 & 0 & 0 & 1 & 0 \\ 0 & 0 & 0 & 0 & 0 & -1 & 0 & 1 \end{bmatrix}$$

Damit kann geschrieben werden:

$$
\begin{bmatrix} c_{11} & c_{12} \\ c_{21} & c_{22} \end{bmatrix}
\begin{Bmatrix} x_1 \\ x_2 \\ x_5 \\ x_6 \\ x_3 \\ x_4 \\ x_7 \\ x_8 \end{Bmatrix}
=
\begin{Bmatrix} F_1 \\ F_2 \\ F_5 \\ F_6 \\ 0 \\ 0 \\ 0 \\ P \end{Bmatrix}.
\tag{5.124}
$$

Die Berechnung der elastischen Knotenpunktverschiebungen gemäß Gl. 5.121 ergibt

$$
[c_{22}]\{X_2\} = \{F_2\},
\tag{5.125}
$$

woraus resultiert:

$$
\{X_2\} = [c_{22}]^{-1}\{F_2\}.
\tag{5.126}
$$

In unserem Fall gilt:

$$
[c_{22}] = \frac{EA}{a}
\begin{bmatrix}
1+\dfrac{\sqrt{2}}{4} & -\dfrac{\sqrt{2}}{4} & 0 & 0 \\
-\dfrac{\sqrt{2}}{4} & 1+\dfrac{\sqrt{2}}{4} & 0 & -1 \\
0 & 0 & 1 & 0 \\
0 & -1 & 0 & 1
\end{bmatrix}.
\tag{5.127}
$$

Die Inverse von $[c_{22}]$ ist

$$
[c_{22}]^{-1} = \frac{a}{EA}
\begin{bmatrix}
1 & -1 & 0 & 1 \\
-1 & 1+\dfrac{4}{\sqrt{2}} & 0 & 1+\dfrac{4}{\sqrt{2}} \\
0 & 0 & 1 & 0 \\
1 & 1+\dfrac{4}{\sqrt{2}} & 0 & 2+\dfrac{4}{\sqrt{2}}
\end{bmatrix}.
\tag{5.128}
$$

Daraus folgt für die elastischen Knotenpunktverschiebungen

$$
\begin{Bmatrix} x_3 \\ x_4 \\ x_7 \\ x_8 \end{Bmatrix}
= \frac{a}{EA}
\begin{Bmatrix} 1 \\ 1+\dfrac{4}{\sqrt{2}} \\ 0 \\ 2+\dfrac{4}{\sqrt{2}} \end{Bmatrix} \cdot P.
\tag{5.129}
$$

Die Lagerkräfte werden auf der Grundlage von Gl. 5.121 berechnet, entsprechend

$$\{F_1\} = [c_{12}]\{X_2\} = [c_{12}] \begin{Bmatrix} x_3 \\ x_4 \\ x_7 \\ x_8 \end{Bmatrix}. \qquad (5.130)$$

In unserem Fall gilt:

$$[c_{12}] = \frac{EA}{a} \begin{bmatrix} -1 & 0 & 0 & 0 \\ 0 & 0 & 0 & 0 \\ \dfrac{\sqrt{2}}{4} & \dfrac{\sqrt{2}}{4} & -1 & 0 \\ \dfrac{\sqrt{2}}{4} & -\dfrac{\sqrt{2}}{4} & 0 & 0 \end{bmatrix}. \qquad (5.131)$$

Daraus resultiert:

$$\{F_1\} = \begin{Bmatrix} S_1 \\ S_2 \\ S_5 \\ S_6 \end{Bmatrix} = \begin{Bmatrix} -1 \\ 0 \\ 1 \\ -1 \end{Bmatrix} \cdot P. \qquad (5.132)$$

Diese Lagerbelastung lässt sich auch durch statische Gleichgewichtsbetrachtung am Fachwerk bestimmen. Dabei ist zu berücksichtigen, dass aufgrund des Kräftegleichgewichts am Knoten 4 der Stab ② keine Kraft überträgt.

Kapitel 6
Balkentheorie

Viele strukturdynamische Systeme haben die Eigenschaft, dass eine ihrer Abmessungen (Länge, Höhe) sehr groß ist gegenüber den anderen Dimensionen (Breite, Tiefe). Aus diesem Grunde werden sie auch als „eindimensionale Systeme" bezeichnet. Solche Strukturen weisen ein Schwingungsverhalten auf, das mit dem von langgestreckten Balken vergleichbar ist. Als Beispiel dafür seien hier die strukturellen Systeme Hochhäuser, Schornsteine, Fernsehtürme und Hängebrücken aufgeführt. Ebenso weisen die elastischen Deformationen eines Flugzeugrumpfes sowie die langgestreckten Tragflügel von Passagierflugzeugen ein balkenartiges Verformungsverhalten auf. Bei vielen praktischen Anwendungen werden solche „langgestreckten Systeme" deshalb oft durch Balkenstrukturen idealisiert. Im Folgenden wird auf das statische und dynamische Verhalten von Balkensystemen eingegangen.

6.1 Elementare Biegetheorie

Dieser Abschnitt befasst sich mit der Ermittlung der Spannungen und Deformationen an balkenartigen Strukturen. Dabei werden

a) die Deformationen als klein angenommen, so dass zwischen den Verzerrungen und den Verschiebungen lineare Beziehungen angesetzt werden können (z. B. $\varepsilon = \Delta \mathrm{d}x / \mathrm{d}x$),
b) die Gleichgewichtsbedingungen stets am undeformierten System aufgestellt.

6.1.1 Beziehungen zwischen der äußeren Belastung und den Schnittkräften

Gegeben ist der in Abb. 6.1 dargestellte Balken, der einseitig eingespannt ist. Für das infinitesimal kleine Balkensegment mit der Länge $\mathrm{d}x$ gelten folgende Kraft- und Momentengleichgewichtsbedingungen:

$$- Q + (Q + \mathrm{d}Q) + p\,\mathrm{d}x = 0, \tag{6.1}$$

R. Freymann, *Strukturdynamik*,
DOI 10.1007/978-3-642-19698-0_6, © Springer-Verlag Berlin Heidelberg 2011

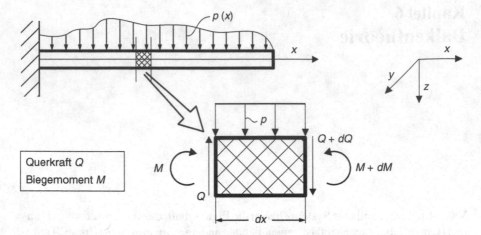

Abb. 6.1 Einseitig eingespannter Balken mit Streckenlast

$$- M + (M + \mathrm{d}M) - Q\mathrm{d}x + p\mathrm{d}x\frac{\mathrm{d}x}{2} = 0. \tag{6.2}$$

Unter Vernachlässigung des Termes 2. Ordnung $p\mathrm{d}x\,\mathrm{d}x/2$ resultiert daraus:

$$\mathrm{d}Q = -p\mathrm{d}x, \tag{6.3}$$

$$\mathrm{d}M = Q\mathrm{d}x \tag{6.4}$$

oder

$$p = -\frac{\mathrm{d}Q}{\mathrm{d}x}, \tag{6.5}$$

$$Q = \frac{\mathrm{d}M}{\mathrm{d}x}, \tag{6.6}$$

woraus sich dann auch ergibt:

$$p = -\frac{\mathrm{d}^2M}{\mathrm{d}x^2}. \tag{6.7}$$

Die Integration der Gl. 6.3 und 6.4 liefert weiterhin:

$$Q = - \int p\mathrm{d}x + Q_R, \tag{6.8}$$

$$M = \int Q\mathrm{d}x + M_R \tag{6.9}$$

mit Q_R, M_R als den Integrationskonstanten. Die Gl. 6.8 und 6.9 werden zur Berechnung des Querkraft- und Momentenverlaufs bei vorgegebener Streckenlastverteilung verwendet.

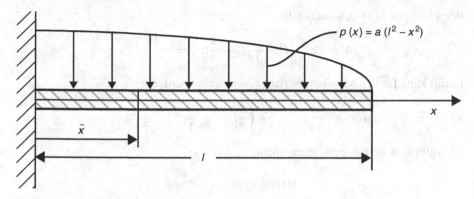

Abb. 6.2 Balken mit parabolischer Streckenlast

Anwendungsbeispiel: Berechnung der Lagerkräfte an der Einspannung eines Balkens Gegeben ist der in Abb. 6.2 dargestellte Balken mit der parabolischen Streckenlastverteilung $p(x) = a(l^2 - x^2)$. Zu berechnen sind die Querkraft und das Biegemoment an der Einspannstelle bei $\bar{x} = 0$. Aus Gl. 6.8 resultiert:

$$Q(\bar{x}) = -\int_0^{\bar{x}} a(l^2 - x^2)\mathrm{d}x + Q_R; \qquad (0 \le \bar{x} \le l)$$

$$= -a\left(l^2\bar{x} - \frac{1}{3}\bar{x}^3\right) + Q_R.$$

Für $\bar{x} = l$ gilt $Q = 0$, woraus folgt:

$$Q_R = a\left(l^3 - \frac{1}{3}l^3\right) = \frac{2}{3}al^3.$$

Dementsprechend kann für den Querkraftverlauf geschrieben werden:

$$Q(\bar{x}) = \frac{2}{3}al^3 - a\left(l^2\bar{x} - \frac{1}{3}\bar{x}^3\right).$$

Damit ergibt sich für die Querkraft an der Einspannstelle:

$$Q(\bar{x} = 0) = \frac{2}{3}al^3.$$

Unter Berücksichtigung der Gl. 6.9 ergibt sich weiterhin:

$$M(\bar{x}) = \int_0^{\bar{x}} \left[-a\left(l^2x - \frac{1}{3}x^3\right) + \frac{2}{3}al^3\right]\mathrm{d}x + M_R$$

$$= -a\left(\frac{1}{2}l^2\bar{x}^2 - \frac{1}{12}\bar{x}^4\right) + \frac{2}{3}al^3\bar{x} + M_R.$$

Für $\bar{x} = l$ gilt $M = 0$, woraus folgt:

$$M_R = a\left(\frac{1}{2}l^4 - \frac{1}{12}l^4 - \frac{2}{3}l^4\right) = -\frac{1}{4}al^4.$$

Damit kann für den Momentenverlauf geschrieben werden:

$$M(\bar{x}) = -\frac{1}{4}al^4 - -a\left(\frac{1}{2}l^2\bar{x}^2 - \frac{1}{12}\bar{x}^4 + \frac{2}{3}l^3\bar{x}\right).$$

Es ergibt sich für das Einspannmoment:

$$M(\bar{x} = 0) = -\frac{1}{4}al^4.$$

Diese Berechnung zeigt, dass das Balkenmoment (proportional l^4) als Funktion der Balkenlänge stärker zunimmt als die Querkraft (proportional l^3). Dieser Zusammenhang besteht immer, da sich nach Gl. 6.9 das Moment aus der Integration des Querkraftverlaufs ergibt. Demzufolge genügt es in vielen Fällen, bei der Dimensionierung von langen, schlanken Strukturen, ausschließlich die aus dem Biegemoment resultierenden Zug- und Druckspannungen zu berücksichtigen. Die Schubspannungen infolge der Querkraftbelastung können dann in erster Näherung vernachlässigt werden.

6.1.2 Spannungs- und Deformationszustand

Den Betrachtungen wird ein langer, schlanker Balken zugrunde gelegt, für den die aus dem Biegemoment resultierende Belastung die wesentliche Beanspruchung darstellt. Es wird angenommen, dass, wie in Abb. 6.3 dargestellt, unter gegebener Belastung

a) die Querschnittsform des Balkensegmentes sich nicht verändert (Vernachlässigung der Querkontraktion),

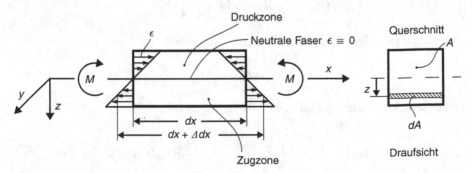

Abb. 6.3 Querschnittsverformung des infinitesimalen Balkensegmentes unter Biegemomentenbelastung

b) die Querschnitte nach der Verformung eben bleiben (Bernoulli-Hypothese).

Dann kann unter Einführung der Konstanten k für die Verzerrung ε geschrieben werden:

$$\varepsilon = \frac{\Delta \mathrm{d}x}{\mathrm{d}x} = k \cdot z. \tag{6.10}$$

Nach dem Hook'schen Stoffgesetz folgt daraus auch eine lineare Spannungsverteilung in Hochachsenrichtung des Balkens, entsprechend

$$\sigma = E\varepsilon = kEz. \tag{6.11}$$

Auf der Basis dieser Spannungsverteilung kann für das Balkenbiegemoment geschrieben werden:

$$M = \int_A \sigma z \mathrm{d}A. \tag{6.12}$$

Das Einsetzen der Gl. 6.11 liefert:

$$M = kE \int_A z^2 \mathrm{d}A = kEI, \tag{6.13}$$

wobei für die Größe I, die als Flächenträgheitsmoment bezeichnet wird, gesetzt wurde:

$$I = \int_A z^2 \mathrm{d}A. \tag{6.14}$$

Beispielhaft sind in Abb. 6.4 die Flächenträgheitsmomente verschiedener Querschnittsprofile angegeben.

Aus Gl. 6.13 ergibt sich für die Konstante k:

$$k = \frac{M}{EI}. \tag{6.15}$$

Damit kann dann für den Spannungs- und Verformungszustand nach den Gl. 6.10 und 6.11 geschrieben werden:

$$\varepsilon = \frac{M}{EI}z, \tag{6.16}$$

$$\sigma = \frac{M}{I}z. \tag{6.17}$$

Unter der Einwirkung des Biegemomentes wird sich nun der Balken, wie in Abb. 6.5 dargestellt, verformen. Dabei wird angenommen, dass

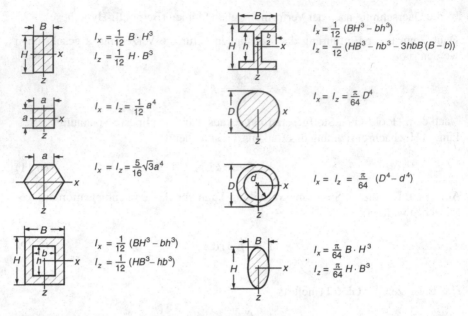

Abb. 6.4 Flächenträgheitsmomente gegen Biegung von typischen Profilquerschnitten

a) die Querschnitte eben bleiben (Bernoulli-Hypothese),
b) die Querschnitte auch im verformten Zustand normal zur neutralen Faser ausgerichtet sind (Kirchhoff-Hypothese).

Da kleine Verformungen vorausgesetzt werden, gilt in erster Näherung:

$$\mathrm{d}s \approx \mathrm{d}x, \qquad \mathrm{d}s + \Delta \mathrm{d}s \approx \mathrm{d}x + \Delta \mathrm{d}x.$$

Die Anwendung des Strahlensatzes liefert:

$$\frac{\rho + z}{\rho} = 1 + \frac{z}{\rho} = \frac{\mathrm{d}s + \Delta \mathrm{d}s}{\mathrm{d}s} \approx \frac{\mathrm{d}x + \Delta \mathrm{d}x}{\mathrm{d}x} = 1 + \frac{\Delta \mathrm{d}x}{\mathrm{d}x}$$

und bei Berücksichtigung von Gl. 6.10:

$$\varepsilon = \frac{z}{\rho}.$$

Mit Gl. 6.16 ergibt sich weiterhin:

$$\frac{1}{\rho} = \frac{M}{EI}. \tag{6.18}$$

Für den Krümmungsradius ρ kann auch – auf der Grundlage der Zusammenhänge für den Kreisausschnitt – geschrieben werden:

$$\rho \, \mathrm{d}\psi = \mathrm{d}s \approx \mathrm{d}x \quad \Rightarrow \quad \frac{1}{\rho} = \frac{\mathrm{d}\psi}{\mathrm{d}x}, \tag{6.19}$$

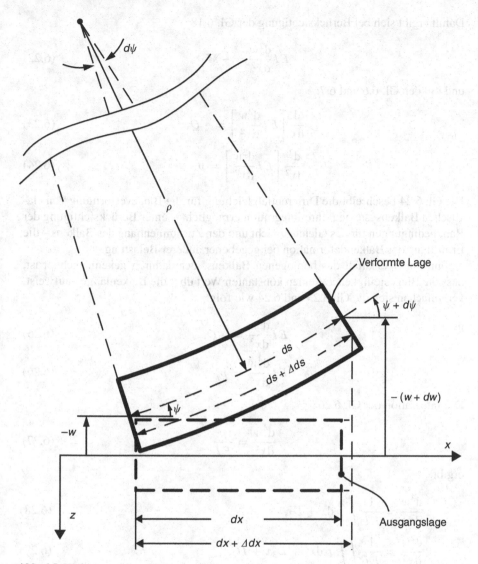

Abb. 6.5 Verformung eines Balkensegmentes

wobei in erster Näherung gilt:

$$\mathrm{d}\psi = -\frac{\mathrm{d}w}{\mathrm{d}x}.$$

(6.20)

Das Einsetzen von Gl. 6.20 in 6.19 liefert:

$$\frac{1}{\rho} = -\frac{\mathrm{d}^2 w}{\mathrm{d}x^2}.$$

(6.21)

Damit ergibt sich bei Berücksichtigung der Gl. 6.18:

$$EI\frac{d^2w}{dx^2} = -M, \tag{6.22}$$

und mit den Gl. 6.6 und 6.7:

$$\frac{d}{dx}\left[EI\frac{d^2w}{dx^2}\right] = -Q, \tag{6.23}$$

$$\frac{d^2}{dx^2}\left[EI\frac{d^2w}{dx^2}\right] = p. \tag{6.24}$$

Die Gl. 6.24 beschreibt die Differentialgleichung für die Biegeverformung von elastischen Balkensystemen. Ihre Integration ermöglicht – unter Berücksichtigung der Randbedingungen für das Gleichgewicht und den Zusammenhang des Balkens – die Ermittlung der Balkendeformation bei gegebener äußerer Belastung.

Für den Spezialfall des homogenen Balkens, der dadurch gekennzeichnet ist, dass die Biegesteifigkeit EI einen konstanten Wert über die Balkenlänge l aufweist, vereinfachen sich die Gl. 6.23 und 6.24 wie folgt:

$$EI\frac{d^3w}{dx^3} = -Q, \tag{6.25}$$

$$EI\frac{d^4w}{dx^4} = p. \tag{6.26}$$

Die Integration der Gl. 6.26

$$\frac{d^4w}{dx^4} = \frac{p}{EI} \tag{6.27}$$

ergibt:

$$\frac{d^3w}{dx^3} = \frac{1}{EI}\int p\,dx + D_3, \tag{6.28}$$

$$\frac{d^2w}{dx^2} = \frac{1}{EI}\iint p\,dx^2 + D_3x + D_2, \tag{6.29}$$

$$\frac{dw}{dx} = \frac{1}{EI}\iiint p\,dx^3 + \frac{1}{2}D_3x^2 + D_2x + D_1, \tag{6.30}$$

$$w(x) = \frac{1}{EI}\iiiint p\,dx^4 + \frac{1}{6}D_3x^3 + \frac{1}{2}D_2x^2 + D_1x + D_0, \tag{6.31}$$

oder

$$w(x) = \frac{1}{EI}\iiiint p\,dx^4 + C_3x^3 + C_2x^2 + C_1x + C_0, \tag{6.32}$$

mit den Integrationskonstanten D_0, D_1, D_2, D_3 bzw. C_0, C_1, C_2, C_3.

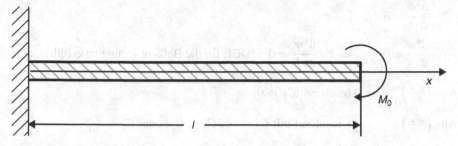

Abb. 6.6 Durch ein äußeres Moment M_0 belasteter Biegebalken

Anwendungsbeispiel: Berechnung der Balkenverformung bei Einwirkung eines äußeren Momentes M_0 Gegeben ist der in Abb. 6.6 dargestellte einseitig eingespannte, *homogene* Balken. Das freie Ende wird durch ein äußeres Biegemoment M_0 belastet. Zu berechnen ist die dadurch hervorgerufene Durchbiegung am freien Ende. Homogen heißt: $(EI)_{(x)} = EI = konstant$. Weiterhin gilt $p = 0$, da keine Streckenlast vorliegt. Damit liefern die Gl. 6.26 und 6.32:

$$EI\frac{d^4w}{dx^4} = 0, \tag{6.33}$$

$$w(x) = C_3 x^3 + C_2 x^2 + C_1 x + C_0. \tag{6.34}$$

> Anmerkung: Diese Funktion für die Balkendurchbiegung ist identisch mit dem Deformationsansatz nach Gl. 5.52.

Die Bestimmung der Balkendeformation erfordert die Ermittlung der vier Integrationskonstanten C_0, C_1, C_2, C_3. Dafür bedarf es der Aufstellung von vier Randbedingungen für das Balkensystem. In dem hier vorliegenden Fall des einseitig fest eingespannten Balkens mit Momentenbelastung am freien Ende gilt:

$$w(x = 0) = 0,$$

$$\frac{dw}{dx}(x = 0) = 0,$$

$$Q(x = l) = 0 \qquad \Rightarrow \frac{d^3w}{dx^3}(x = l) = 0 \qquad \text{nach Gl. 6.25,}$$

$$M(x = l) = -M_0 \qquad \Rightarrow \frac{d^2w}{dx^2}(x = l) = \frac{M_0}{EI} \qquad \text{nach Gl. 6.22.}$$

Die Ableitung der Gl. 6.34 liefert:

$$\frac{dw}{dx} = 3C_3 x^2 + 2C_2 x + C_1,$$

$$\frac{d^2w}{dx^2} = 6C_3 x + 2C_2,$$

$$\frac{d^3 w}{dx^3} = 6C_3,$$

$$\frac{d^4 w}{dx^4} = 0 \qquad \Rightarrow EI\frac{d^4 w}{dx^4} = 0 \quad \text{(DGL für die Balkenbiegung ist erfüllt).}$$

Aus $\left(\frac{d^3 w}{dx^3}\right)_{(x=l)} = 0$ resultiert: $C_3 = 0$.

Aus $\left(\frac{d^2 w}{dx^2}\right)_{(x=l)} = \frac{M_0}{EI}$ resultiert mit $C_3 = 0$: $2C_2 = \frac{M_0}{EI}$, oder $C_2 = \frac{1}{2}\frac{M_0}{EI}$.

Aus $\left(\frac{dw}{dx}\right)_{(x=0)}$ resultiert: $C_1 = 0$.
Aus $(w)_{(x=0)}$ resultiert: $C_0 = 0$.
Damit ergibt sich folgender Ausdruck für die Biegelinie des Balkens:

$$w(x) = \frac{1}{2}\frac{M_0}{EI}x^2.$$

Die Durchbiegung am freien Ende bei $x = l$ ergibt sich zu

$$w(l) = \frac{1}{2}\frac{M_0}{EI}l^2.$$

6.1.3   Freie Balkenschwingungen

Unter freien Schwingungen des Balkens versteht man seine dynamischen Bewegungen ohne die Einwirkung von äußeren Kräften. Durch die Schwingungsbewegung werden – infolge der Balkenmasse – Massenträgheitskräfte induziert, die genau wie eine Streckenlast auf die Balkenstruktur wirken (Abb. 6.7). Nach dem Newton'schen Trägheitsgesetz ergibt sich folgender Ausdruck für die erzeugte Streckenlast:

$$p = -\bar{m}\frac{d^2 w}{dt^2} \qquad\qquad (6.35)$$

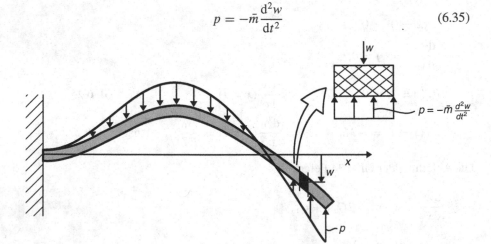

Abb. 6.7 Durch die Schwingungsbewegung induzierte Trägheits-Streckenlast am Balken

mit $\bar{m}$ als der Masse eines infinitesimalen Balkenelementes und d^2w/dt^2 als der Beschleunigung dieses Balkenteilchens. Unter Berücksichtigung von Gl. 6.24 ergibt sich dann folgende homogene Bewegungsgleichung zur Beschreibung der freien Schwingungen einer Balkenstruktur:

$$\frac{d^2}{dx^2}\left[EI\frac{d^2w}{dx^2}\right] + \bar{m}\frac{d^2w}{dt^2} = 0. \qquad (6.36)$$

Für den Fall eines homogenen Balkensystems mit $EI = konstant$ und $\bar{m} = m/l$, wobei m die Gesamtbalkenmasse kennzeichnet, vereinfacht sich Gl. 6.36 wie folgt:

$$EI\frac{d^4w}{dx^4} + \bar{m}\frac{d^2w}{dt^2} = 0. \qquad (6.37)$$

Wichtig ist die Feststellung, dass w sowohl eine Funktion der Koordinate x als auch der Zeit t ist, d. h. $w = w(x,t)$.

Wie schon in den Kap. 3 und 4 aufgeführt wurde, erfolgen freie Schwingungen (Eigenschwingungen) harmonisch mit der Zeit. Demzufolge kann für die Eigenschwingungsbewegung in der r-ten Eigenform – mit der Eigenkreisfrequenz ω_r – geschrieben werden:

$$w(x,t) = w_r(x) \cdot \cos\omega_r t \qquad (6.38)$$

und demzufolge:

$$\frac{d^2w}{dt^2} = -\omega_r^2 \cdot w_r(x) \cdot \cos\omega_r t, \qquad (6.39)$$

sowie

$$\frac{d^4w}{dx^4} = \frac{d^4w_r(x)}{dx^4} \cdot \cos\omega_r t. \qquad (6.40)$$

Das Einsetzen der Gl. 6.39 und 6.40 in die Gl. 6.37 ergibt:

$$\frac{d^4w_r(x)}{dx^4} - \frac{\bar{m}}{EI} \cdot \omega_r^2 \cdot w_r(x) = 0. \qquad (6.41)$$

Als allgemeiner Lösungsansatz für diese homogene Differentialgleichung vierter Ordnung mit konstanten Koeffizienten gilt:

$$w_r(x) = A\sinh\alpha_r\frac{x}{l} + B\cosh\alpha_r\frac{x}{l} + C\sin\alpha_r\frac{x}{l} + D\cos\alpha_r\frac{x}{l}, \qquad (6.42)$$

mit

$$\alpha_r^4 = \frac{\bar{m} \cdot \omega_r^2 \cdot l^4}{EI} \qquad (6.43)$$

In Gl. 6.42 sind A, B, C, D Integrationskonstanten, welche aus den jeweiligen Randbedingungen zu bestimmen sind.

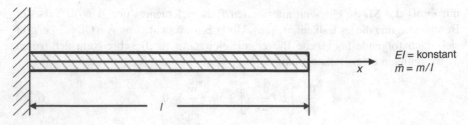

Abb. 6.8 Einseitig fest einspannter Balken

Anwendungsbeispiel: Freie Schwingungen des einseitig eingespannten Balkens
Für den in Abb. 6.8 dargestellten Balken gelten folgende Randbedingungen

$$\text{für } x = 0 : w = 0 \text{ und } \frac{dw}{dx} = 0,$$

$$\text{für } x = l : \frac{d^2w}{dx^2} = 0 \text{ und } \frac{d^3w}{dx^3} = 0.$$

Mit dem Lösungsansatz nach Gl. 6.42

$$w_r(x) = A \sinh \alpha_r \frac{x}{l} + B \cosh \alpha_r \frac{x}{l} + C \sin \alpha_r \frac{x}{l} + D \cos \alpha_r \frac{x}{l}$$

ergibt sich weiterhin:

$$\frac{dw_r}{dx} = A \left(\frac{\alpha_r}{l} \right) \cosh \alpha_r \frac{x}{l} + B \left(\frac{\alpha_r}{l} \right) \sinh \alpha_r \frac{x}{l} + C \left(\frac{\alpha_r}{l} \right) \cos \alpha_r \frac{x}{l}$$
$$- D \left(\frac{\alpha_r}{l} \right) \sin \alpha_r \frac{x}{l},$$

$$\frac{d^2w_r}{dx^2} = A \left(\frac{\alpha_r}{l} \right)^2 \sinh \alpha_r \frac{x}{l} + B \left(\frac{\alpha_r}{l} \right)^2 \cosh \alpha_r \frac{x}{l} - C \left(\frac{\alpha_r}{l} \right)^2 \sin \alpha_r \frac{x}{l}$$
$$- D \left(\frac{\alpha_r}{l} \right)^2 \cos \alpha_r \frac{x}{l},$$

$$\frac{d^3w_r}{dx^3} = A \left(\frac{\alpha_r}{l} \right)^3 \cosh \alpha_r \frac{x}{l} + B \left(\frac{\alpha_r}{l} \right)^3 \sinh \alpha_r \frac{x}{l} - C \left(\frac{\alpha_r}{l} \right)^3 \cos \alpha_r \frac{x}{l}$$
$$+ D \left(\frac{\alpha_r}{l} \right)^3 \sin \alpha_r \frac{x}{l}.$$

Führt man die Randbedingungen in diese Gleichungen ein, dann resultiert folgendes Gleichungssystem:

$$
\begin{bmatrix}
0 & 1 & 0 & 1 \\
\left(\dfrac{\alpha_r}{l}\right) & 0 & \left(\dfrac{\alpha_r}{l}\right) & 0 \\
\left(\dfrac{\alpha_r}{l}\right)^2 \sinh \alpha_r & \left(\dfrac{\alpha_r}{l}\right)^2 \cosh \alpha_r & -\left(\dfrac{\alpha_r}{l}\right)^2 \sin \alpha_r & -\left(\dfrac{\alpha_r}{l}\right)^2 \cos \alpha_r \\
\left(\dfrac{\alpha_r}{l}\right)^3 \cosh \alpha_r & \left(\dfrac{\alpha_r}{l}\right)^3 \sinh \alpha_r & -\left(\dfrac{\alpha_r}{l}\right)^3 \cos \alpha_r & \left(\dfrac{\alpha_r}{l}\right)^3 \sin \alpha_r
\end{bmatrix}
\begin{Bmatrix} A \\ B \\ C \\ D \end{Bmatrix} = 0.
$$

$$(6.44)$$

Lösungen dieses Gleichungssystems existieren nur für den Fall, dass die Determinante der Matrix gleich Null ist. Zur Berechnung der Determinante wird die Matrix (z. B.) nach ihrer ersten Spalte entwickelt und dann die Unterdeterminante nach der Sarrus'schen Regel berechnet. Es ergibt sich:

$$
DET = -\left(\frac{\alpha_r}{l}\right)
\begin{vmatrix}
1 & 0 & 1 \\
\left(\dfrac{\alpha_r}{l}\right)^2 \cosh \alpha_r & -\left(\dfrac{\alpha_r}{l}\right)^2 \sin \alpha_r & -\left(\dfrac{\alpha_r}{l}\right)^2 \cos \alpha_r \\
\left(\dfrac{\alpha_r}{l}\right)^3 \sinh \alpha_r & -\left(\dfrac{\alpha_r}{l}\right)^3 \cos \alpha_r & \left(\dfrac{\alpha_r}{l}\right)^3 \sin \alpha_r
\end{vmatrix}
$$

$$
+\left(\frac{\alpha_r}{l}\right)^2 \sinh \alpha_r
\begin{vmatrix}
1 & 0 & 1 \\
0 & \left(\dfrac{\alpha_r}{l}\right) & 0 \\
\left(\dfrac{\alpha_r}{l}\right)^3 \sinh \alpha_r & -\left(\dfrac{\alpha_r}{l}\right)^3 \cos \alpha_r & \left(\dfrac{\alpha_r}{l}\right)^3 \sin \alpha_r
\end{vmatrix}
$$

$$
-\left(\frac{\alpha_r}{l}\right)^3 \cosh \alpha_r
\begin{vmatrix}
1 & 0 & 1 \\
0 & \left(\dfrac{\alpha_r}{l}\right) & 0 \\
\left(\dfrac{\alpha_r}{l}\right)^2 \cosh \alpha_r & -\left(\dfrac{\alpha_r}{l}\right)^2 \sin \alpha_r & -\left(\dfrac{\alpha_r}{l}\right)^2 \cos \alpha_r
\end{vmatrix} = 0,
$$

woraus dann resultiert:

$$\cosh \alpha_r \cdot \cos \alpha_r = -1.$$

Die Lösungen von α_r, welche diese Gleichung befriedigen, sind:

$$\alpha_1 = 1.875, \quad \alpha_2 = 4.694, \quad \alpha_3 = 7.855, \quad \alpha_4 = 10.966, \quad \cdots \quad \alpha_\infty \to \infty.$$

Zur Ermittlung der Lösungen empfiehlt es sich, die Lösungsgleichung umzuformen in

$$\cos \alpha_r = -\frac{1}{\cosh \alpha_r}$$

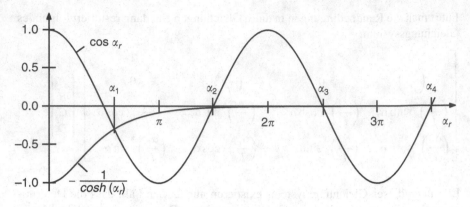

Abb. 6.9 Grafische Lösung der Frequenzgleichung

und die Funktionen $\cos \alpha_r$ und $-1/\cosh \alpha_r$ grafisch aufzutragen (Abb. 6.9). Schnittpunkte der beiden Kurvenzüge kennzeichnen dann jeweils eine Lösung der Gleichung. Mit Kenntnis der α_r-Werte sind auch die Eigenkreisfrequenzen des Balkensystems bekannt, denn es gilt nach Gl. 6.43:

$$\omega_r = \alpha_r^2 \sqrt{\frac{EI}{\bar{m}l^4}}. \qquad (6.45)$$

Da sich für α_r unendlich viele Lösungen ergeben, weist das elastomechanische Balkensystem dementsprechend unendlich viele Eigenkreisfrequenzen auf. Dieses Merkmal resultiert aus der Betrachtung der Balkenstruktur als Kontinuum. Ein Kontinuum besitzt immer unendlich viele Eigenfrequenzen und Eigenschwingungsformen. Die den verschiedenen Eigenkreisfrequenzen zugeordneten Eigenschwingungsformen können durch Bestimmung der Integrationskonstanten A, B, C, D ermittelt werden. Dies geschieht durch Einsetzen der α_r-Werte in die Gl. 6.44. Es ergibt sich für die erste Zeile: $B = -D$, und für die zweite Zeile: $A = -C$. Eingesetzt in die letzte Zeile resultiert dann weiterhin:

$$(\cosh \alpha_r + \cos \alpha_r)A + (\sinh \alpha_r - \sin \alpha_r)B = 0,$$

oder

$$\frac{A}{B} = -\frac{\sinh \alpha_r - \sin \alpha_r}{\cosh \alpha_r + \cos \alpha_r}.$$

Auch in diesem Fall, wie im Allgemeinen bei der Berechnung der Amplituden in Eigenschwingungsformen, sind die absoluten Amplituden nicht bestimmt. Zur Amplitudennormierung führen wir ein:

$D = -1$, woraus folgt
$B = 1$,
$A = -\dfrac{\sinh \alpha_r - \sin \alpha_r}{\cosh \alpha_r + \cos \alpha_r},$

Abb. 6.10 Eigenschwingungsformen des homogenen,
einseitig fest eingespannten
Balkens

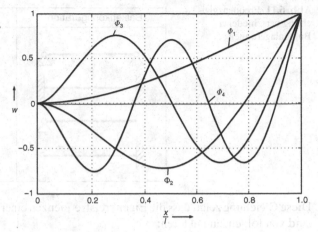

$$C = \frac{\sinh \alpha_r - \sin \alpha_r}{\cosh \alpha_r + \cos \alpha_r}.$$

Unter Berücksichtigung der Gl. 6.42 lautet damit der Ausdruck für die Biegelinie in der normierten r-ten Eigenschwingungsform Φ_r:

$$\Phi_r = w_r(x) = -\frac{\sinh \alpha_r - \sin \alpha_r}{\cosh \alpha_r + \cos \alpha_r} \cdot \sinh \alpha_r \frac{x}{l} + \cosh \alpha_r \frac{x}{l}$$

$$+ \frac{\sinh \alpha_r - \sin \alpha_r}{\cosh \alpha_r + \cos \alpha_r} \cdot \sin \alpha_r \frac{x}{l} - \cos \alpha_r \frac{x}{l}. \tag{6.46}$$

Beispielhaft dafür sind in Abb. 6.10 die ersten vier normierten Eigenschwingungsformen des homogenen, einseitig fest eingespannten Balkens dargestellt.

6.1.4 Parameterstudien

Viele der Schwingungsprobleme an (Balken-) Strukturen sind darauf zurückzuführen, dass die Eigenkreisfrequenzen dieser elastomechanischen Systeme schlecht auf
den Frequenzinhalt der äußeren Erregung abgestimmt sind. Im Fall einer ungünstigen
Frequenzabstimmung wird die Balkenstruktur durch die äußeren Anregungskräfte
ganz gezielt in ihren Eigenschwingungsformen angeregt. Folge davon ist, dass sich
ein hohes Schwingungsniveau in der Struktur einstellt, wodurch Komfort- und/oder
Festigkeitsvorgaben unter Umständen verletzt werden. Aus diesem Grunde ist es von
großer Bedeutung, sich Gedanken darüber zu machen, welche Kenngrößen des Balkensystems einen Einfluss auf seine Eigenfrequenzen haben. Zur näheren Analyse
formen wir mit $\bar{m} = \rho \cdot A$ die Gl. 6.45 wie folgt um:

$$\omega_r = \alpha_r^2 \sqrt{\frac{E}{\rho} \cdot \frac{I}{A} \cdot \frac{1}{l^4}}. \tag{6.47}$$

Abb. 6.11 Frequenzgleichung verschiedener
Balkenlagerungen

Balkenkonfiguration	Frequenzgleichungen
	$\sin \alpha_r = 0$
	$\cos \alpha_r \cosh \alpha_r = 1$
	$\tan \alpha_r = \tanh \alpha_r$
	$\cos \alpha_r \cosh \alpha_r = -1$

Diese Gleichung zeigt, dass die Eigenkreisfrequenzen einer Balkenstruktur abhängig
sind von folgenden Faktoren:

a) Der *Balkenlagerung*. Zur Berechnung der α_r-Werte von verschiedenen La-
   gerkonfigurationen sind in Abb. 6.11 die entsprechenden Frequenzgleichungen
   angegeben.
b) Der *Balkenlänge l*. Die Eigenfrequenzen nehmen mit $1/l^2$ ab. Große Balkenlängen
   führen zu niedrigen Eigenfrequenzen.
c) Der *Bauweise*, gekennzeichnet durch den Formfaktor $\sqrt{I/A}$. Dieser Term ist abhängig von der Querschnittsform des Balkens (Abb. 6.4). Zum Erreichen hoher
   Eigenfrequenzen sind z. B. Hohlprofile mit geringen Wandstärken oder Gitterkon-
   struktionen zu wählen. Bei der Dimensionierung der entsprechend dünnwandigen
   Systeme müssen die Knick- und Beuleigenschaften der Struktur sehr sorgfältig
   berücksichtigt werden.
d) Dem *Materialkennwert* $\sqrt{E/\rho}$. Der Term E/ρ ist eine typische Werkstoffkenn-
   größe, die als „spezifische Steifigkeit" bezeichnet wird. Ein hoher Wert von E/ρ
   gibt an, dass unter geringem Gewichtseinsatz eine hohe Steifigkeit erreicht werden kann. Zum Erzielen hoher Eigenfrequenzen ist ein großer Wert von E/ρ
   erforderlich. In der Praxis ist es nun so, dass eine Struktur nicht nur nach
   Steifigkeitsaspekten ausgelegt wird. Mindestens genauso wichtig ist die Berücksichtigung ihrer Festigkeitseigenschaften. Bei Leichtbaustrukturen werden diese
   durch die sogenannte „spezifische Festigkeit" σ_{Br}/ρ zum Ausdruck gebracht,
   wobei σ_{Br} die Bruchspannung des Werkstoffs kennzeichnet. Beide Gütezahlen
   σ_{Br}/ρ und E/ρ sind für verschiedene Werkstoffe in Tab. 6.1 aufgeführt. Die Zahlenwerte verdeutlichen die enormen Möglichkeiten, welche durch den Einsatz
   von Faserverbundwerkstoffen geboten werden.

6.2 Elementare Torsionstheorie

In diesem Abschnitt wird auf die Ermittlung der Spannungen und Deformationen
an balkenartigen Strukturen unter Torsionsbelastung eingegangen. Dabei wird

Tab. 6.1 Materialkennwerte und spezifische Kennzahlen verschiedener Werkstoffe

Werkstoff		ρ [kg/m^3]	E [GPa]	σ_{Br} [MPa]	E/ρ [$10^6 m^2/s^2$]	σ_{Br}/ρ [$10^3 m^2/s^2$]
Holz	Birke	650	14	137	21,5	211
(Faserrichtung)	Fichte	470	10	80	21,3	170
	Kiefer	520	11	100	21,2	192
	Buche	690	14	135	20,3	196
	Eiche	670	13	110	19,4	164
Baustahl	S 235 JR	7850	210	360	26,8	46
Federstahl	S 275 JR	7850	210	430	26,8	55
	E 360	7850	210	690	26,8	88
	38 Si 7	7850	210	1300	26,8	166
Aluminium	EN AW 5083	2700	71	270	26,3	100
Knetlegierung	EN AW 6060	2700	70	190	25,9	70
	EN AW 6061	2700	70	260	25,9	96
	EN AW 6082	2700	69	310	25,6	115
Titanlegierung	Ti 6 AL 4 V	4430	110	890	24,8	201
	Ti 2 Pd	4430	110	270	24,8	61
Magnesium						
Gusslegierung	AJ 62	1800	45	230	25,0	128
Knetlegierung	AZ 31	1780	45	260	25,3	146
Glasfaser-Verbundwerkstoff						
mit Gewebe		2000	23	463	11,5	232
unidirektional		2030	46	1070	22,7	527
Kohlenstofffaser-Verbund						
hochfestes Gewebe		1550	67	524	43,2	338
Faser hochfest unidirektional		1550	138	1450	89,0	935
Faser mittelsteif unidirektional		1600	155	2200	96,9	1375
Faser hochsteif unidirektional		1800	380	880	211,1	489

vorausgesetzt, dass die Deformationen klein sind und dass die Querschnittsform bei der Verformung erhalten bleibt.

6.2.1 *Äußere Belastung und Schnittmomente*

Ausgangspunkt aller Betrachtungen ist der in Abb. 6.12 dargestellte, einseitig eingespannte Balken, der durch ein Streckenmoment $m_T(x)$ belastet wird. Die Gleichgewichtsbedingung für ein Balkensegment der Länge $\mathrm{d}x$ lautet:

$$-M + m_T \mathrm{d}x + M + \mathrm{d}M = 0. \tag{6.48}$$

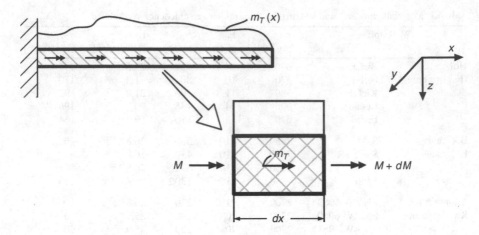

Abb. 6.12 Einseitig eingespannter Balken mit Momentenstreckenlast

Daraus ergibt sich:

$$m_T = -\frac{\mathrm{d}M}{\mathrm{d}x},$$ (6.49)

$$M = -\int m_T \mathrm{d}x + M_R.$$ (6.50)

Anwendungsbeispiel: Berechnung des Torsionsmomentes an der Einspannung eines Balkens Gegeben ist der in Abb. 6.13 dargestellte Balken mit der Momentenbelastung $m_T(x) = m_{T0}(1 - x/l)$. Zu berechnen ist das aus dieser Belastung resultierende Einspannmoment bei $\bar{x} = 0$. Nach Gl. 6.50 kann geschrieben werden:

$$M = -\int_0^{\bar{x}} m_{T0}(1 - x/l)\mathrm{d}x + M_R; \quad (0 \le \bar{x} \le l)$$ (6.51)

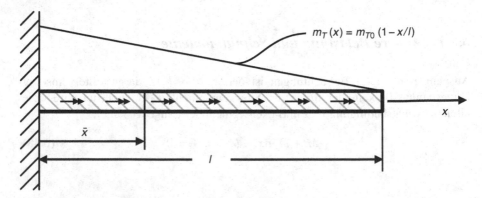

Abb. 6.13 Balken mit linearer Verteilung der Streckenlast

$$= - m_{T0} \left(\bar{x} - \frac{1}{2}\frac{1}{l}\bar{x}^2 \right) + M_R.$$ (6.52)

Da für $\bar{x} = l$ gilt, dass $M = 0$ ist, folgt daraus:

$$M_R = m_{T0} \left(l - \frac{1}{2}l \right) = \frac{1}{2}m_{T0}l.$$ (6.53)

Damit ergibt sich für das Torsionsmoment an der Einspannung:

$$M(\bar{x} = 0) = \frac{1}{2}m_{T0}l.$$ (6.54)

6.2.2 Spannungs- und Deformationszustand

Ausgegangen wird von dem in Abb. 6.14 dargestellten Balken mit kreisförmigem Vollquerschnitt. Für den Zusammenhang zwischen Schubverformung γ_r und Drillung $d\varphi/dx$ ergibt sich:

$$\gamma_r = r \frac{d\varphi}{dx}.$$ (6.55)

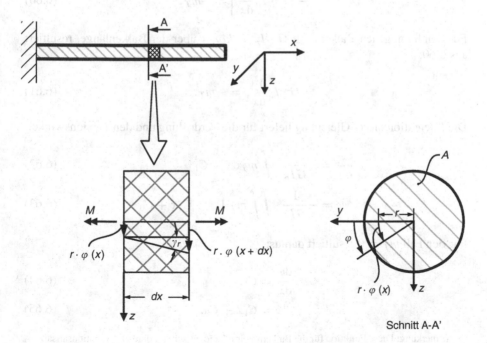

Abb. 6.14 Verformung eines Balkensegments unter Momentenbelastung

Daraus folgt für die Schubspannungsverteilung im Balkenquerschnitt:

$$\tau_r = G\gamma_r = Gr\frac{d\varphi}{dx}. \tag{6.56}$$

Damit ergibt sich für das Balkentorsionsmoment:

$$M = \int_A \tau_r r \, dA = \int_A Gr^2 \frac{d\varphi}{dx} dA = G\frac{d\varphi}{dx} \int_A r^2 dA. \tag{6.57}$$

Mit dem polaren Flächenträgheitsmoment

$$I_p = \int_A r^2 dA \tag{6.58}$$

ergibt sich aus 6.57:

$$G \cdot I_p \frac{d\varphi}{dx} = M \tag{6.59}$$

und unter weiterer Berücksichtigung von 6.49:

$$\frac{d}{dx}\left[G \cdot I_p \frac{d\varphi}{dx}\right] = -m_T. \tag{6.60}$$

Für den homogenen Balken, mit $G \cdot I_p = konst$ über der Balkenlänge, resultiert aus 6.60:

$$G \cdot I_p \frac{d^2\varphi}{dx^2} = -m_T. \tag{6.61}$$

Die Integration dieser Gleichung liefert für die Verdrillung und den Torsionswinkel:

$$\frac{d\varphi}{dx} = -\frac{1}{GI_p} \cdot \int m_T dx + C_1 \tag{6.62}$$

$$\varphi = -\frac{1}{GI_p} \cdot \int\int m_T dx^2 + C_1 x + C_0 \tag{6.63}$$

Für den Fall $m_T \equiv 0$ resultiert daraus:

$$\frac{d\varphi}{dx} = C_1, \tag{6.64}$$

$$\varphi = C_1 x + C_0. \tag{6.65}$$

Anmerkung: Diese Funktion für die Balkentorsion ist identisch mit dem Deformationsansatz nach Gl. 5.38.

Anwendungsbeispiel 1: Berechnung der Torsionsverformung bei einer Streckenbelastung des Balkens Es wird die in Abb. 6.13 dargestellte Momentenverteilung $m_T = m_{T0}(1 - x/l)$ als äußere Belastung festgelegt. Für das Balkensystem gelten folgende Randbedingungen

$$\text{für } x = 0: \; \varphi = 0,$$

$$\text{für } x = l: \; M = 0 \qquad \Rightarrow \frac{d\varphi}{dx} = 0 \qquad \text{nach 6.59.}$$

Aus 6.62 ergibt sich:

$$\frac{d\varphi}{dx} = -\frac{1}{GI_p} \cdot \int_0^{\bar{x}} m_{T0}\left(1 - \frac{x}{l}\right) dx + C_1 = -\frac{1}{GI_p} m_{T0}\left[\bar{x} - \frac{1}{2}\frac{\bar{x}^2}{l}\right] + C_1.$$

$$(6.66)$$

Daraus resultiert mit $d\varphi/dx = 0$ für $\bar{x} = l$:

$$C_1 = \frac{1}{2}\frac{l}{GI_p} m_{T0}.$$

$$(6.67)$$

Gl. 6.66 liefert:

$$\varphi = -\frac{1}{GI_p} m_{T0}\left[\frac{1}{2}\bar{x}^2 - \frac{1}{6}\frac{\bar{x}^3}{l}\right] + \frac{1}{2}\frac{l}{GI_p} m_{T0}\bar{x} + C_0.$$

$$(6.68)$$

Mit $\varphi = 0$ für $\bar{x} = 0$ resultiert daraus:

$$C_0 = 0.$$

$$(6.69)$$

Damit ergibt sich für den Torsionsverlauf:

$$\varphi = -\frac{1}{GI_p} m_{T0}\left(\frac{1}{2}\bar{x}^2 - \frac{1}{6}\frac{\bar{x}^3}{l} - \frac{1}{2}l\bar{x}\right).$$

$$(6.70)$$

Daraus folgt für die Maximalverformung am Balkenende:

$$\varphi_{max} = \varphi(l) = \frac{1}{6}\frac{l^2}{GI_p} m_{T0}.$$

$$(6.71)$$

Anwendungsbeispiel 2: Berechnung der Torsionsverformung am Balkenende für die kreisförmigen Querschnittsprofile Vollprofil, Ringprofil und geschlitztes Ringprofil Betrachtet wird das in Abb. 6.15 dargestellte, fest eingespannte Balkensystem mit der Momentenbelastung M_0. Zu bestimmen ist die maximale Torsionsverformung am freien Balkenende. Es gelten die Randbedingungen:

$$\text{für } x = 0: \; \varphi = 0,$$

$$\text{für } x = l: \; M = M_0 \qquad \Rightarrow \frac{d\varphi}{dx} = \frac{M_0}{G \cdot I_p} \qquad \text{nach 6.59.}$$

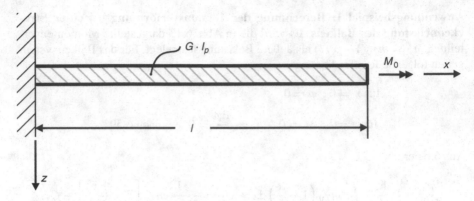

Abb. 6.15 Durch ein äußeres Moment belasteter Torsionsbalken

Damit ergibt sich
aus 6.64: $C_1 = M_0/G \cdot I_p$,
aus 6.65: $C_0 = 0$.
Gl. 6.65 liefert für die Torsionsverformung:

$$\varphi = \frac{M_0}{G \cdot I_p} x. \tag{6.72}$$

Daraus resultiert für die Torsionsverschiebung am freien Balkenende:

$$\varphi(l) = \varphi_{max} = \frac{l}{G \cdot I_p} M_0. \tag{6.73}$$

Fall A: Balkenquerschnitt ist ein Kreisvollprofil. Für das polare Flächenträgheitsmoment kann nach 6.58 geschrieben werden:

$$I_p = \int\limits_A r^2 \mathrm{d}A = \int\limits_R r^2 \cdot 2\pi r \mathrm{d}r = \frac{\pi}{2} R^4. \tag{6.74}$$

Damit resultiert aus Gl. 6.73:

$$\varphi(l) = \frac{2}{\pi} \frac{1}{G} \frac{l}{R^4} M_0. \tag{6.75}$$

Fall B: Balkenquerschnitt ist ein dünnwandiges Ringprofil. Für das polare Flächenträgheitsmoment gilt:

$$I_p = \int\limits_A r^2 \mathrm{d}A = \int\limits_{R_i}^{R_a} r^2 \cdot 2\pi r \mathrm{d}r = \frac{\pi}{2}(R_a{}^4 - R_i{}^4)$$

$$= \frac{\pi}{2}(R_a{}^2 + R_i{}^2)(R_a + R_i)(R_a - R_i), \tag{6.76}$$

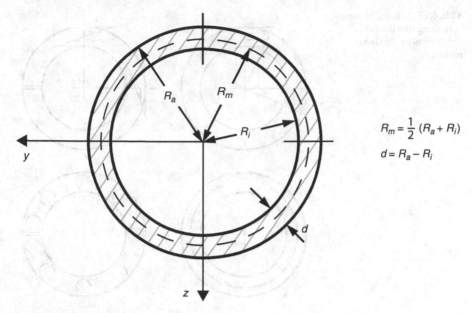

Abb. 6.16 Balkenquerschnitt in Ringform

$$R_m = \frac{1}{2}(R_a + R_i)$$

$$d = R_a - R_i$$

mit R_a und R_i als dem Außendwand- bzw. Innenwandradius des Ringprofils (Abb. 6.16). Mit

$$R_m = \frac{1}{2}(R_a + R_i) \tag{6.77}$$

und

$$d = (R_a - R_i), \tag{6.78}$$

ergibt sich mit $d \ll R_m$ in guter Näherung:

$$I_p \approx \frac{\pi}{2}(R_m^2 + R_m^2)2R_m\,d = 2\pi R_m^3 d. \tag{6.79}$$

Damit resultiert aus Gl. 6.73

$$\varphi(l) = \frac{1}{2\pi}\frac{1}{G}\frac{l}{R_m^3 d}M_0. \tag{6.80}$$

Fall C: Balkenquerschnitt ist ein geschlitztes dünnwandiges Ringprofil. Rein formal ergeben sich – nach Gl. 6.58 – bei gleicher Geometrie gleiche polare Trägheitsmomente für das geschlossene und das geschlitzte Ringprofil. Dementsprechend würden sich, aufgrund der vorher aufgeführten Zusammenhänge, bei gleicher Momentenbelastung auch gleich große Torsionsverformungen an beiden Balkensystemen

Abb. 6.17 Schubspannungsverteilung und daraus
resultierendes Torsions-
moment

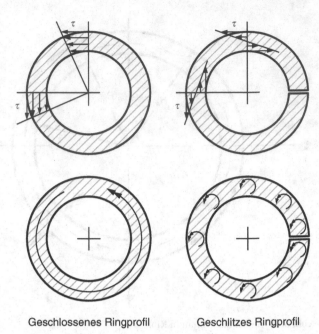

Geschlossenes Ringprofil   Geschlitzes Ringprofil

einstellen. Es ist nun aber bekannt, dass ein geschlitztes Hohlprofil eine wesentlich geringere Torsionssteifigkeit als ein dementsprechendes geschlossenes Profil
aufweist.

Ursache dafür ist, dass die Schubspannungsverteilung zwischen beiden Profilarten
sehr unterschiedlich ist (Abb. 6.17). Beim geschlossenen Profil liegt auf jeweils *geschlossenen* konzentrischen Kreisbahnen ein gleiches Schubspannungsniveau vor.
Eine solche Schubspannungsverteilung ist beim geschlitzten Profil nicht möglich,
da dadurch im Schlitzbereich die Gleichgewichtsbedingungen lokal verletzt würden!
Demzufolge kann beim geschlitzten Profil die äußere Momentenbelastung nur durch
eine über den Profilquerschnitt hervorgerufene (lineare) Schubspannungsverteilung
aufgenommen werden. Bildlich ausgedrückt bedeutet dies, dass beim geschlitzten Profil eine über den Umfang des Profils verteilte „Momentenstreckenlast" im
Gleichgewicht mit der äußeren Momentenbelastung steht.

Da das bei einem geschlitzten Profil aus der „Momentenstreckenlast" resultierende Gesamtmoment – bei gleichem Profilumfang – unabhängig von der Profilform ist,
wird, wie in Abb. 6.18 dargestellt, der weiteren Analyse ein gerader, abgewickelter
Profilquerschnitt zugrunde gelegt.

Für die Schubspannungsverteilung kann geschrieben werden:

$$\tau = kz. \tag{6.81}$$

Aufgrund dieser Abhängigkeit ergibt sich eine Verteilung gleichgroßer Schubspannungen in jeweils „geschlossenen rechteckigen Röhren" des Profilquerschnitts.

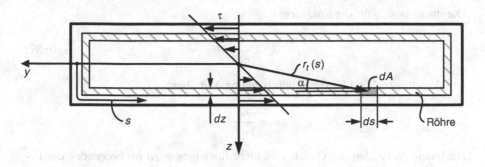

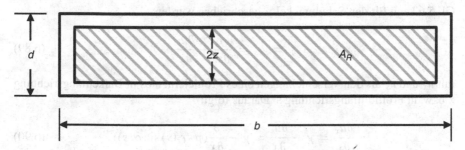

Abb. 6.18 Darstellung der Zusammenhänge bei geschlitzten dünnwandigen Balkenprofilen

Die infinitesimale Teilfläche dA einer solchen Röhre, mit dem von der Umlaufkoordinate s abhängigen Abstand $r_t(s)$ zum Profilmittelpunkt, liefert folgenden Momentenbeitrag:

$$dM = \tau \cdot dA \cdot r_t(s) \sin \alpha(s). \tag{6.82}$$

Dabei kennzeichnet $\alpha(s)$ den Winkel zwischen Schubspannungs- und Abstandsvektor. Durch Integration über den Röhrenumfang U_R ergibt sich für den Momentenbeitrag M_R einer Röhre mit der Breite dz:

$$M_R = \tau dz \oint r_t(s) \cdot \sin \alpha(s) ds = \tau dz 2 A_R \tag{6.83}$$

Nach Abb. 6.18 kennzeichnet A_R die von der Röhre umschlossene (innere) Fläche

$$A_R = 2bz. \tag{6.84}$$

Damit ergibt sich:

$$M_R = 4kz^2 b dz. \tag{6.85}$$

Die Integration dieses Ausdrucks liefert das vom Profilquerschnitt aufgenommene Gesamtmoment

$$M = \int_0^{d/2} 4kbz^2 dz = \frac{1}{6} kbd^3. \tag{6.86}$$

Damit ergibt sich für die Konstante k:

$$k = \frac{6}{bd^3} M \tag{6.87}$$

und dementsprechend für die Schubspannungsverteilung:

$$\tau = \frac{6}{bd^3} Mz. \tag{6.88}$$

Nach dem Aufstellen der Gleichgewichtsbedingungen wird im Folgenden der Fokus auf das Deformationsverhalten des geschlitzten Profils gerichtet. Entsprechend Gl. 5.6 kann für den Schubwinkel γ geschrieben werden:

$$\gamma = \gamma_{xs} = \frac{\partial u_x}{\partial s} + \frac{\partial u_s}{\partial x} \tag{6.89}$$

mit u_x und u_s als den Verschiebungen eines Profilelementes in Balkenlängsrichtung x bzw. in Profilumfangsrichtung s. Daraus folgt:

$$\frac{\partial u_x}{\partial s} = \gamma - \frac{\partial u_s}{\partial x} = \gamma - \frac{\partial}{\partial x}(\varphi \cdot r_t(s)\sin\alpha(s)) \tag{6.90}$$

und nach Integration über die Umlaufkoordinate:

$$u_x(s) = \int_0^s \gamma \, ds - \frac{\partial\varphi}{\partial x} \int_0^s r_t(s)\sin\alpha(s) ds. \tag{6.91}$$

Die Integration über den vollständigen Röhrenumfang U_R liefert unter Berücksichtigung von $u_x(s) \equiv u_x(s + U_r)$:

$$\gamma = \frac{\oint r_t(s)\sin\alpha(s) ds}{\oint ds} \frac{d\varphi}{dx} = 2\frac{A_R}{U_R}\frac{d\varphi}{dx}. \tag{6.92}$$

Mit $A_R = 2bz$ und $U_R \approx 2b$ ergibt sich:

$$\gamma = 2\frac{d\varphi}{dx}z. \tag{6.93}$$

Aus dem Stoffgesetz (Gl. 5.10) resultiert der Zusammenhang

$$\gamma = \frac{1}{G}\tau = \frac{1}{G}6\frac{1}{bd^3}Mz. \tag{6.94}$$

Aus den Gl. 6.93 und 6.94 folgt:

$$M = G\left(\frac{1}{3}bd^3\right)\frac{d\varphi}{dx} = GI_t\frac{d\varphi}{dx} \tag{6.95}$$

bei Berücksichtigung von Gl. 6.59. Damit ergibt sich (ganz allgemein) für das Torsionsflächenmoment I_t eines geschlitzten, dünnwandigen Hohlprofils mit der Querschnittslänge b und der Wandstärke d:

$$I_t = \frac{1}{3}bd^3.$$ (6.96)

Zur Berechnung der Torsionsdeformation des Balkens ist der Ausdruck für I_t anstatt dem von I_p in den entsprechenden Gleichungen (z. B. 6.63) zu berücksichtigen. Damit resultiert für die Torsionsdeformation am freien Balkenende des Rechenbeispiels:

$$\varphi(l) = \frac{l}{GI_t}M_0 = 3\frac{1}{G}\frac{l}{bd^3}M_0.$$ (6.97)

Interessant ist der Vergleich zwischen den Deformationen für das dünnwandige geschlossene Profil und dem geschlitzten Ringprofil. Für das Verhältnis der Deformationen am freien Balkenende ergibt sich mit den Gl. 6.80 und 6.97:

$$\frac{\varphi(l)_{geschlitzt}}{\varphi(l)_{geschlossen}} = \frac{3\frac{1}{G}\frac{l}{bd^3}M_0}{\frac{1}{2\pi}\frac{1}{G}\frac{l}{R_m^3 d}M_0} = 6\pi\frac{R_m^3}{bd^2}.$$ (6.98)

Mit $b = 2\pi R_m$ ergibt sich weiterhin:

$$\frac{\varphi(l)_{geschlitzt}}{\varphi(l)_{geschlossen}} = 3\left(\frac{R_m}{d}\right)^2.$$ (6.99)

Unter der Annahme eines Verhältnisses von $(R_m/d) = 10$ stellt sich also beim geschlitzten Profil – bei gleicher Belastung – eine um den Faktor 300 größere Torsionsdeformation ein!

Anmerkung: Bewusst wurde – um den Aufwand in Grenzen zu halten – in Abschn. 6.2 ausschließlich auf das Torsionsverhalten von Balkensystemen mit *kreisförmigen* Profilquerschnitten eingegangen. Insbesondere für das Vollprofil ist die analytische Behandlung dann einfach im Vergleich zu nichtkreisförmigen Vollprofilen, bei denen die Bestimmung des Torsionsflächenmomentes eine Herausforderung darstellen kann. Die Ermittlung von I_t für geschlossene, dünnwandige Profile erfolgt auf der Grundlage der *2. Bredt'schen Formel* $I_t = (4A^2/\oint \mathrm{d}s/d(s))$, die für alle Profilformen Gültigkeit besitzt. In der Gleichung kennzeichnet A die vom Profil umschlossene (mittlere) Querschnittsfläche und $d(s)$ die Profildicke als Funktion der Umlaufkoordinate s. Für die Berechnung des Torsionsflächenmomentes von dünnwandigen, geschlitzten Profilen gelten generell die oben unter „Fall C" aufgeführten Zusammenhänge. Soll das Torsionsmoment über ein Kräftepaar in den Balken eingeleitet werden, so ist zur Erzeugung einer reinen Torsionsbelastung die Lage des *Schubmittelpunktes* des Profils zu berücksichtigen.

6.2.3 Freie Balkenschwingungen

Ausgangspunkt aller Betrachtungen zur Bestimmung des Eigenschwingungsverhaltens von Balkensystemen ist die Gl. 6.61. Dabei wird die Balkenbelastung, wie in Abb. 6.19 dargestellt, durch die Wirkung der über die Balkenlängsachse verteilten Massenträgheitsmomente bei Torsionsschwingungen hervorgerufen, entsprechend

$$m_T = -\bar{\theta}\ddot{\varphi}, \tag{6.100}$$

mit $\bar{\theta}$ als dem Massenträgheitsmoment pro Längeneinheit des Balkens um die x-Achse. Mit I_t als dem Torsionsflächenmoment des Profilquerschnitts eines betrachteten Balkenelementes liefert Gl. 6.61:

$$G I_t \frac{\mathrm{d}^2\varphi}{\mathrm{d}x^2} - \bar{\theta}\frac{\mathrm{d}^2\varphi}{\mathrm{d}t^2} = 0. \tag{6.101}$$

Zur Lösung dieser Gleichung nutzen wir die Erkenntnis, dass Eigenschwingungen φ_r immer harmonisch (mit einer Eigenkreisfrequenz ω_r) erfolgen, entsprechend

$$\varphi(x, t) = \varphi_r(x) \cos \omega_r t. \tag{6.102}$$

Daraus resultiert:

$$\frac{\mathrm{d}^2\varphi}{\mathrm{d}t^2} = -\omega_r^2 \varphi_r(x) \cos \omega_r t, \tag{6.103}$$

$$\frac{\mathrm{d}^2\varphi}{\mathrm{d}x^2} = \frac{\mathrm{d}^2\varphi_r(x)}{\mathrm{d}x^2} \cos \omega_r t. \tag{6.104}$$

Das Einsetzen von 6.103 und 6.104 in 6.101 ergibt

$$\frac{\mathrm{d}^2\varphi_r}{\mathrm{d}x^2} - \frac{\bar{\theta}\omega_r^2}{G I_t} \varphi_r(x) = 0. \tag{6.105}$$

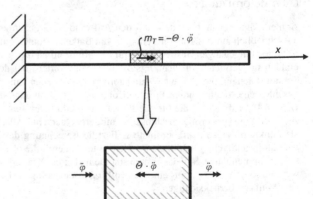

Abb. 6.19 Durch die Massenträgheit induzierte Balkenstreckenlast

Mit

$$\alpha_r^2 = \omega_r^2 \frac{\bar{\theta} l^2}{G I_t} \tag{6.106}$$

kann für die allgemeine Lösung der homogenen Differentialgleichung 6.105 geschrieben werden:

$$\varphi_r(x) = A \sin \alpha_r \frac{x}{l} + B \cos \alpha_r \frac{x}{l}, \tag{6.107}$$

woraus sich dann auch ergibt:

$$\frac{d\varphi_r}{dx} = \left(\frac{\alpha_r}{l}\right) A \cos \alpha_r \frac{x}{l} - \left(\frac{\alpha_r}{l}\right) B \sin \alpha_r \frac{x}{l}, \tag{6.108}$$

$$\frac{d^2\varphi_r}{dx^2} = -\left(\frac{\alpha_r}{l}\right)^2 A \cos \alpha_r \frac{x}{l} + \left(\frac{\alpha_r}{l}\right)^2 B \sin \alpha_r \frac{x}{l}, \tag{6.109}$$

Anwendungsbeispiel: Eigenschwingungsverhalten von drei Torsionsbalken mit unterschiedlicher Lagerung

Fall A: Frei-freie Lagerung. Die Randbedingungen für das in Abb. 6.20 dargestellte Balkensystem lauten

$$\text{für } x = 0: \ M = 0 \Rightarrow \frac{d\varphi}{dx} = 0 \qquad \text{nach } 6.59, \tag{6.110}$$

$$\text{für } x = l: \ M = 0 \Rightarrow \frac{d\varphi}{dx} = 0. \tag{6.111}$$

Das Einsetzen der Randbedingungen in 6.108 liefert:

$$\left(\frac{\alpha_r}{l}\right) A = 0, \tag{6.112}$$

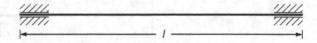

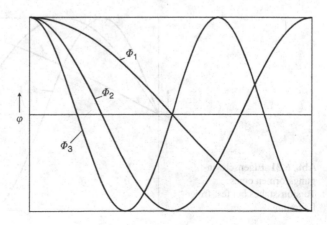

Abb. 6.20 Eigenschwingungsformen eines Torsionsstabes bei beidseitig freier Lagerung

$$\left(\frac{\alpha_r}{l}\right)(A\cos\alpha_r - B\sin\alpha_r) = 0. \tag{6.113}$$

Daraus folgt:

$$A = 0; \quad \sin\alpha_r = 0 \quad \Rightarrow \quad \alpha_r = r\pi; \quad (r = 1, 2, 3, \dots). \tag{6.114}$$

Unter Berücksichtigung der Gl. 6.106 ergibt sich für die Eigenkreisfrequenzen der Torsionsschwingungen:

$$\omega_r = r\pi\sqrt{\frac{GI_t}{\theta l^2}}; \quad (r = 1, 2, 3, \dots). \tag{6.115}$$

Für die zugeordneten Eigenschwingungsformen (Abb. 6.20) liefert Gl. 6.107:

$$\Phi_r = \varphi_r(x) = B\cos\frac{r\pi x}{L}; \quad (r = 1, 2, 3, \dots). \tag{6.116}$$

Fall B: Fest eingespannt-freie Lagerung. Für die in Abb. 6.21 dargestellte Balkenstruktur ergeben sich folgende Randbedingungen

$$\text{für } x = 0: \varphi = 0, \tag{6.117}$$

$$\text{für } x = l: M = 0 \Rightarrow \frac{\mathrm{d}\varphi}{\mathrm{d}x} = 0. \tag{6.118}$$

Die Berücksichtigung der Randbedingungen in 6.107 und 6.108 ergibt:

$$B = 0, \tag{6.119}$$

$$\left(\frac{\alpha_r}{l}\right)(A\cos\alpha_r - B\sin\alpha_r) = 0. \tag{6.120}$$

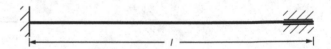

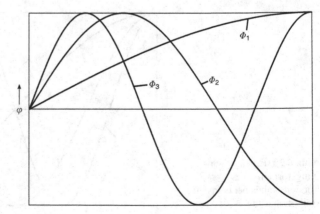

Abb. 6.21 Eigenschwingungsformen eines Torsionsstabes bei fest-freier Lagerung

Daraus folgt:

$$B = 0; \quad \cos\alpha_r = 0 \quad \Rightarrow \quad \alpha_r = (2r-1)\frac{\pi}{2}; \qquad (r = 1,2,3,\dots). \qquad (6.121)$$

Auf der Grundlage der Gl. 6.106 und 6.107 ergibt sich für die Eigenkreisfrequenzen und Eigenschwingungsformen (Abb. 6.21):

$$\omega_r = (2r-1)\frac{\pi}{2}\sqrt{\frac{GI_t}{\bar{\theta}l^2}}; \qquad (r = 1,2,3,\dots), \qquad (6.122)$$

$$\Phi_r = \varphi_r(x) = A\sin(2r-1)\frac{\pi x}{2L}; \qquad (r = 1,2,3,\dots). \qquad (6.123)$$

Fall C: Fest-fest eingespannte Lagerung.   Entsprechend der Darstellung in Abb. 6.22 ergeben sich die Randbedingungen

$$\text{für } x = 0: \ \varphi = 0, \qquad (6.124)$$

$$\text{für } x = l: \ \varphi = 0. \qquad (6.125)$$

Damit ergibt sich aus 6.107:

$$B = 0, \qquad (6.126)$$

$$A\sin\alpha_r - B\cos\alpha_r = 0. \qquad (6.127)$$

Somit gilt:

$$B = 0; \quad \sin\alpha_r = 0 \quad \Rightarrow \quad \alpha_r = r\pi, \quad (r = 1,2,3,\dots). \qquad (6.128)$$

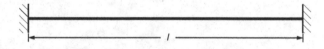

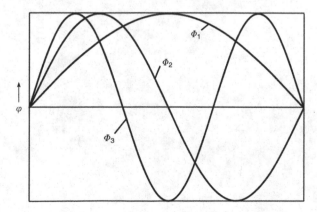

Abb. 6.22 Eigenschwingungsformen eines Torsionsstabes bei beidseitig fester Lagerung

Aus 6.106 und 6.107 ergeben sich folgende Zusammenhänge für die Eigenkreisfrequenzen und Eigenschwingungsformen (Abb. 6.22):

$$\omega_r = r\pi \sqrt{\frac{GI_t}{\overline{\theta} l^2}}\,; \qquad (r = 1, 2, 3, \dots), \qquad\qquad (6.129)$$

$$\Phi_r = \varphi_r(x) = A \sin \frac{r\pi x}{2L}\,; \qquad (r = 1, 2, 3, \dots). \qquad\qquad (6.130)$$

Kapitel 7
Generalisierte Koordinaten und dynamische Antwortrechnung

In Kap. 4 wurden am Beispiel von Zwei- und Mehrmassenschwingern dynamische Antwortrechnungen durchgeführt. Dabei zeigte sich, dass bei Berücksichtigung einer größeren Anzahl von physikalischen Freiheitsgraden der Rechenaufwand schnell anstieg. Zur Vereinfachung der dort aufgeführten Untersuchungen blieben außerdem die Dämpfungseigenschaften der strukturellen Systeme unberücksichtigt.

In Kap. 5 wurde weiterhin gezeigt, dass auf der Basis von Finiten Elementen idealisierte elastomechanische Strukturen mehrere zehntausend Freiheitsgrade aufweisen können. Dynamische Antwortrechnungen an Systemen dieser Größe erweisen sich auch beim Einsatz sehr leistungsfähiger Rechner als aufwändig.

Wie im Folgenden gezeigt wird, können die oben aufgeführten „Schwierigkeiten" durch eine Koordinatentransformation – von physikalischen in generalisierte Koordinaten – beseitigt werden. Folgen dieser Transformation sind:

- die Reduzierung der Anzahl von Freiheitsgraden,
- die Entkoppelung der einzelnen Bewegungsgleichungen des strukturellen Systems.

Diese beiden Punkte führen dazu, dass das dynamische Verhalten einer Struktur mit n physikalischen Freiheitsgraden durch ein entkoppeltes Gleichungssystem mit N generalisierten Freiheitsgraden beschrieben werden kann, wobei bei praktischen Anwendungen im Allgemeinen gilt: $N \ll n$.

7.1 Generalisierte Koordinaten

Ausgangspunkt aller Betrachtungen ist die in Gl. 4.63 aufgeführte Bewegungsgleichung eines Mehrmassenschwingungssystems in physikalischen Koordinaten.

$$[m]\{\ddot{x}\} + [c]\{x\} = \{F\}. \tag{7.1}$$

Aus der homogenen Bewegungsgleichung

$$[m]\{\ddot{\hat{x}}\} + [c]\{\hat{x}\} = 0 \tag{7.2}$$

R. Freymann, *Strukturdynamik*,
DOI 10.1007/978-3-642-19698-0_7, © Springer-Verlag Berlin Heidelberg 2011

resultiert mit dem Ansatz

$$\{\hat{x}\} = \{\hat{Y}\} e^{\lambda t} : \tag{7.3}$$

$$\left[\lambda^2[m] + [c]\right]\{\hat{Y}\} e^{\lambda t} = 0. \tag{7.4}$$

Die Lösung der charakteristischen Gleichung

$$\left|\lambda^2[m] + [c]\right| = 0 \tag{7.5}$$

liefert mit $\lambda_r = \pm i\omega_r$ die Eigenkreisfrequenzen ω_r $(r = 1, 2, \ldots, n)$. Das Einsetzen der λ_r-Werte in die Gl. 7.4 ergibt die jeweils zugeordneten reellen Eigenvektoren $\{\hat{Y}_r\} = \{\Phi_r\}$.

Beim Übergang in generalisierte Koordinaten wird nun davon ausgegangen, dass sich die physikalischen Verschiebungen des strukturellen Systems – bei einer beliebigen externen Anregung – als Überlagerung der Verschiebungen in den verschiedenen Eigenschwingungsformen darstellen lassen, entsprechend dem Modalansatz

$$\{x(t)\} = [\Phi]\{q(t)\} = \sum_{r=1}^{n} \{\Phi_r\} q_r(t). \tag{7.6}$$

Dabei beinhaltet die Modalmatrix $[\Phi]$ spaltenweise die den einzelnen physikalischen Freiheitsgraden zugeordneten Verschiebungen in den verschiedenen Eigenschwingungsformen. Der Vektor $\{q\}$ wird als Vektor der generalisierten Koordinaten bezeichnet. Er enthält die Gewichtungsfaktoren der Linearkombination, die angeben, in welchem Maße die verschiedenen Eigenschwingungsformen an der dynamischen Antwort des Systems beteiligt sind.

Bei praktischen Anwendungen ist es im Allgemeinen der Fall, dass das Frequenzspektrum der externen Anregung eine Tiefpasscharakteristik (Abb. 2.15) aufweist. In diesem Fall genügt es, im Ansatz nach Gl. 7.2 die Eigenschwingungsformen zu berücksichtigen, durch deren Überlagerung das dynamische Antwortverhalten in dem betrachteten niederfrequenten Bereich hinreichend genau beschrieben werden kann. Dabei gilt ganz grob folgende Abschätzung: Ist eine Antwortrechnung im Frequenzbereich zwischen 0 und f^* Hz durchzuführen, so sind zur Erreichung einer guten Konvergenz alle Eigenschwingungsformen im Frequenzbereich 0 bis $2f^*$ Hz im Modalansatz zu berücksichtigen.

Diese sehr gute Näherung zur Systembeschreibung führt dazu, dass nicht alle n Eigenschwingungsformen, welche aus der Eigenwertberechnung am physikalischen Modell resultieren, zu betrachten sind, sondern nur eine Anzahl $N \ll n$. Es versteht sich von selbst, dass dadurch eine deutliche Reduzierung von Freiheitsgraden erzielt wird.

Ausgehend von Gl. 7.6 kann für den Vektor der Beschleunigungen geschrieben werden:

$$\{\ddot{x}(t)\} = [\Phi]\{\ddot{q}(t)\}. \tag{7.7}$$

Das Einsetzen von 7.6 und 7.7 in die Gl. 7.1 liefert nach anschließender Multiplikation von links mit $[\Phi]^{\mathsf{T}}$:

$$[\Phi]^{\mathsf{T}}[m][\Phi]\{\ddot{q}\} + [\Phi]^{\mathsf{T}}[c][\Phi]\{q\} = [\Phi]^{\mathsf{T}}\{F\}. \tag{7.8}$$

Diese Gleichung wird umgeformt in

$$[M]\{\ddot{q}\} + [K]\{q\} = \{Q\} \tag{7.9}$$

bzw.

$$\sum_{s=1}^{N} M_{rs}\ddot{q}_s + \sum_{s=1}^{N} K_{rs}q_s = Q_r; \qquad (r = 1, 2, \dots, N). \tag{7.10}$$

In Gl. 7.9 bezeichnet

$$[M] = [\Phi]^{\mathsf{T}}[m][\Phi] \qquad \text{die generalisierte Massenmatrix,} \tag{7.11}$$

$$[K] = [\Phi]^{\mathsf{T}}[c][\Phi] \qquad \text{die generalisierte Steifigkeitsmatrix,} \tag{7.12}$$

$$\{Q\} = [\Phi]^{\mathsf{T}}\{F\} \qquad \text{den Vektor der generalisierten Kräfte.} \tag{7.13}$$

Der Übergang von physikalischen Koordinaten in generaliserte Koordinaten führt dazu, dass die Bewegungsgleichungen des strukturellen Systems in Form von Energiegleichungen formuliert werden. Die Terme der Gl. 7.9 und 7.10 weisen die Dimension $[N \cdot m]$ auf, während die Terme der Kraftgleichung 7.1 mit der Dimension $[N]$ behaftet sind.

Neben der Reduzierung von Freiheitsgraden ergeben sich nun aber weitere Vorteile für die Systembeschreibung in generalisierten Koordinaten. Grund dafür sind, wie im Folgenden aufgeführt wird, spezielle Eigenschaften der generaliserten Systemmatrizen $[M]$ und $[K]$.

Ausgehend von Gl. 7.4 kann mit $\lambda = i\omega_r$ und $\{\hat{Y}\} = \{\Phi_r\}$ für den Fall von Eigenschwingungen im r-ten generalisierten Freiheitsgrad geschrieben werden:

$$-\omega_r^2[m]\{\Phi_r\} + [c]\{\Phi_r\} = 0. \tag{7.14}$$

Für den Fall der Schwingungsbewegung in der s-ten Eigenschwingungsform mit der Eigenkreisfrequenz ω_s ergibt sich analog

$$-\omega_s^2[m]\{\Phi_s\} + [c]\{\Phi_s\} = 0. \tag{7.15}$$

Werden die Gl. 7.14 und 7.15 von links mit den transponierten Vektoren $\{\Phi_s\}^{\mathsf{T}}$ bzw. $\{\Phi_r\}^{\mathsf{T}}$ multipliziert, so resultiert daraus

$$-\omega_r^2 \{\Phi_s\}^{\mathsf{T}}[m]\{\Phi_r\} + \{\Phi_s\}^{\mathsf{T}}[c]\{\Phi_r\} = 0, \tag{7.16}$$

$$-\omega_s^2 \{\Phi_r\}^{\mathsf{T}}[m]\{\Phi_s\} + \{\Phi_r\}^{\mathsf{T}}[c]\{\Phi_s\} = 0. \tag{7.17}$$

Da die Matrizen $[m]$ und $[c]$ symmetrisch sind, gilt

$$\{\Phi_s\}^\top [m] \{\Phi_r\} = \{\Phi_r\}^\top [m] \{\Phi_s\}, \tag{7.18}$$

$$\{\Phi_s\}^\top [c] \{\Phi_r\} = \{\Phi_r\}^\top [c] \{\Phi_s\}. \tag{7.19}$$

Damit ergibt sich aus der Subtraktion der Gl. 7.17 von Gl. 7.16:

$$-(\omega_r^2 - \omega_s^2) \{\Phi_s\}^\top [m] \{\Phi_r\} = 0 \tag{7.20}$$

und, da $\omega_r^2 \neq \omega_s^2$ ist,

$$\{\Phi_s\}^\top [m] \{\Phi_r\} = M_{rs} = M_{sr} = 0 \tag{7.21}$$

und mit 7.16:

$$\{\Phi_s\}^\top [c] \{\Phi_r\} = K_{rs} = K_{sr} = 0. \tag{7.22}$$

Aus der Gl. 7.16 resultiert dann weiterhin:

$$\omega_r^2 M_{rr} = K_{rr}. \tag{7.23}$$

Diese Herleitung zeigt, dass die generalisierten Massen- und Steifigkeitsmatrizen – für den Fall, dass dem Modalansatz die Eigenschwingungsformen des Systems zugrunde gelegt werden – Diagonalform aufweisen. Diese Feststellung ist wesentlich, denn damit können die Bewegungsgleichungen des Schwingungssystems in Form eines Satzes von N *entkoppelten* Gleichungen der Form

$$M_{rr} \ddot{q}_r + K_{rr} q_r = Q_r; \qquad (r = 1, 2, \ldots, N), \tag{7.24}$$

beschrieben werden. In Matrixschreibweise resultiert daraus:

$$\left[\diagdown M \diagdown \right] \{\ddot{q}\} + \left[\diagdown K \diagdown \right] \{q\} = \{Q\}, \tag{7.25}$$

mit den *diagonalen* generalisierten Massen- und Steifigkeitsmatrizen $\left[\diagdown M \diagdown \right]$ bzw. $\left[\diagdown K \diagdown \right]$.

Wie können nun die Dämpfungseigenschaften des strukturellen Systems berücksichtigt werden?

Unter der Annahme, dass die physikalische Dämpfungsmatrix als Linearkombination der Massen- und/oder Steifigkeitsmatrix dargestellt werden kann, entsprechend

$$[d] = \alpha [m] + \beta [c], \tag{7.26}$$

kann gezeigt werden, dass die generaliserte Dämpfungsmatrix $[D]$ dann auch Diagonalform aufweist. In diesem Fall spricht man von „modaler Dämpfung". Im

Allgemeinen werden die verschiedenen Dämpfungswerte, in Analogie zu Gl. 3.4, wie folgt definiert:

$$D_{rr} = 2\vartheta_r \cdot \sqrt{K_{rr} \cdot M_{rr}}; \qquad (r = 1, 2, \ldots, N), \qquad (7.27)$$

oder unter Berücksichtigung von Gl. 7.23:

$$D_{rr} = \frac{2\vartheta_r \cdot K_{rr}}{\omega_r}; \qquad (r = 1, 2, \ldots, N). \qquad (7.28)$$

Unter diesen Vorraussetzungen ergibt sich schließlich für die Bewegungsgleichungen (auch kompliziertester) elastomechanischer Systeme:

$$\left[M \right] \{\ddot{q}\} + \left[D \right] \{\dot{q}\} + \left[K \right] \{q\} = \{Q\}, \qquad (7.29)$$

bzw.

$$M_{rr} \cdot \ddot{q}_r + D_{rr} \cdot \dot{q}_r + K_{rr} \cdot q_r = Q_r; \qquad (r = 1, 2, \ldots, N). \qquad (7.30)$$

Die Gl. 7.29 und 7.30 stellen eine Kette von N *entkoppelten* Einmassenschwingern mit den charakteristischen Kenngrößen M_{rr}, D_{rr} und K_{rr} dar (Abb. 7.1). Demzufolge kann durch Übergang von physikalischen in generaliserte Koordinaten eine wesentlich vereinfachte Systembeschreibung gegenüber 7.1 erreicht werden. Damit lassen sich dann auch dynamische Antwortrechnungen in einfacher Weise durchführen.

Unter Berücksichtigung der Gl. 7.23 und 7.27 kann die Gl. 7.30 wie folgt geschrieben werden:

$$\hat{\ddot{q}}_r(t) + 2\vartheta_r\omega_r\hat{\dot{q}}_r(t) + \omega_r^2\hat{q}_r(t) = \frac{1}{M_{rr}} \cdot \hat{Q}_r(t). \qquad (7.31)$$

Setzen wir

$$\eta_r = \frac{\Omega}{\omega_r}, \qquad (7.32)$$

so ergibt sich für den Fall erzwungener harmonischer Schwingungen mit

$$\hat{Q}_r(t) = \hat{Q}_{0r}e^{i\Omega t} \qquad (7.33)$$

únd

$$\hat{q}_r(t) = \hat{q}_{0r}e^{i\Omega t} \qquad (7.34)$$

in Analogie zu Gl. 3.44:

$$\hat{q}_{0r} = \frac{1}{K_{rr}} \cdot \frac{(1 - \eta_r^2) - i \cdot 2\vartheta_r\eta_r}{(1 - \eta_r^2)^2 + 4\vartheta_r^2\eta_r^2} \cdot \hat{Q}_{0r}, \qquad (7.35)$$

oder

$$\hat{q}_{0r} = \frac{1}{K_{rr}} \cdot \hat{V}_r \cdot \hat{Q}_{0r}, \qquad (7.36)$$

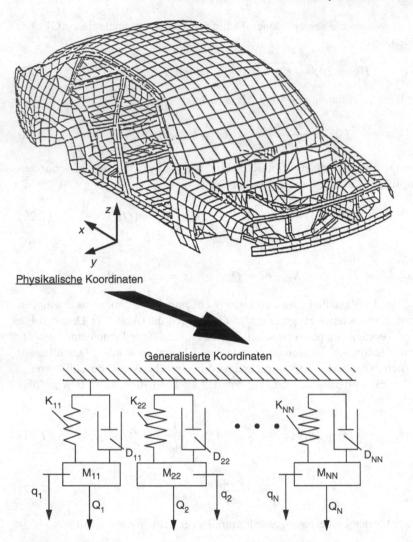

Abb. 7.1 Physikalische und generalisierte Koordinaten

wobei $\hat{V}_r$ die Vergrößerungsfunktion für den r-ten generalisierten Freiheitsgrad q_r darstellt. Unter Berücksichtigung der Gl. 7.6 kann dann für die dynamische Antwort des physikalischen Systems geschrieben werden:

$$\{\hat{X}(t)\} = \sum_{r=1}^{N} \frac{\hat{V}_r}{K_{rr}} \cdot \{\Phi_r\} \cdot \hat{Q}_{0r} \cdot e^{i\Omega t}. \tag{7.37}$$

7.2 Anwendungsbeispiel: Flugzeug-Fahrwerk-System

Wenden wir uns, zur praktischen Anwendung der in Abschn. 7.1 aufgeführten Grundlagen, dem Beispiel des Flugzeug-Fahrwerk-Systems aus Abschn. 4.1 zu. Dort hatten wir uns auf die Bestimmung der Eigenfrequenzen und Eigenschwingungsformen dieses Zweimassenschwingers konzentriert. Bei der Analyse des dynamischen Verhaltens im Falle erzwungener Schwingungen wurde in Abschn. 4.2 dieses System nicht mehr weiter betrachtet, da bei Berücksichtigung seiner Dämpfungseigenschaften der entsprechende Aufwand viel zu groß gewesen wäre. Im modalen Bereich, d. h. in generaliserten Koordinaten, kann das Schwingungsverhalten dieses Systems nun aber relativ einfach ermittelt werden. Die physikalischen Massen- und Steifigkeitsmatrizen waren wie folgt definiert:

$$[m] = m \begin{bmatrix} 1.0 & 0 \\ 0 & 0.01 \end{bmatrix}, \quad [c] = c \begin{bmatrix} 1 & -1 \\ -1 & 2 \end{bmatrix}.$$

Es ergaben sich die Eigenkreisfrequenzen

$$\omega_1 = 0.7062\omega_0, \quad \omega_2 = 14.1598\omega_0,$$

mit den zugeordneten Eigenschwingungsformen

$$\{\Phi_1\} = \begin{Bmatrix} 1.0 \\ 0.501 \end{Bmatrix}, \quad \{\Phi_2\} = \begin{Bmatrix} 1.0 \\ -199.5 \end{Bmatrix} \cong \begin{Bmatrix} -0.005 \\ 1.0 \end{Bmatrix}.$$

Daraus resultiert als Modalmatrix:

$$[\Phi] = \begin{bmatrix} 1.0 & -0.005 \\ 0.501 & 1.0 \end{bmatrix}.$$

Es ergibt sich für die generalisierte Massenmatrix nach Gl. 7.11:

$$[M] = [\Phi]^T [m][\Phi] = m \cdot \begin{bmatrix} 1.0025 & 0 \\ 0 & 0.010025 \end{bmatrix},$$

und für die generalisierte Steifigkeitsmatrix nach Gl. 7.12:

$$[K] = [\Phi]^T [c][\Phi] = c \cdot \begin{bmatrix} 0.50 & 0 \\ 0 & 2.01 \end{bmatrix}.$$

Diese Matrizen weisen Diagonalform auf!

Auf der Basis der Gl. 7.23 kann eine Überprüfung der Eigenkreisfrequenzen erfolgen, entprechend

$$\omega_r = \sqrt{\frac{K_{rr}}{M_{rr}}}.$$

Wir erhalten:

$$\omega_1 = \sqrt{\frac{K_{11}}{M_{11}}} = \sqrt{\frac{c}{m}} \cdot \sqrt{\frac{0.5}{1.0025}} \cong 0.7062\,\omega_0,$$

$$\omega_2 = \sqrt{\frac{K_{22}}{M_{22}}} = \sqrt{\frac{c}{m}} \cdot \sqrt{\frac{2.01}{0.010025}} \cong 14.1598\,\omega_0.$$

Nehmen wir folgende modalen Dämpfungsfaktoren an:

$$\vartheta_1 = 0.10, \quad \vartheta_2 = 0.05,$$

dann ergibt sich nach Gl. 7.28 für die Werte der generalisierten Dämpfungsmatrix:

$$D_{11} = \frac{2 \cdot 0.10 \cdot 0.50 \cdot c}{0.7062 \cdot \omega_0} \simeq 0.14\frac{c}{\omega_0},$$

$$D_{22} = \frac{2 \cdot 0.05 \cdot 2.01 \cdot c}{14.1598 \cdot \omega_0} \simeq 0.007\frac{c}{\omega_0}.$$

Somit kann für die Bewegungsgleichung in generalisierten Koordinaten geschrieben werden:

$$m \begin{bmatrix} 1.00 & 0 \\ 0 & 0.01 \end{bmatrix} \begin{Bmatrix} \ddot{q}_1 \\ \ddot{q}_2 \end{Bmatrix} + \frac{c}{\omega_0} \begin{bmatrix} 0.14 & 0 \\ 0 & 0.007 \end{bmatrix} \begin{Bmatrix} \dot{q}_1 \\ \dot{q}_2 \end{Bmatrix} + c \begin{bmatrix} 0.5 & 0 \\ 0 & 2.0 \end{bmatrix} \begin{Bmatrix} q_1 \\ q_2 \end{Bmatrix} = \begin{Bmatrix} Q_1 \\ Q_2 \end{Bmatrix}.$$

Der Anregungsterm im physikalischen System war – entsprechend Gl. 7.37 mit $\beta = 1$ – wie folgt definiert:

$$\{F\} = c \begin{Bmatrix} 0 \\ 1 \end{Bmatrix} \cdot a,$$

woraus sich für den generalisierten Kraftvektor nach Gl. 7.13 ergibt:

$$\{Q\} = [\Phi]^T \cdot \{F\} = \begin{bmatrix} 1.0 & 0.501 \\ -0.005 & 1.0 \end{bmatrix} \begin{Bmatrix} 0 \\ 1 \end{Bmatrix} c \cdot a = a \cdot c \cdot \begin{Bmatrix} 0.5 \\ 1.0 \end{Bmatrix}.$$

Für den Fall einer harmonischen Anregung $a(t) = \hat{a}_0 e^{i\Omega t}$ kann für den Vektor der generalisierten Koordinaten geschrieben werden: $\begin{Bmatrix} q_1(t) \\ q_2(t) \end{Bmatrix} = \begin{Bmatrix} \hat{q}_{10} \\ \hat{q}_{20} \end{Bmatrix} e^{i\Omega t}$, was ergibt:

$$\left[-\Omega^2 m \begin{bmatrix} 1.00 & 0 \\ 0 & 0.01 \end{bmatrix} + i\Omega \frac{c}{\omega_0} \begin{bmatrix} 0.14 & 0 \\ 0 & 0.007 \end{bmatrix} + c \begin{bmatrix} 0.5 & 0 \\ 0 & 2.0 \end{bmatrix} \right] \begin{Bmatrix} \hat{q}_{10} \\ \hat{q}_{20} \end{Bmatrix}$$

$$= c \cdot \begin{Bmatrix} 0.5 \\ 1.0 \end{Bmatrix} \cdot \hat{a}_0,$$

oder

$$\left(-\Omega^2 m + i\Omega \frac{c}{\omega_0} \cdot 0.14 + c \cdot 0.5 \right) \hat{q}_{10} = c \cdot 0.5 \cdot \hat{a}_0,$$

$$\left(-\Omega^2 m \cdot 0.01 + i\Omega\frac{c}{\omega_0} \cdot 0.007 + c \cdot 2.0\right)\hat{q}_{20} = c \cdot \hat{a}_0.$$

Die Bewegungsgleichungen sind entkoppelt!

Die dynamische Antwort ergibt sich nach Gl. 7.35 wie folgt

- für den ersten generalisierten Freiheitsgrad:

$$\hat{q}_{10} = \frac{1}{0.5c} \cdot \frac{(1-\eta_1^2) - i \cdot 0.2\eta_1}{(1-\eta_1^2)^2 + 0.04\eta_1^2} \cdot 0.5 \cdot c \cdot \hat{a}_0 = \hat{V}_1 \cdot \hat{a}_0,$$

- für den zweiten generalisierten Freiheitsgrad:

$$\hat{q}_{20} = \frac{1}{2.0c} \cdot \frac{(1-\eta_2^2) - i \cdot 0.10\eta_2}{(1-\eta_2^2)^2 + 0.01\eta_2^2} \cdot c \cdot \hat{a}_0 = \frac{1}{2} \cdot \hat{V}_2 \cdot \hat{a}_0.$$

Die Vergrößerungsfunktionen $\hat{V}_1$ und $\hat{V}_2$ sind in Abb. 7.2 dargestellt.

Für den Frequenzgang der physikalischen Verschiebungen kann nach Gl. 7.6 geschrieben werden:

$$\begin{Bmatrix} \hat{x}_{10} \\ \hat{x}_{20} \end{Bmatrix} = \left(\hat{V}_1 \cdot \begin{Bmatrix} 1.0 \\ 0.501 \end{Bmatrix} + \frac{1}{2}\hat{V}_2 \cdot \begin{Bmatrix} -0.005 \\ 1.0 \end{Bmatrix}\right) \cdot \hat{a}_0. \qquad (7.38)$$

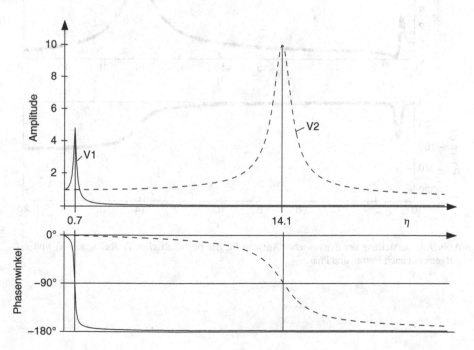

Abb. 7.2 Vergrößerungsfunktionen des Flugzeug-Fahrwerk-Systems

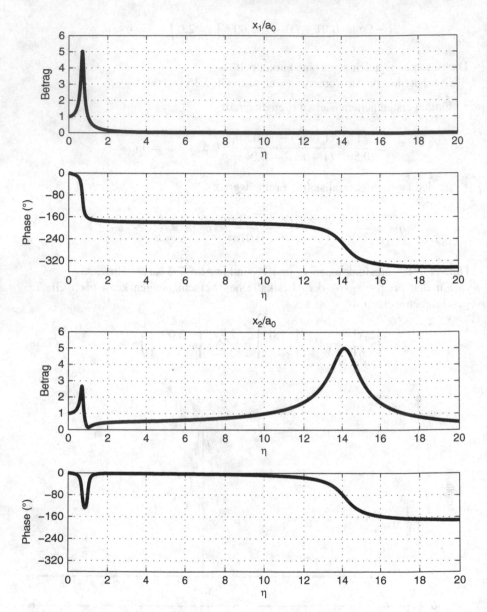

Abb. 7.3 Darstellung der dynamischen Antwort für die physikalischen Freiheitsgrade x_1 und x_2, aufgetrennt nach Betrag und Phase

Abb. 7.4 Ortskurvendar-
stellung der dynamischen
Antwort für die physikalischen Freiheitsgrade x_1(*oben*)
und x_2(*unten*)

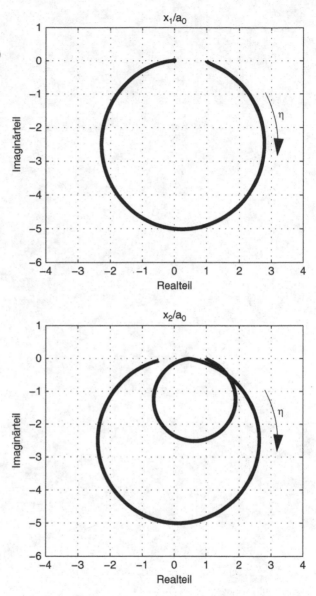

Das Ergebnis dieses Überlagerungsansatzes ist in Abb. 7.3 nach Betrag und Phase
und in Abb. 7.4 in Form von Ortskurven für die physikalischen Freiheitsgrade x_1
und x_2 dargestellt. Dabei wurde die Anregung $\hat{a}_0$ als reeller Wert mit dem Betrag a_0
angenommen.

Kapitel 8
Modale Korrekturverfahren

Viele strukturdynamische Systeme weisen ein sich zeitlich veränderndes (Eigen-) Schwingungsverhalten auf. Diese Eigenschaft ist darauf zurückzuführen, dass sich die Trägheits- und/oder Steifigkeitskenndaten des strukturellen Systems als eine Funktion der Zeit verändern. Beispielhaft aufgeführt sei in diesem Zusammenhang ein Flugzeug in seinen Start- und Landekonfigurationen, wobei beide Zustände sich im Allgemeinen erheblich in der Massenverteilung – aufgrund des verbrauchten Treibstoffs – unterscheiden. Nicht zu vernachlässigen sind weiterhin Untersuchungen im Bereich des Ingenieurbaus zu diesem Thema, so z. B. die Bestimmung des Eigenschwingungsverhaltens von (Hänge-) Brücken und Wolkenkratzern bei unterschiedlichen Beladungszuständen. Frage ist nun, wie das dynamische Verhalten dieser Vielfalt von strukturell modifizierten Systemkonfigurationen effizient ermittelt werden kann.

Gehen wir davon aus, dass eine Ausgangskonfiguration A des strukturellen Systems in Form einer FE-Idealisierung vorliegt. Diese Konfiguration ist gekennzeichnet durch ihre physikalischen Massen- und Steifigkeitsmatrizen $[m_A]$ bzw. $[c_A]$. Auf der Grundlage der Gl. 7.4 und 7.5 können damit die Eigenkreisfrequenzen ω_{Ar} und Eigenschwingungsformen $\{\Phi_{Ar}\}$ berechnet werden.

Zur Ermittlung des dynamischen Verhaltens einer strukturell modifizierten Konfiguration E muss das FE-Modell entsprechend verändert werden. Die Modifikationen $[\Delta m]$ und $[\Delta c]$ für die physikalischen Massen- und Steifigkeitsmatrizen, ausgehend von der Ausgangskonfiguration A, liefern für die Matrizen der modifizierten Endkonfiguration:

$$[m_E] = [m_A] + [\Delta m], \tag{8.1}$$

$$[c_E] = [c_A] + [\Delta c]. \tag{8.2}$$

Sind die Matrizen $[m_E]$ und $[c_E]$ bekannt, so kann – wiederum auf der Grundlage der Gl. 7.4 und 7.5 – eine Eigenwertrechnung zur Bestimmung der Eigenkreisfrequenzen ω_{Er} und der Eigenschwingungsformen $\{\Phi_{Er}\}$ der modifizierten Struktur durchgeführt werden.

Es versteht sich von selbst, dass diese Verfahrensweise, sobald viele „Zwischenkonfigurationen" zu berechnen sind und das FE-Modell viele Freiheitsgrade aufweist,

R. Freymann, *Strukturdynamik*,
DOI 10.1007/978-3-642-19698-0_8, © Springer-Verlag Berlin Heidelberg 2011

mit einem beträchtlichen Aufwand verbunden ist. Zur Reduzierung des Rechenaufwandes bedarf es effizienterer Vorgehensweisen. Wie im Folgenden gezeigt wird, bieten modale Korrekturverfahren die Möglichkeit zur signifikanten Reduzierung des Rechenaufwandes und sind damit die Vorraussetzung zur Berechnung einer Vielzahl von strukturellen Konfigurationen in einem „endlichen" Zeitraum.

8.1 Theoretische Grundlagen

Ausgangspunkt der Betrachtung ist Gl. 7.1, welche für das Ausgangssystem wie folgt formuliert werden kann:

$$[m_A]\{\ddot{x}\} + [c_A]\{x\} = \{F\}. \tag{8.3}$$

Durch modale Transformation

$$\{x\} = [\Phi_A]\{q_A\} \tag{8.4}$$

wird Gl. 8.3 in den modalen Raum transformiert, woraus resultiert:

$$[M_A]\{\ddot{q}_A\} + [K_A]\{q_A\} = [\Phi_A]^\top\{F\}. \tag{8.5}$$

Dabei bestehen entsprechend den Gl. 7.11 und 7.12 folgende Zusammenhänge zwischen physikalischen und generalisierten Matrizen:

$$[M_A] = [\Phi_A]^\top[m_A][\Phi_A], \tag{8.6}$$

$$[K_A] = [\Phi_A]^\top[c_A][\Phi_A]. \tag{8.7}$$

Für den Fall eines harmonischen Erregungsvektors

$$\{F(t)\} = \{\hat{F}_0\}e^{i\Omega t} \tag{8.8}$$

und den daraus resultierenden harmonischen Antworten

$$\{q_A(t)\} = \{\hat{q}_{A0}\}e^{i\Omega t}, \tag{8.9}$$

kann Gl. 8.5 wie folgt geschrieben werden:

$$[-\Omega^2[M_A] + [K_A]]\{\hat{q}_{A0}\} = [\Phi_A]^\top\{\hat{F}_0\}. \tag{8.10}$$

Wenden wir jetzt diese gleiche Vorgehensweise auf den Fall der modifizierten Konfiguration E an, so kann – unter Berücksichtigung der Gl. 8.1 und 8.2 – für deren Bewegungsgleichungen in physikalischen Koordinaten geschrieben werden:

$$[m_A + \Delta m]\{\ddot{x}\} + [c_A + \Delta c]\{x\} = \{F\}. \tag{8.11}$$

Beschreiben wir die physikalischen Verschiebungen wiederum auf der Basis der Verschiebungen in den modalen Freiheitsgraden der *Ausgangs*konfiguration, entsprechend

$$\{x\} = [\Phi_A] \cdot \{q_E\}, \tag{8.12}$$

so ergibt sich aus Gl. 8.11:

$$[M_A + \Delta M]\{\ddot{q}_E\} + [K_A + \Delta K]\{q_E\} = [\Phi_A]^{\mathsf{T}}\{F\}. \tag{8.13}$$

Dabei sind die modalen Massen- und Steifigkeitskorrekturmatrizen wie folgt definiert:

$$[\Delta M] = [\Phi_A]^{\mathsf{T}}[\Delta m][\Phi_A], \tag{8.14}$$

$$[\Delta K] = [\Phi_A]^{\mathsf{T}}[\Delta c][\Phi_A]. \tag{8.15}$$

Anzumerken ist, dass die generalisierten Massen- und Steifigkeitsmatrizen der Endkonfiguration

$$[\tilde{M}_E] = [M_A + \Delta M], \tag{8.16}$$

$$[\tilde{K}_E] = [K_A + \Delta K] \tag{8.17}$$

im Allgemeinen keine Diagonalform aufweisen. Der Grund für die nichtdiagonalen Eigenschaften von $[\Delta M]$ und $[\Delta K]$ liegt darin, dass in Gl. 8.12 die Eigenformen der *Ausgangs*konfiguration als Ansatzfunktion zur Beschreibung des Deformationsverhaltens der *End*konfiguration gewählt wurden.

Zur Berechnung der Eigenschwingungskennwerte ω_{Er} und Φ_{Er} des modifizierten strukturellen Systems wird von Gl. 8.13 ausgegangen, wobei nur das homogene Gleichungssystem ohne Einwirkung der äußeren Anregung betrachtet wird ($\{F\} = 0$).
Mit

$$\{q_E(t)\} = \{\hat{q}_E\} \cdot e^{\lambda t} \tag{8.18}$$

ergibt sich:

$$[\lambda^2[M_A + \Delta M] + [K_A + \Delta K]]\{\hat{q}_E\} = 0. \tag{8.19}$$

Die Eigenwertrechnung an diesem Gleichungssystem liefert die Eigenwertlösungen λ_r und dementsprechend die Eigenkreisfrequenzen ω_{Er} der modifizierten Struktur sowie die zugeordneten reellen Eigenvektoren $\{q_{Er}\}$ für die generalisierten Koordinaten ($r = 1, 2, \ldots, N$). Damit ergibt sich – auf der Grundlage des Modalansatzes nach Gl. 8.12 – für die Verschiebungen in den Eigenformen der modifizierten Struktur:

$$\{x_{Er}\} = [\Phi_A] \cdot \{q_{Er}\}; \qquad (r = 1, 2, \ldots, N). \tag{8.20}$$

Die Berechnung der einzelnen Eigenformen für das modifizierte strukturelle System nach Gl. 8.20 liefert dann schließlich die Modalmatrix der Endkonfiguration

$$\left[\Phi_E\right] \equiv \left[\{x_{E1}\}\{x_{E2}\}\dots\{x_{Er}\}\dots\{x_{EN}\}\right]. \tag{8.21}$$

Als besonders vorteilhaft zeigt sich nun, dass die Modalmatrix $\left[\Phi_E\right]$ bezüglich der physikalischen Massen- und Steifigkeitsmatrizen des modifizierten Systems, $\left[m_E\right]$ bzw. $\left[c_E\right]$, orthogonale Eigenschaften aufweist, denn es gilt:

$$\left[\,\overset{\diagdown}{M_E}\,\right] = \left[\Phi_E\right]^\top\left[m_E\right]\left[\Phi_E\right] = \left[\Phi_E\right]^\top\left[m_A+\Delta m\right]\left[\Phi_E\right], \tag{8.22}$$

$$\left[\,\overset{\diagdown}{K_E}\,\right] = \left[\Phi_E\right]^\top\left[c_E\right]\left[\Phi_E\right] = \left[\Phi_E\right]^\top\left[c_A+\Delta c\right]\left[\Phi_E\right]. \tag{8.23}$$

Dank dieser Vorgehensweise gelingt es also, die Bewegungsgleichungen der Endkonfiguration wieder – in Analogie zur Ausgangskonfiguration – in Form eines Satzes entkoppelter Gleichungen der Form

$$\left[\,\overset{\diagdown}{M_E}\,\right]\{\ddot{q}_E\} + \left[\,\overset{\diagdown}{K_E}\,\right]\{q_E\} = \left[\Phi_E\right]^\top\cdot\{F\} \tag{8.24}$$

darzustellen. Wie schon in Abschn. 7.1 gezeigt wurde, ist diese entkoppelte Darstellung besonders vorteilhaft zur Durchführung von dynamischen Antwortrechnungen.

Kurzbeschreibung der Vorgehensweise Sind an einem strukturell modifizierten System eine Vielzahl von dynamischen Antwortrechnungen durchzuführen, so empfiehlt sich folgende sehr effiziente Vorgehensweise:

1. Definition einer Ausgangskonfiguration (Basiskonfiguration) für das strukturelle System.
2. Ermittlung der physikalischen Massen- und Steifigkeitskorrekturmatrizen für die Basiskonfiguration.
3. Eigenwertrechnung an dem in physikalischen Koordinaten beschriebenen Basissystem zur Ermittlung der Eigenkreisfrequenzen ω_{Ar} und Eigenschwingungsformen $\{\Phi_{Ar}\}$.
4. Ermittlung der physikalischen Massen- und Steifigkeitskorrekturmatrizen $\left[\Delta m\right]$ bzw. $\left[\Delta c\right]$ für eine modifizierte Strukturvariante.
5. Berechnung der entsprechenden modalen Korrekturmatrizen $\left[\Delta M\right], \left[\Delta K\right]$.
6. Bestimmung der Massen- und Steifigkeitsmatrizen $\left[\tilde{M}_E\right], \left[\tilde{K}_E\right]$.
7. Eigenwertrechnung am Gleichungssystem $\left[\lambda^2\left[\tilde{M}_E\right]+\left[\tilde{K}_E\right]\right]\{\hat{q}_E\} = 0$ liefert die Eigenkreisfrequenzen ω_{Er} des modifizierten Systems und die zugeordneten Eigenvektoren $\{q_{Er}\}$.
8. Bestimmung der Eigenschwingungsformen des modifizierten Systems nach Gl. 8.20.
9. Berechnung der diagonalen Massen- und Steifigkeitsmatrizen $\left[\,\overset{\diagdown}{M_E}\,\right], \left[\,\overset{\diagdown}{K_E}\,\right]$ des modifizierten Systems entsprechend den Gl. 8.22 und 8.23.
10. Bestimmung des „neuen" generalisierten Anregungsvektors $\left[\Phi_E\right]^\top\cdot\{F\}$.
11. Durchführung von dynamischen Antwortrechnungen auf der Grundlage des entkoppelten Gleichungssystems 8.24.

8.2 Anwendungsbeispiel: Zweimassenschwinger

Betrachten wir das in Abb. 4.1 dargestellte Flugzeug-Fahrwerk-System. Das Schwingungsverhalten dieses strukturellen Systems kann sich wesentlich verändern, da die Flugzeugmasse während der gesamten Flugphase kontinuierlich wegen des Treibstoffverbrauchs abnimmt. Daraus kann gefolgert werden, dass das Schwingungsverhalten in den Start- und Landephasen sehr unterschiedlich ist. Wie kann nun das Eigenschwingungsverhalten dieser Struktur in einer „modifizierten" Konfiguration auf der Grundlage des modalen Korrekturverfahrens bestimmt werden?

Gehen wir davon aus, dass die in den Abschn. 4.1 und 7.2 beschriebene Flugzeugkonfiguration die Startkonfiguration darstellt. Die ihr zugeordneten physikalischen Massen- und Steifigkeitsmatrizen sind wie folgt definiert:

$$[m_A] = m \cdot \begin{bmatrix} 1.0 & 0 \\ 0 & 0.01 \end{bmatrix},$$

$$[c_A] = c \cdot \begin{bmatrix} 1 & -1 \\ -1 & 2 \end{bmatrix}.$$

Als Eigenkreisfrequenzen und Eigenschwingungsformen wurden ermittelt:

$$\omega_{A1} = 0.7062\,\omega_0,$$

$$\omega_{A2} = 14.1598\,\omega_0,$$

$$\{\Phi_{A1}\} = \begin{Bmatrix} 1.0 \\ 0.501 \end{Bmatrix},$$

$$\{\Phi_{A2}\} = \begin{Bmatrix} -0.005 \\ 1.0 \end{Bmatrix}.$$

Damit ergibt sich für die Modalmatrix

$$[\Phi_A] = \begin{bmatrix} 1.0 & -0.005 \\ 0.501 & 1.0 \end{bmatrix}$$

und für die generalisierten Massen- und Steifigkeitsmatrizen:

$$[M_A] = m \cdot \begin{bmatrix} 1.0025 & 0 \\ 0 & 0.010025 \end{bmatrix},$$

$$[K_A] = c \cdot \begin{bmatrix} 0.50 & 0 \\ 0 & 2.01 \end{bmatrix}.$$

Frage ist nun, welche Eigenschwingungskennwerte das Flugzeug in der Landekonfiguration aufweisen würde, unter der Annahme, dass die Flugzeugmasse dann nur einen halb so hohen Wert, entsprechend $m_1 = m/2$, besitzt. Mit dieser Angabe ergibt sich für die physikalischen Korrekturmatrizen zwischen der Lande- und der Startkonfiguration:

$$[\Delta m] = m \cdot \begin{bmatrix} -0.5 & 0 \\ 0 & 0 \end{bmatrix},$$

$$[\Delta c] = c \cdot \begin{bmatrix} 0 & 0 \\ 0 & 0 \end{bmatrix}.$$

Entsprechend den Gl. 8.14 und 8.15 resultieren daraus die modalen Korrekturmatrizen:

$$[\Delta M] = m \cdot \begin{bmatrix} -0.5 & 0.0025 \\ 0.0025 & -0.00001 \end{bmatrix},$$

$$[\Delta K] = \begin{bmatrix} 0 & 0 \\ 0 & 0 \end{bmatrix}.$$

Damit kann, nach den Gl. 8.16 und 8.17, für die generalisierten Massen- und Steifigkeitsmatrizen der Flugzeugkonfiguration in der Startphase geschrieben werden:

$$[\tilde{M}_E] = m \cdot \begin{bmatrix} 0.5025 & 0.0025 \\ 0.0025 & 0.010015 \end{bmatrix},$$

$$[\tilde{K}_E] = c \cdot \begin{bmatrix} 0.50 & 0 \\ 0 & 2.01 \end{bmatrix}.$$

Die Eigenwertrechnung am Gleichungssystem

$$[\lambda^2 [\tilde{M}_E] + [\tilde{K}_E]] \{\hat{q}_E\} = 0 \tag{8.25}$$

führt zu

$$|\lambda^2 [\tilde{M}_E] + [\tilde{K}_E]| = 0.$$

Mit $\bar{\lambda} = \lambda/\omega_0$, wobei $\omega_0^2 = c/m$ gilt, resultiert daraus

$$\begin{vmatrix} 0.5025\bar{\lambda}^2 + 0.50 & 0.0025\bar{\lambda}^2 \\ 0.0025\bar{\lambda}^2 & 0.010015\bar{\lambda}^2 + 2.01 \end{vmatrix} = 0.$$

Die charakteristische Gleichung dazu lautet:

$$0.00503\bar{\lambda}^4 + 1.01503\bar{\lambda}^2 + 1.005 = 0,$$

woraus folgende Lösungen resultieren:

$$\bar{\lambda}_1^2 = -0.99501 \Rightarrow \omega_{E1} = 0.9975\omega_0,$$

$$\bar{\lambda}_2^2 = -200.8102 \Rightarrow \omega_{E2} = 14.1707\omega_0.$$

Zur Bestimmung der Eigenschwingungsformen in der Landekonfiguration werden die Lösungen für $\bar{\lambda}_1^2$ und $\bar{\lambda}_2^2$ nacheinander in die Gl. 8.25 eingesetzt. Es ergibt sich

→ für $\bar{\lambda}_1^2 = -0.99501$ (aus Zeile 2 von Gl. 8.25):

$$-0.0025 \cdot 0.99501 \cdot q_1 + (-0.010015 \cdot 0.99501 + 2.01) \cdot q_2 = 0$$

oder $q_1 = 804 \cdot q_2$

Sei $q_1 = 1 \Rightarrow q_2 = 0.00124$.

Damit ergibt sich nach Gl. 8.12 für die Verschiebungen in der ersten Eigenschwingungsform:

$$\{x_{E1}\} = \begin{Bmatrix} 1.0 \\ 0.501 \end{Bmatrix} \cdot 1 + \begin{Bmatrix} -0.005 \\ 1.0 \end{Bmatrix} \cdot 0.00124 = \begin{Bmatrix} 0.995 \\ 0.502 \end{Bmatrix}.$$

Damit kann für die erste normierte Eigenschwingungsform geschrieben werden:

$$\{\Phi_{E1}\} = \begin{Bmatrix} 1.0 \\ 0.502 \end{Bmatrix}.$$

→ für $\bar{\lambda}_2^2 = -200.8102$ (aus 1. Zeile von Gl. 8.25):

$$(-0.5025 \cdot 200.8102 \cdot +0.5) \cdot q_1 - 0.0025 \cdot 200.8102 \cdot q_2 = 0$$

oder $q_2 = -200.00 \cdot q_1$

Sei $q_2 = 1 \Rightarrow q_1 = -0.005$.

Damit folgt aus Gl. 8.12:

$$\{x_{E2}\} = \begin{Bmatrix} 1.0 \\ 0.501 \end{Bmatrix} \cdot (-0.005) + \begin{Bmatrix} -0.005 \\ 1.0 \end{Bmatrix} \cdot 1 = \begin{Bmatrix} -0.010 \\ 0.9975 \end{Bmatrix}.$$

und dementsprechend für die zweite normierte Eigenschwingungsform:

$$\{\Phi_{E2}\} = \begin{Bmatrix} -0.01 \\ 1.0 \end{Bmatrix}.$$

Ein Vergleich zwischen den einander zugeordneten Kenndaten für die Start- und Landekonfigurationen A bzw. E zeigt, dass sich durch die Veränderung der Flugzeugmasse nur ein signifikanter Unterschied in der Eigenfrequenz der ersten Eigenschwingungsform einstellt. Die Eigenschwingungsformen selbst bleiben fast unberührt von der doch deutlichen Massenänderung.

Abschließend sei erwähnt, dass die diagonalen generalisierten Massen- und Steifigkeitsmatrizen $\begin{bmatrix} M_E \end{bmatrix}$ und $\begin{bmatrix} K_E \end{bmatrix}$ der Struktur in der Landekonfiguration auf der Grundlage der Gl. 8.22 und 8.23 bestimmt werden können.

Selbstverständlich kann das Ergebnis für die Eigenschwingungskenngrößen der Landekonfiguration auch auf der Basis des physikalischen Modells, entsprechend den in Abschn. 4.1 aufgeführten Zusammenhängen, hergeleitet werden. Mit Bezug auf Abb. 4.2 können die entsprechenden Bewegungsgleichungen wie folgt formuliert werden:

$$\begin{bmatrix} \dfrac{m}{2} & 0 \\ 0 & \dfrac{m}{100} \end{bmatrix} \begin{Bmatrix} \ddot{x}_1 \\ \ddot{x}_2 \end{Bmatrix} + \begin{bmatrix} c & -c \\ -c & 2c \end{bmatrix} \begin{Bmatrix} x_1 \\ x_2 \end{Bmatrix} = 0.$$

Tab. 8.1 Eigenwerte der Ausgangs- und Endkonfiguration

Konfiguration	ω_1	ω_2	$\{\Phi_1\}$	$\{\Phi_2\}$
Ausgangskonfiguration	$0,71\omega_0$	$14,16\omega_0$	$\begin{Bmatrix} 1,0 \\ 0,501 \end{Bmatrix}$	$\begin{Bmatrix} -0,005 \\ 1,0 \end{Bmatrix}$
Endkonfiguration (modale Korrektur)	$1,00\omega_0$	$14,17\omega_0$	$\begin{Bmatrix} 1,0 \\ 0,502 \end{Bmatrix}$	$\begin{Bmatrix} -0,01 \\ 1,0 \end{Bmatrix}$
Endkonfiguration (phys. Modell)	$1,00\omega_0$	$14,18\omega_0$	$\begin{Bmatrix} 1,0 \\ 0,502 \end{Bmatrix}$	$\begin{Bmatrix} -0,01 \\ 1,0 \end{Bmatrix}$

Daraus folgt die charakteristische Gleichung

$$0.005\bar{\lambda}^4 + 1.01\bar{\lambda}^2 + 1.0 = 0$$

mit den Eigenwerten

$$\bar{\lambda}_1^2 = -0.995 \Rightarrow \omega_{E1} = 0.9975\omega_0,$$

$$\bar{\lambda}_2^2 = -201.005 \Rightarrow \omega_{E2} = 14.177\omega_0.$$

Für die normierten Eigenschwingungsformen ergibt sich:

$$\{\Phi_{E1}\} = \begin{Bmatrix} 1.0 \\ 0.502 \end{Bmatrix}; \qquad \{\Phi_{E2}\} = \begin{Bmatrix} -0.01 \\ 1.0 \end{Bmatrix}.$$

Festzustellen ist, dass die auf diese Weise erhaltenen Kenndaten (Tab. 8.1) äußerst gut mit den über die modale Korrekturrechung gewonnenen Werten übereinstimmen. Theoretisch stimmen die über beide Rechenvorgehensweisen erhaltenen Ergebnisse *exakt* überein, wenn *alle* Eigenschwingungsformen der Ausgangskonfiguration im Modalansatz 8.12 der Endkonfiguration berücksichtigt werden.

> Anmerkung: die hier festgestellten marginalen Unterschiede in den Werten resultieren aus Rundungsfehlern in der Berechnung.

In der Praxis wird aber im Allgemeinen so vorgegangen, dass bei großen physikalischen Modellen (Mehrmassenschwinger, kontinuierliche Systeme) nur eine begrenzte Anzahl von Eigenschwingungsformen im Modalansatz berücksichtigt wird. Das über eine modale Korrekturrechung erhaltene Ergebnis stellt dann aber nur eine (gute) *Näherung* für die exakte Lösung dar. Trotzdem ist diese Vorgehensweise sinnvoll, da damit der Rechenaufwand (bei größeren elastomechanischen Systemen) erheblich reduziert werden kann.

8.3   Anwendungsbeispiel: Balkenstruktur

Betrachten wir die in Abb. 8.1 dargestellte Ausgangskonfiguration einer beidseitig gelenkig gelagerten Balkenstruktur mit der Massenverteilung $\bar{m} = m/l$, der Biegesteifigkeit EI und der Querschnittsfläche A. Ziel der Untersuchung ist es,

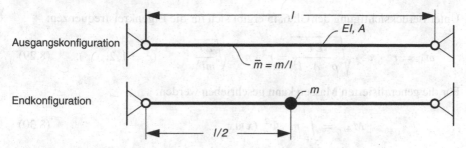

Abb. 8.1 Balkenkonfigurationen

ausgehend von den strukturdynamischen Kenndaten der Ausgangskonfiguration, auf das Eigenschwingungsverhalten einer Endkonfiguration zu schließen, die dadurch gekennzeichnet ist, dass in Balkenmitte eine Zusatzmasse m angeordnet ist.

Konzentrieren wir uns im ersten Schritt auf das Schwingungsverhalten des Balkensystems in seiner Ausgangskonfiguration. Auf der Grundlage der in Abschn. 6.1.3 aufgeführten Herleitung ergibt sich unter Berücksichtigung der vorliegenden Randbedingungen für die Eigenschwingungsformen:

$$\Phi_{Ar}(x) = X_0 \cdot \sin r \frac{\pi x}{l}; \qquad (r = 1, 2, \dots, N). \tag{8.26}$$

Die drei frequenzniedrigsten Eigenschwingungsformen sind in Abb. 8.2 dargestellt. Die Eigenkreisfrequenzen können aus der Frequenzgleichung nach Abb. 6.11

$$\sin \alpha_r = 0 \tag{8.27}$$

ermittelt werden, mit den Lösungen

$$\alpha_r = r \cdot \pi; \qquad (r = 1, 2, \dots). \tag{8.28}$$

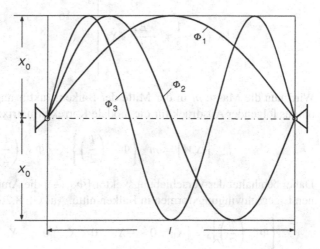

Abb. 8.2 Frequenzniedrigste Eigenschwingungsformen eines beidseitig gelenkig gelagerten Balkens

Unter Berücksichtigung der Gl. 6.45 ergibt sich für die Eigenkreisfrequenzen:

$$\omega_{Ar} = r^2 \cdot \pi^2 \cdot \sqrt{\frac{EI}{\rho \cdot A \cdot l^4}} = r^2 \cdot \pi^2 \cdot \sqrt{\frac{EI}{ml^3}} \; ; \qquad (r = 1, 2, \dots). \qquad (8.29)$$

Für die generalisierten Massen kann geschrieben werden:

$$M_{Arr} = \int_0^l \bar{m} \cdot \Phi_{Ar}^2(x) \mathrm{d}x, \qquad (8.30)$$

$$M_{Arr} = \rho \cdot A \cdot X_0^2 \int_0^l \sin^2 \frac{r\pi x}{l} \mathrm{d}x = X_0^2 \rho A \frac{l}{2},$$

$$M_{Arr} = \frac{1}{2} m X_0^2 \; ; \qquad (r = 1, 2, \dots).$$

Demzufolge weisen die generalisierten Massen in allen Eigenschwingungsformen, bei Normierung auf den Wert X_0, den gleichen Wert auf. Mit Gl. 7.23 ergibt sich für die generalisierten Steifigkeiten:

$$K_{Arr} = \omega_{Ar}^2 \cdot M_{Arr}, \qquad (8.31)$$

$$K_{Arr} = \frac{1}{2} \cdot \pi^4 \cdot \frac{EI}{l^3} \cdot X_0^2 \cdot r^4 \; ; \qquad (r = 1, 2, \dots).$$

Demzufolge ergeben sich für die Balkenstruktur folgende Ausdrücke für die generalisierten Massen- und Steifigkeitsmatrizen:

$$[M_A] = \frac{1}{2} m X_0^2 \begin{bmatrix} 1 & & & & \\ & 1 & & & \\ & & 1 & & \\ & & & \ddots & \\ & & & & 1 \end{bmatrix}, \qquad (8.32)$$

$$[K_A] = \frac{1}{2} \pi^4 \cdot \frac{EI}{l^3} \cdot X_0^2 \begin{bmatrix} 1 & & & & \\ & 16 & & & \\ & & 81 & & \\ & & & \ddots & \\ & & & & N^4 \end{bmatrix}. \qquad (8.33)$$

Wird nun die Masse m in der Mitte der Balkenstruktur angeordnet, so ergibt sich daraus folgender Ausdruck für die modale Korrekturmatrix:

$$[\Delta M] = m \cdot \left\{ \Phi_{Ar} \left(\frac{l}{2} \right) \right\}^\top \cdot \left\{ \Phi_{Ar} \left(\frac{l}{2} \right) \right\}. \qquad (8.34)$$

Dabei beinhaltet der Verschiebungsvektor $\{\Phi_{Ar}(\frac{l}{2})\}$ die Amplituden der verschiedenen Eigenschwingungsformen in Balkenmitte. Aus Gl. 8.26 resultiert dafür:

$$\left\{ \Phi_{Ar} \left(\frac{l}{2} \right) \right\} = \{ X_0 \quad 0 \quad -X_0 \quad 0 \quad X_0 \quad 0 \quad -X_0 \quad 0 \quad \dots \}. \qquad (8.35)$$

Auf der Grundlage einer Eigenwertrechnung am Gleichungssystem

$$\left[\lambda^2\left[M_A + \Delta M\right] + \left[K_A\right]\right]\{\hat{q}_E\} = 0 \tag{8.36}$$

können nun die Eigenkreisfrequenzen und Eigenschwingungsformen der modifizierten Balkenstruktur ermittelt werden. Zur Darstellung der Verfahrensweise und zur Ermittlung des dynamischen Verhaltens der modifizierten Struktur, werden im Folgenden nur die Eigenschwingungsformen 1, 2 und 3 im Modalansatz berücksichtigt. D. h. der Ansatz nach Gl. 8.12

$$\{x\} = \left[\Phi_A\right] \cdot \{q_E\} = \sum_{r=1}^{N} \{\Phi_{Ar}\} \cdot q_{Er} \tag{8.37}$$

reduziert sich mit N = 3 auf

$$\{x\} = \{\Phi_{A1}\} \cdot q_{E1} + \{\Phi_{A2}\} \cdot q_{E2} + \{\Phi_{A3}\} \cdot q_{E3}. \tag{8.38}$$

Höhere Eigenschwingungsformen werden zur Reduzierung des Aufwandes nicht berücksichtigt. Unter diesen Annahmen kann für die Ausgangskonfiguration geschrieben werden:

$$\left[M_A\right] = \frac{1}{2}mX_0^2 \begin{bmatrix} 1 & 0 & 0 \\ 0 & 1 & 0 \\ 0 & 0 & 1 \end{bmatrix}, \tag{8.39}$$

$$\left[K_A\right] = \frac{1}{2}\pi^4 \cdot \frac{EI}{l^3} \cdot X_0^2 \begin{bmatrix} 1 & 0 & 0 \\ 0 & 16 & 0 \\ 0 & 0 & 81 \end{bmatrix}. \tag{8.40}$$

Als Massenkorrekturmatrix ergibt sich:

$$\left[\Delta M\right] = m \begin{Bmatrix} X_0 \\ 0 \\ -X_0 \end{Bmatrix} \cdot \{X_0 \quad 0 \quad -X_0\} \tag{8.41}$$

$$\left[\Delta M\right] = m \cdot X_0^2 \begin{bmatrix} 1 & 0 & -1 \\ 0 & 0 & 0 \\ -1 & 0 & 1 \end{bmatrix}. \tag{8.42}$$

Daraus resultiert für die generalisierten Matrizen der Endkonfiguration:

$$\left[\tilde{M}_E\right] = \frac{1}{2}mX_0^2 \begin{bmatrix} 3 & 0 & -2 \\ 0 & 1 & 0 \\ -2 & 0 & 3 \end{bmatrix}, \tag{8.43}$$

$$\left[\tilde{K}_E\right] = \frac{1}{2}\pi^4 \cdot \frac{EI}{l^3} \cdot X_0^2 \begin{bmatrix} 1 & 0 & 0 \\ 0 & 16 & 0 \\ 0 & 0 & 81 \end{bmatrix}. \tag{8.44}$$

Aus der charakteristischen Gleichung

$$\left| \lambda^2 \left[\tilde{M}_E \right] + \left[\tilde{K}_E \right] \right| = 0 \tag{8.45}$$

folgt bei Berücksichtigung der Gl. 8.43 und 8.44:

$$\begin{vmatrix} 3\lambda^2 + a & 0 & -2\lambda^2 \\ 0 & \lambda^2 + 16a & 0 \\ -2\lambda^2 & 0 & 3\lambda^2 + 81a \end{vmatrix} = 0 \tag{8.46}$$

und damit

$$5\lambda^4 + 246\lambda^2 a + 81a^2 = 0, \tag{8.47}$$

wobei $a = \pi^4 \cdot \frac{EI}{ml^3} = \omega_{A1}^2$. Lösungen von Gl. 8.47 sind:

$$\bar{\lambda}_1^2 = -0.332a \Rightarrow \omega_{E1} = 0.576\omega_{A1}, \tag{8.48}$$

$$\bar{\lambda}_2^2 = -48.868a \Rightarrow \omega_{E2} = 6.991\omega_{A1}. \tag{8.49}$$

Aus Gl. 8.48 folgt, dass die Eigenkreisfrequenz der ersten Eigenschwingungs-form der modifizierten Struktur nur 57% der entsprechenden Frequenz in der Ausgangskonfiguration beträgt.

Wie sieht nun die erste Eigenschwingungsform $\{\Phi_{E1}\}$ aus? Dazu setzen wir den in Gl. 8.48 angegebenen Wert für λ_1 in die erste Zeile der Gl. 8.46 ein und Multipli-zieren diesen Zeilenvektor mit dem Verschiebungsvektor. Wir erhalten

$$(3\lambda_1^2 + a)q_{E1} - 2\lambda_1^2 q_{E3} = 0$$

oder

$$\left[3 \cdot (-0.332)\omega_{A1}^2 + \omega_{A1}^2 \right] q_{E1} + 2 \cdot 0.332\omega_{A1}^2 \cdot q_{E3} = 0$$

$$q_{E1} = -94.57 q_{E3}. \tag{8.50}$$

Ferner resultiert aus der zweiten Zeile von Gl. 8.46

$$(\lambda_1^2 + 16a)q_{E2} = 0 \tag{8.51}$$

und damit $q_{E2} = 0$. Dieses Ergebnis ist einleuchtend, da die unsymmetrische Eigenschwingungsform 2 keinen Einfluss auf symmetrische Eigenformen der symmetrischen Endkonfiguration haben darf.

Damit ergibt sich für die Verschiebungen in der frequenzniedrigsten Eigenschwin-gungsform der modifizierten Balkenkonfiguration:

$$\{x_{E1}\} = \{\Phi_{A1}\} \cdot 94.57 - \{\Phi_{A3}\} \cdot 1. \tag{8.52}$$

Der maximale Amplitudenwert stellt sich bei $x = l/2$ ein mit

$$x_{max} = 94.57 X_0 + X_0 = 95.57 X_0.$$

Normieren wir die Eigenschwingungsform $\{\Phi_{E1}\}$ auf den Wert $x_{max} = 1$, so kann geschrieben werden:

$$\{\Phi_{E1}\} = 0.99\{\Phi_{A1}\} - 0.0105\{\Phi_{A3}\}. \tag{8.53}$$

Daraus ist zu erkennen, dass die Verformungen in der ersten Eigenform der Konfiguration mit Zusatzmasse in sehr guter Näherung mit denen der ersten Eigenform der homogenen Balkenstruktur übereinstimmen.

Aus Konvergenzgründen wird hier auf die Berechnung der zweiten symmetrischen Biegeeigenform $\{\Phi_{E3}\}$ verzichtet, da nicht hinreichend Eigenschwingungsformen im Modalansatz berücksichtigt wurden.

Kapitel 9
Strukturelle Optimierung

Früher war es üblich, dass Konstrukteure eine technische Neuentwicklung vom Entwurf bis zur Fertigstellung auf dem Zeichenbrett vollzogen. Dabei wurden viele Entscheidungen zur Konstruktionsauslegung „aus der Erfahrung" getroffen. Auch wenn die auf diese Weise entworfenen technischen Produkte ihre Funktion erfüllten, so würden sie heutzutage in vielen Fällen nicht mehr als eine „optimale Auslegung" angesehen werden. Denn neben der eigentlichen Funktion sind in zunehmenden Maße auch andere Randbedingungen zu berücksichtigen.

Dazu folgendes Beispiel: War zu Beginn der Luftfahrt das Erreichen einer großen Reichweite für ein Flugzeug oberstes Ziel, so wurde – aus Rentabilitätsgründen – bald gefordert, dass neben der Reichweite auch eine möglichst hohe Nutzlast zu transportieren ist, wiederum später, dass eine große Nutzlast über eine große Distanz mit hoher Geschwindigkeit zu befördern ist.

Denkt man an die Anfänge der Raumfahrt, so stellen sich die Anforderungen in einer noch extremeren Weise dar. Die ersten Raketen verfügten über weniger als ein halbes Prozent an Nutzlast! D. h., für 100 kg Startmasse konnten weniger als 500 g Nutzlast befördert werden. Wäre die Nutzlast größer gewesen, hätten diese Raketen – infolge ihres begrenzten Schubes – nicht vom Erdboden abheben können. Dieses Ergebnis zeigt, wie fein und detailliert die konstruktive Auslegung eines solchen Systems zu erfolgen hat, da schon 1 % Abweichung in der Startmasse oder im Schub des Triebwerks entscheidend für den Erfolg oder Misserfolg der Mission sein kann.

Die Optimierung solcher Systeme kann nicht mehr intuitiv, auf der Basis von Erfahrungen, erfolgen. Hier bedarf es äußerst detaillierter Berechnungen, die erst durch die Einführung von (Groß-) Rechnern ermöglicht wurden. Heutzutage sind Optimierungsrechnungen zum Standard in vielen Entwicklungsbereichen geworden. In den allermeisten Fällen hat der Wettbewerb die beschleunigte Einführung dieser Techniken regelrecht erzwungen.

Ein Beispiel dafür ist der Automobilbau. Hier besteht die Forderung nach leichten Fahrzeugen, da sich damit der Treibstoffverbrauch reduzieren lässt. Andererseits besteht die Anforderung, z. B. aus Crash- und Komfortgründen, eine definierte Fahrzeugsteifigkeit zu erzielen. Daraus resultiert – zumindest für die Fahrgastzelle – das Ziel, eine möglichst hohe Steifigkeit bei minimalem Gewichtsaufwand zu realisieren.

R. Freymann, *Strukturdynamik*,
DOI 10.1007/978-3-642-19698-0_9, © Springer-Verlag Berlin Heidelberg 2011

Im Folgenden wird die Leistungsfähigkeit von Optimierungstechniken dargestellt. Diese aufgeführten Zusammenhänge können nur zum Verständnis der Methodik beitragen. Andere Anwendungsfälle werden andere Optimierungskriterien und andere Vorgehensweisen erfordern.

9.1 Erhöhung der dynamischen Steifigkeit einer Fahrzeugkarosserie bei minimalem Gewichtsaufwand

Die strukturmechanische Auslegung von Fahrzeugkarosserien erfordert die Berücksichtigung einer Vielzahl von Kriterien, so z. B. gute Festigkeitseigenschaften zum Erzielen der spezifizierten Lebensdauer, hohe statische Steifigkeit zur Realisierung guter Fahreigenschaften sowie eine gezielte strukturdynamische Auslegung zum Erreichen der schwingungstechnischen und akustischen Komfortziele.

Bis vor einigen Jahren wurden Karosseriestrukturen primär nach statischen Gesichtspunkten ausgelegt. Heutzutage ist es aber zwingend, anspruchsvolle Ziele für die dynamischen Eigenschaften zu erfüllen, da andernfalls die erwünschten Komfortbelange nicht erreicht werden können. Insofern erweisen sich bei modernen Fahrzeugen in zunehmendem Maße die strukturdynamischen Kennwerte als treibender Faktor bei der Karosserieauslegung.

Als ein Maßstab für die dynamische Güte einer Karosserie können die Eigenfrequenzen der fundamentalen Eigenschwingungsformen angesehen werden. Dabei handelt es sich im Allgemeinen um die erste Biege- und erste Torsionseigenschwingungsformen.

Nach der Realisierung der strukturellen Konstruktion einer neuen Karosserie stellt sich nun immer wieder die Frage, ob die Karosserieauslegung in optimaler Weise erfolgt ist. Frage dabei ist, ob die Eigenfrequenzzielwerte mit einem minimalen Gewichtsaufwand erzielt wurden. Im Folgenden wird gezeigt, wie Schwachstellen im Karosserieentwurf festgestellt werden können.

9.1.1 Numerische Vorgehensweise

Gegeben sei die in Abb. 9.1 dargestellte und in FE-Form idealisierte Karosseriestruktur. Bekannt sind die FE-Gesamtmassen- und Steifigkeitsmatrizen in der Ausgangskonfiguration $[m_A]$ bzw. $[c_A]$. Auf der Grundlage einer Eigenwertrechnung am physikalischen System, mit der entsprechend 7.4 definierten Eigenwertgleichung

$$\left[\lambda^2 [m_A] + [c_A]\right]\{\hat{Y}\}\, e^{\lambda t} = 0, \tag{9.1}$$

werden die Eigenkreisfrequenzen ω_{Ar} und Eigenschwingungsformen $\{\Phi_{Ar}\}$ bestimmt.

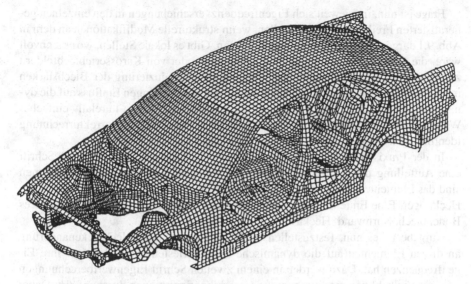

Abb. 9.1 Finite-Elemente-Modell einer Karosseriestruktur

In Übereinstimmung mit den in Abschn. 7.1 angegebenen Zusammenhängen können mit dem Modalansatz

$$\{x\} = [\Phi_A]\{q_A\} \tag{9.2}$$

die Bewegungsgleichungen wie folgt in generalisierter Schreibweise für den Fall harmonischer Schwingungen formuliert werden:

$$\left[-\omega^2\left[\,^\backslash M_{A\backslash}\,\right] + \left[\,^\backslash K_{A\backslash}\,\right]\right]\{q_A\} = 0. \tag{9.3}$$

Dabei kennzeichnen $\left[\,^\backslash M_{A\backslash}\,\right]$ und $\left[\,^\backslash K_{A\backslash}\,\right]$ die diagonalen generalisierten Massen- und Steifigkeitsmatrizen der Ausgangskonfiguration, für die geschrieben werden kann:

$$\left[\,^\backslash M_{A\backslash}\,\right] = [\Phi_A]^T[m_A][\Phi_A], \tag{9.4}$$

$$\left[\,^\backslash K_{A\backslash}\,\right] = [\Phi_A]^T[c_A][\Phi_A]. \tag{9.5}$$

Aufgrund der Entkopplungseigenschaften kann für Gl. 9.3 im Fall von Eigenschwingungen geschrieben werden:

$$(-\omega_{Ar}^2 M_{Arr} + K_{Arr})q_{Ar} = 0; \quad (r = 1, 2, \ldots, N). \tag{9.6}$$

Dabei kennzeichnet ω_{Ar} die Eigenkreisfrequenz des r-ten generalisierten Freiheitsgrades.

Frage ist nun, in wieweit sich Eigenfrequenzverschiebungen in den einzelnen generalisierten Freiheitsgraden einstellen, wenn strukturelle Modifikationen an dem in Abb. 9.1 dargestellten Modell realisiert werden. Gibt es lokale Stellen, wo es sinnvoll wäre, die Blechstärke von Trägern des Rahmens oder von Karosserieblechfeldern zu erhöhen? Gibt es eventuell auch Orte, wo eine Reduzierung der Blechstärken möglich wäre, da diese strukturellen Bauteile nur einen geringen Einfluss auf die dynamische Karosseriesteifigkeit haben? Solche Einflüsse können in relativ einfacher Weise auf der Grundlage der in Kap. 8 beschriebenen modalen Korrekturrechnung identifiziert werden.

In der Praxis wird wie folgt vorgegangen: Es erfolgt in einem ersten Schritt eine Aufteilung der Karosserie in M Substrukturen. Für den Karosserierahmen sind das Elemente wie Motorträger, Schweller, A-, B- und C-Säulen, Dachrahmen, Heckträger. Eine Einteilung der Karosserieblechfelder erfolgt in vorderes, hinteres Bodenblech, Stirnwand, Hecktrennwand, Dach, Scheiben, ...

Aufgabe ist es nun, festzustellen, welchen Einfluss eine Blechdickenänderung an diesen Elementen auf die dynamische Karosseriesteifigkeit, d. h. auf ihre Eigenfrequenzen hat. Dazu werden in einem zweiten Schritt Eigenwertberechnungen an einer Vielzahl von modifizierten Karosseriekonfigurationen durchgeführt. Dabei sind – ausgehend von der vorgegebenen Ausgangskonfiguration A – die modifizierten Endkonfigurationen E_m $(m = 1, 2, \ldots, M)$ wie folgt über ihre physikalische Massen- und Steifigkeitsmatrizen definiert:

$$\left[m_{Em}\right] = \left[m_A\right] + \left[\Delta m_m\right], \tag{9.7}$$

$$\left[c_{Em}\right] = \left[c_A\right] + \left[\Delta c_m\right]. \tag{9.8}$$

$\left[\Delta m_m\right]$ und $\left[\Delta c_m\right]$ kennzeichnen Korrekturmatrizen, welche strukturelle Modifikationen an der m-ten Substruktur $(m = 1, 2, \ldots, M)$ im Vergleich zur Ausgangskonfiguration berücksichtigen. Handelt es sich dabei, wie im Allgemeinen üblich, um eine Blechdickenerhöhung, so ist diese Änderung mit einer Masseerhöhung Δm_m verbunden.

Für jede der M modifizierten Substrukturen werden nacheinander modale Korrekturrechnungen auf der Grundlage der Gleichung

$$\left[-\omega^2\left[M_A + \Delta M_m\right] + \left[K_A + \Delta K_m\right]\right]\left\{q_{Em}\right\} = 0 \tag{9.9}$$

durchgeführt. Die der m-ten Modifikation zugeordneten modalen Massen- und Steifigkeitskorrekturmatrizen in Gl. 9.9 sind wie folgt definiert:

$$\left[\Delta M_m\right] = \left[\Phi_A\right]^T\left[\Delta m_m\right]\left[\Phi_A\right], \tag{9.10}$$

$$\left[\Delta K_m\right] = \left[\Phi_A\right]^T\left[\Delta c_m\right]\left[\Phi_A\right]. \tag{9.11}$$

Für den Fall, dass die Schwingungen in dem r-ten Freiheitsgrad der modifizierten Struktur mit der Eigenkreisfrequenz $\omega_{Er,m}$ erfolgen, kann für die Gl. 9.9 geschrieben werden:

$$\left[-\omega_{Er,m}^2\left[M_A + \Delta M_m\right] + \left[K_A + \Delta K_m\right]\right]\left\{q_{Er,m}\right\} = 0. \tag{9.12}$$

Aufgrund der an der Struktur realisierten Modifikationen werden sich Änderungen $\Delta\omega_{r,m}$ in der Eigenfrequenz und $\{\Delta q_{r,m}\}$ im Vektor der generalisierten Koordinaten zwischen jeweils zugeordneten Eigenschwingungsformen der Ausgangs- und Endkonfigurationen einstellen, für die sich folgende Zusammenhänge ergeben:

$$\omega_{Er,m} = \omega_{Ar} + \Delta\omega_{r,m}, \tag{9.13}$$

$$\{q_{Er,m}\} = \{q_{Ar}\} + \{\Delta q_{r,m}\}. \tag{9.14}$$

Zur Vereinfachung werden nun folgende Annahmen getroffen:

a) Es wird vorausgesetzt, dass sich die Eigenschwingungsformen in der Endkonfiguration nicht von denjenigen in der Ausgangskonfiguration unterscheiden, da die strukturellen Modifikationen als klein angenommen werden. Daraus folgt

$$\{q_{Er,m}\} = \{q_{Ar}\} \tag{9.15}$$

und damit die Entkopplung der Gl. 9.12 für die verschiedenen generalisierten Freiheitsgrade, entsprechend

$$\left(-\omega_{Er,m}^2(M_{Arr} + \Delta M_{rr,m}) + (K_{Arr} + \Delta K_{rr,m})\right)q_{Ar} = 0. \tag{9.16}$$

b) Bei der Quadrierung des Terms $\omega_{Er,m}$, entsprechend

$$\omega_{Er,m}^2 = (\omega_{Ar} + \Delta\omega_{r,m})^2 = \omega_{Ar}^2 + 2\omega_{Ar}\Delta\omega_{r,m} + \Delta\omega_{r,m}^2 \tag{9.17}$$

wird der letzte Term als vernachlässigbar klein angesehen, so dass geschrieben werden kann:

$$\omega_{Er,m}^2 = \omega_{Ar}^2 + 2\omega_{Ar}\Delta\omega_{r,m}. \tag{9.18}$$

Das Einsetzen der Gl. 9.6 und 9.18 in die Gl. 9.16 ergibt nach einigen Umformungen:

$$\Delta\omega_{r,m} = \frac{1}{2\omega_{Ar}} \frac{\Delta K_{rr,m} - \omega_{Ar}^2 \Delta M_{rr,m}}{M_{Arr} + \Delta M_{rr,m}}, \tag{9.19}$$

oder mit Berücksichtigung der Gl. 9.10 und 9.11:

$$\Delta\omega_{r,m} = \frac{1}{2\omega_{Ar}} \frac{\{\Phi_{Ar}\}^T [\Delta c_m] \{\Phi_{Ar}\} - \omega_{Ar}^2 \{\Phi_{Ar}\}^T [\Delta m_m] \{\Phi_{Ar}\}}{M_{Arr} + \{\Phi_{Ar}\}^T [\Delta m_m] \{\Phi_{Ar}\}}. \tag{9.20}$$

Gleichung 9.20 zeigt, in welch einfacher Weise die Eigenkreisfrequenzverschiebungen in Bezug auf eine definierte Ausgangskonfiguration der Karosseriestruktur bestimmt werden können, wenn die physikalischen Massen- und Steifigkeitsmatrizen von strukturellen Modifikationen an Subsystemen bekannt sind. Diese Korrekturmatrizen können mit Hilfe von FE-Rechenprogrammen ermittelt werden.

Wie schon oben aufgeführt wurde, ist jede Modifikation an Subsystemen mit einem Masseaufwand der Größe Δm_m verbunden. Gewichtsoptimale Steifigkeitsverbesserungen an der Ausgangsstruktur werden durch solche Modifikationen erzielt, welche in „kritischen" Eigenschwingungsformen r gekennzeichnet sind durch große positive oder negative Werte des Gütefaktors

$$X_{r,m} = \frac{\Delta \omega_{r,m}}{\Delta m_m}.$$ (9.21)

Ist der Wert von $X_{r,m}$ positiv und groß, dann führt eine Wandstärkenerhöhung an der m-ten Substruktur zu einer gewichtsgünstigen Erhöhung der dynamischen Steifigkeit. Für große negative Werte von $X_{r,m}$ folgt, dass eine Reduzierung der Wandstärke an der m-ten Substruktur zu einer dynamischen Steifigkeitserhöhung (Eigenfrequenzerhöhung) in der r-ten Eigenschwingungsform führt. Da eine Reduzierung von Wandstärken mit einer Massereduzierung verbunden ist, ist die Ortung solcher Modifikationen hochinteressant. Ist $X_{r,m} \approx 0$, dann heißt das, dass die entsprechende strukturelle Modifikation strukturdynamisch unwirksam ist. Dementsprechend gilt es auch hier, gezielt zu prüfen, in wieweit eine Wandstärkenreduzierung erfolgen kann. Eine Wandstärkenreduzierung kann nur dann realisiert werden, wenn sie nicht im Konflikt mit Anforderungen aus anderen Fachdisziplinen, wie z. B. Crash-, Festigkeits- und Produktionsanforderungen, steht.

9.1.2 Experimentell-rechnerische Vorgehensweise

Für den im Modalanalysebereich experimentell tätigen Ingenieur stellt sich bei der Karosserieoptimierung die gleiche Frage wie für den rein numerisch arbeitenden Berechnungsingenieur: Wie kann er Schwachstellen in der Konstruktion identifizieren? Dabei stehen dem Versuchsingenieur vor Beginn einer möglichen Strukturoptimierung folgende experimentell ermittelten Kenndaten zur Verfügung:

- Eigenkreisfrequenzen ω_{Ar},
- Eigenschwingungsformen $\{\Phi_{Ar}\}$,
- generalisierte Massen M_{Arr},
- modale Dämpfungsfaktoren ϑ_{Ar}

in einer Ausgangskonfiguration der Struktur. Bekannt sind diese Kennwerte in dem im Allgemeinen interessierenden tieffrequenten Bereich. Dabei ist es heutzutage möglich, durch Einsatz sehr leistungsfähiger Mehrkanalversuchsanlagen, die strukturellen Verschiebungen in Eigenschwingungsformen aus der (gleichzeitigen) Beschleunigungsmessung an ca. 100 verschiedenen Karosseriepunkten zu bestimmen. Diese Punkte befinden sich, wie in Abb. 9.2 dargestellt, auf der Rahmenstruktur der Karosserie. Im Allgemeinen werden an allen Punkten die Beschleunigungen in allen 3 Richtungen eines orthogonalen, fahrzeugfesten, globalen Koordinatensystems ermittelt. Infolgedessen beinhalten die Eigenschwingungsformen $\{\Phi_{Ar}\}$ die Verschiebungen an allen Punkten in jeweils 3 Richtungen; bei 100 Punkten sind das also 300 Verschiebungen.

Wie geht nun der Versuchsingenieur bei der Schwachstellenanalyse vor? Im Gegensatz zum Berechnungsingenieur verfügt er über kein FE-Strukturmodell. Als

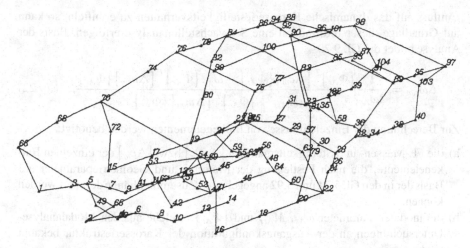

Abb. 9.2 Beispiel eines Messpunkteplans bei Modalanalyse-Untersuchungen an einer Karosserie

einzige Information stehen ihm die experimentell ermittelten modalen Kennwerte der Ausgangskonfiguration zur Verfügung.

Zur Lösung der Aufgabe wird praktisch so vergegangen, dass über die Messpunkte ein sogenanntes (fiktives) Drahtmodell gelegt wird. Dieses Drahtmodell besteht aus einzelnen FE-Balkenelementen, welche die einzelnen Punkte entlang der realen Trägerstruktur miteinander verbinden. Es wird jeweils ein Balkenelement zwischen benachbarten Punkten angeordnet. Das gesamte Balkennetz, wie es exemplarisch in Abb. 9.3 dargestellt ist, wird als FE-Korrekturmodell betrachtet. Es ist der realen Karosseriestruktur überlagert. Gelingt es nun, für jeden der Einzelbalken den

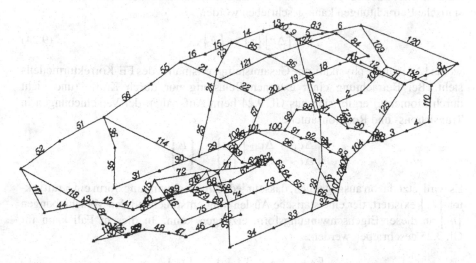

Abb. 9.3 Typisches FE-Balkenkorrekturmodell einer Fahrzeugkarosserie

Einfluss auf das dynamische Karosseriesteifigkeitsverhalten zu ermitteln, so kann auf Grundlage dieser Information eine Schwachstellenanalyse erfolgen. Basis der Analyse bildet die Gl. 9.20

$$\Delta\omega_{r,m} = \frac{1}{2\omega_{Ar}} \frac{\{\Phi_{Ar}\}^T [\Delta c_m] \{\Phi_{Ar}\} - \omega_{Ar}^2 \{\Phi_{Ar}\}^T [\Delta m_m] \{\Phi_{Ar}\}}{M_{Arr} + \{\Phi_{Ar}\}^T [\Delta m_m] \{\Phi_{Ar}\}}, \qquad (9.22)$$

Zur Berechnung der Einzeleinflüsse von Balkenelementen werden benötigt:

a) die FE-Massen- und Steifigkeitsmatrizen $[\Delta m_m]$ bzw. $[\Delta c_m]$ der einzelnen Balkenelemente, die nach Festlegung der Material- und Geometrieparameter auf Basis der in den Gl. 5.74 und 5.92 angegebenen Zusammenhänge definiert werden können,

b) die modalen Parameter ω_{Ar}, M_{Arr} und $\{\Phi_{Ar}\}$, welche aus den Modalanalyse-Untersuchungen an der Ausgangskonfiguration der Karosseriestruktur bekannt sind.

Weiterhin ist zu beachten, dass die im Experiment ermittelten Eigenschwingungsformen nur translatorische Auslenkungen $\{u_r\}$ und keine rotatorischen Verschiebungen $\{\varphi_r\}$ an den Knotenpunkten des Drahtmodells beinhalten. Zur Produktbildung $\{\Phi_{Ar}\}^T [\Delta c_m] \{\Phi_{Ar}\}$ und $\{\Phi_{Ar}\}^T [\Delta m_m] \{\Phi_{Ar}\}$ in Gl. 9.22 muss aber der vollständige Verschiebungsvektor

$$\{x_r\} = \begin{Bmatrix} u_r \\ \varphi_r \end{Bmatrix} \qquad (9.23)$$

für die einzelnen Eigenschwingungsformen definiert sein.

Die a priori fehlenden Rotationsanteile werden wie folgt auf der Grundlage einer statischen Betrachtung am Gesamt-FE-Balkenkorrekturmodell ermittelt. Für rein statische Betrachtungen kann geschrieben werden:

$$[\Delta c] \{x\} = \{F\}, \qquad (9.24)$$

wobei $[\Delta c]$ für die physikalische Gesamtsteifigkeitsmatrix des FE-Korrekturmodells steht. Bei Betrachtung einer externen Belastung nur durch Kräfte (und nicht durch Momente) ergibt sich aus Gl. 9.24 beim Aufspalten der Verschiebungen in Translations- und Rotationsanteile:

$$\begin{bmatrix} \Delta c_{11} & \Delta c_{12} \\ \Delta c_{21} & \Delta c_{22} \end{bmatrix} \begin{Bmatrix} u \\ \varphi \end{Bmatrix} = \begin{Bmatrix} F \\ 0 \end{Bmatrix}. \qquad (9.25)$$

Es wird jetzt davon ausgegangen, dass für jede Eigenschwingungsform ein Kraftvektor $\{F_r\}$ existiert, der eine statische Auslenkung entsprechend den Verschiebungen $\{u_r\}$ in dieser Eigenschwingungsform erzeugen kann. In diesem Fall kann für Gl. 9.25 geschrieben werden:

$$\begin{bmatrix} \Delta c_{11} & \Delta c_{12} \\ \Delta c_{21} & \Delta c_{22} \end{bmatrix} \begin{Bmatrix} u_r \\ \varphi_r \end{Bmatrix} = \begin{Bmatrix} F_r \\ 0 \end{Bmatrix}. \qquad (9.26)$$

Aus dem zweiten Satz von Gleichungen folgt:

$$\left[\Delta c_{21}\right]\left\{u_r\right\}+\left[\Delta c_{22}\right]\left\{\varphi_r\right\}=\left\{0\right\}, \tag{9.27}$$

oder

$$\left\{\varphi_r\right\}=-\left[\Delta c_{22}\right]^{-1}\left[\Delta c_{21}\right]\left\{u_r\right\}. \tag{9.28}$$

Werden die im Modalanalyseversuch ermittelten Verschiebungen in den verschiedenen Eigenschwingungsformen $\left\{u_r\right\}\equiv\left\{\Phi_{Ar}\right\}$ in die Gl. 9.28 eingesetzt, so können die zugeordneten rotatorischen Anteile $\left\{\varphi_r\right\}$ rechnerisch ermittelt werden. Damit sind die vollständigen Vektoren der Verschiebungen in Eigenschwingungsformen $\left\{\Phi_{Ar}\right\}$, nun beinhaltend sowohl Translations- als auch Rotationsanteile, bekannt. Damit kann auf der Grundlage von Gl. 9.22 der Einfluss der einzelnen Balkenelemente auf Eigenkreisfrequenzverschiebungen von definierten Eigenschwingungsformen ermittelt werden. Nun ist, wie in Abschn. 9.1.1 gezeigt wurde, nicht die Eigenkreisfrequenzverschiebung $\Delta\omega_{r,m}$ sondern der Gütefaktor

$$X_{r,m}=\frac{\Delta\omega_{r,m}}{\Delta m_m}, \tag{9.29}$$

mit Δm_m als der Masse des m-ten Balkenelementes, das Gütemaß für eine Schwachstellenanalyse.

Zur Darstellung der Vorgehensweise in der Praxis wird auf folgendes reale Beispiel eingegangen.

Bei der modalanalytischen Untersuchung einer Fahrzeugkarosserie wurde festgestellt, dass die fundamentalen Torsions- und Biegeeigenformen, $\left\{\Phi_{A1}\right\}$ nach Abb. 9.4 bzw. $\left\{\Phi_{A2}\right\}$ nach Abb. 9.5, zu niedrige Eigen(kreis)frequenzen ω_{A1}, ω_{A2} aufweisen. Es war zu definieren, an welchen Orten der Rahmenstruktur ein größtmöglicher dynamischer Steifigkeitsgewinn bei geringstem Materialeinsatz zu erzielen ist. Auf der Grundlage der ca. 100 Modalanalysemesspunkte (Abb. 9.2) wurde ein Karosserie-Drahtmodell (Abb. 9.3) als Rahmenkorrekturmodell erzeugt.

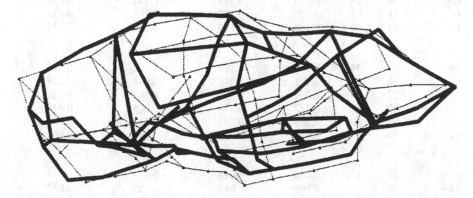

Abb. 9.4 Erste Torsionseigenschwingungsform

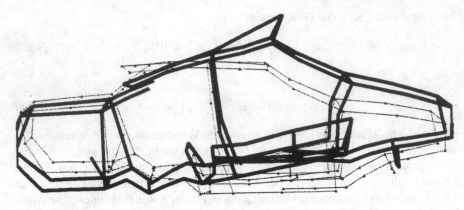

Abb. 9.5 Erste Biegeeigenschwingungsform

Für die m einzelnen Balkenelemente des Drahtmodells wurden nacheinander – auf Grundlage von Gl. 9.22 – in den beiden kritischen Eigenformen $\{\Phi_{A1}\}$, $\{\Phi_{A2}\}$ die Gütefaktoren $X_{1,m}$ und $X_{2,m}$ ($m = 1, 2, \ldots, M$) ermittelt. Das Ergebnis dieser Untersuchungen ist in Tab. 9.1 für ausgewählte, dynamisch wirksame Balkenelemente aufgeführt. Zu erkennen ist, dass sich für die Gütefaktoren der einzelnen Elemente, in

Tab. 9.1 Typisches Ergebnis einer Schwachstellenanalyse

Balken-nummer	P1	P2	Masse (kg)	Güte (Hz/kg) Torsion	Güte (Hz/kg) Biegung	Normierte Gesamtgüte
1	33	37	0.377	0.349	−0.008	0.403
2	37	39	0.377	0.273	0.012	0.336
3	34	38	0.377	0.564	−0.006	0.660
4	38	40	0.377	0.333	0.012	0.408
⋮	⋮	⋮	⋮	⋮	⋮	⋮
61	63	47	0.129	0.176	0.266	0.523
62	47	56	0.169	0.372	0.243	0.727
63	56	48	0.169	0.548	0.217	0.906
64	48	64	0.129	0.250	0.101	0.415
65	64	60	0.306	0.159	0.282	0.521
⋮	⋮	⋮	⋮	⋮	⋮	⋮
89	34	36	0.254	0.496	0.002	0.588
90	36	58	0.321	0.249	0.038	0.339
91	27	29	0.289	0.373	0.067	0.521
92	29	57	0.257	0.373	0.005	0.448
93	28	30	0.289	0.233	0.069	0.357
94	30	57	0.257	0.325	0.019	0.408
⋮	⋮	⋮	⋮	⋮	⋮	⋮
123	58	102	0.430	0.018	0.105	0.144
124	90	33	0.869	0.045	0.003	0.057
125	89	32	0.821	0.256	0.002	0.304
126	49	50	0.402	0.725	0.088	1.000

Abhängigkeit von der betrachteten Eigenform, unterschiedliche Werte ergeben. So ist z. B. der Balken Nr. 89 sehr günstig zur Erhöhung der Torsionseigenfrequenz, er hat jedoch keinen Einfluss auf die Biegeeigenfrequenz. Genau umgekehrte Verhältnisse liegen beim Balken mit der Nr. 123 vor.

Da die Vorgabe war, für beide Eigenformen die Eigenfrequenzen zu erhöhen, müssen nun solche Balkenelemente identifiziert werden, welche eine positive Auswirkung auf möglichst beide Schwingungszustände haben. Dazu werden Gütefaktoren der Form

$$X_m = a \cdot X_{1,m} + b \cdot X_{2,m}; \quad (m = 1, 2, \ldots, M), \tag{9.30}$$

definiert, welche mit a, b als (vorzugebenden) Gewichtungsfaktoren zur relativen Bewertung der Bedeutung der einzelnen Eigenformen die gleichzeitige Berücksichtigung der zwei betrachteten Eigenschwingungsformen ermöglichen. Mit

$$X_{max} = max(X_1, X_2, \ldots, X_m, \ldots, X_M) \tag{9.31}$$

kann eine Normierung der Gesamtgütefaktoren in der Form

$$X_m^* = \frac{X_m}{|X_{max}|}; \quad (m = 1, 2, \ldots, M) \tag{9.32}$$

durchgeführt werden. Für alle Balkenelemente gilt dann $-1 \leq X_m^* \leq 1$, wobei $X_m^* = 0$ für dynamisch unwirksame und $|X_m^*| \approx 1$ für dynamisch hochwirksame Modifikationen steht.

Diese Werte sind in der letzten Spalte der Tab. 9.1 aufgeführt. Abbildung 9.6 zeigt deren graphische Darstellung. Auf der Basis der normierten Gesamtgütefaktoren kann eine schnelle und übersichtliche Feststellung der Wirksamkeit von Modifikationsmaßnahmen erfolgen.

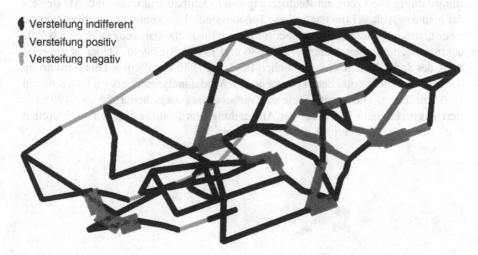

Versteifung indifferent
Versteifung positiv
Versteifung negativ

Abb. 9.6 Graphische Darstellung des Ergebnisses einer Schwachstellenanalyse

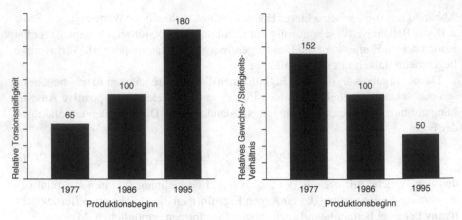

Abb. 9.7 Zunahme der Steifigkeit von Fahrzeugkarosserien über verschiedene Entwicklungsstufen

Sind die Schwachstellen im Karosserierahmenbereich identifiziert, müssen von Karosseriekonstrukteuren geeignete Maßnahmen zu deren Beseitigung entwickelt werden. Dabei werden der Karosserie-Ausgangskonfiguration keine Balkenelemente hinzugefügt, sondern es werden an den Orten, an denen Schwachstellen identifiziert wurden, z. B. die Wandstärken von Trägerstrukturen erhöht, Stegbleche eingefügt oder Knotenverbindungen ausgesteift. Gleichzeitig wird an Stellen mit einem indifferenten dynamischen Einfluss, welche durch Werte von $X_m^* \approx 0$ gekennzeichnet sind, sowie an den Stellen, welche einen negativen Gütefaktor aufweisen, die Materialwandstärke reduziert. Aus den beiden Maßnahmen Materialhinzufügung und Materialwegnahme folgt, dass eine dynamische Steifigkeitserhöhung in vielen Fällen gewichtsneutral realisiert werden kann.

Die Praxis zeigt, dass solche Verfahren zur strukturellen Optimierung ein leistungsfähiges Werkzeug zur Realisierung von Leichtbaustrukturen sind. Als Beweis dafür sind in Abb. 9.7 die (statischen) Torsionssteifigkeitskennwerte für Karosserien einer gleichen Fahrzeugklasse, aber für unterschiedliche Fahrzeugmodelle mit Produktionsbeginn in den Jahren 1977, 1986 und 1995, dargestellt. Dabei ist die erste Stufe des Steifigkeitsgewinns zwischen 1977 und 1986 vor allem auf die Einführung der FE-Berechnung und der experimentellen Modalanalysetechnik im Fahrzeugbau zurückzuführen. Die zweite Stufe der Verbesserung zwischen 1986 und 1995 basiert in erheblichem Maße auf der Anwendung von leistungsfähigen strukturellen Optimierungsverfahren im Karosseriebereich.

Kapitel 10
Aeroelastische Stabilität

Das Fachgebiet der Aeroelastik befasst sich mit der Wechselwirkung zwischen strukturellen Verformungen elastischer Systeme und den dadurch hervorgerufenen aerodynamischen Kräften (Abb. 10.1). Frage dabei ist vor allem, ob sich infolge von aeroelastischen Kopplungseffekten ein vorteilhaftes oder ungünstiges Deformationsverhalten an elastischen Systemen einstellt. Grundsätzlich gilt, dass wenn die aus den strukturellen Auslenkungen resultierenden aerodynamischen Kräfte den Verformungen entgegenwirken, dann ist das System aeroelastisch stabil. Andererseits gilt aber auch, dass wenn die induzierten aerodynamischen Kräfte eine (einmal eingeleitete) strukturelle Verformung verstärken, dies auf eine aeroelastische Instabilität schließen lässt.

Die Interaktionen zwischen strukturell-elastischen und aerodynamischen Phänomenen können sehr vielfältig sein. Unterschieden wird unter anderem zwischen statischen und dynamischen aeroelastischen Effekten.

10.1 Torsionsdivergenz von Tragflügeln

Als Beispiel für ein statisches aeroelastisches Problem sei an dieser Stelle die sogenannte „Torsionsdivergenz von Flugzeugtragflügeln" (großer Streckung) aufgeführt. Dabei betrachten wir hier – aus Vereinfachungsgründen – einen geraden Rechteckflügel mit einem homogenen strukturellen Aufbau und einer über der Flügellänge l gleichen symmetrischen aerodynamischen Profilierung. In Abb. 10.2 sind die Lagen der aerodynamischen Neutralpunktlinie, der Schwerpunktlinie und der elastischen Achse dargestellt.

Unter Berücksichtigung der Gl. 6.61 kann für die Torsionsdifferentialgleichung der balkenförmigen Tragstruktur geschrieben werden:

$$G \cdot I_T \frac{\mathrm{d}^2\varphi}{\mathrm{d}x^2} = -m_T. \tag{10.1}$$

Dabei kennzeichnet m_T das an Tragflügelsegmenten der Breite $\mathrm{d}x$ angreifende Torsionsmoment. Dieses setzt sich im statischen Lastfall zusammen aus den Anteilen

R. Freymann, *Strukturdynamik*, DOI 10.1007/978-3-642-19698-0_10, © Springer-Verlag Berlin Heidelberg 2011

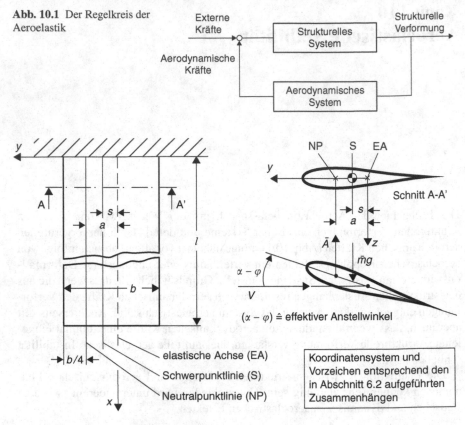

Abb. 10.1 Der Regelkreis der Aeroelastik

Abb. 10.2 Tragflügel-Kenngrößen

infolge der aerodynamischen Belastung und der Gewichtsbelastung. Mit den in Abb. 10.2 aufgeführten Bezeichnungen ergeben sich folgende Streckenlasten:

a) Aerodynamische Streckenlast.

Für die am Tragflügel angreifende Auftriebsstreckenlast $\bar{A}$, deren Resultierende in Profilsegmenten im Neutralpunkt angreift, kann geschrieben werden:

$$\bar{A} = -\bar{q} \cdot b \cdot c_{A\alpha}(\alpha - \varphi), \tag{10.2}$$

mit dem Staudruck

$$\bar{q} = \frac{1}{2}\rho V^2, \tag{10.3}$$

wobei ρ die Luftdichte und V die Fluggeschwindigkeit kennzeichnet, dem Auftriebsgradienten $c_{A\alpha}$, dem Profilanstellwinkel α und der elastischen Profildrehung φ. Mit b wird die Tiefe des Tragflügels gekennzeichnet. Aus dieser Auftriebslast resultiert die Momentenstreckenlast

$$m_{TA} = -\bar{q} \cdot b \cdot a \cdot c_{A\alpha}(\alpha - \varphi) \tag{10.4}$$

um die elastische Achse des Profils, die sich im Abstand a von der Neutralpunktlinie befindet.
b) Gewichtsstreckenlast.
Für das aus der Gewichtsbelastung resultierende Streckenlastmoment $\bar{m}_G$ um die
elastische Achse kann geschrieben werden:

$$m_{TG} = \bar{m}gs, \tag{10.5}$$

mit $\bar{m}$ als der Tragflügelmasse pro Längeneinheit, der Erdbeschleunigung g und
dem Abstand s zwischen Schwerpunktlinie und elastischer Achse.

Das Einsetzen der Gl. 10.4 und 10.5 in 10.1 ergibt:

$$G \cdot I_T \frac{\mathrm{d}^2\varphi}{\mathrm{d}x^2} + \bar{q}ba \cdot c_{A\alpha} \cdot \varphi = \bar{q}ba \cdot c_{A\alpha} \cdot \alpha - \bar{m}gs. \tag{10.6}$$

Zum Feststellen der aeroelastischen Stabilität genügt es, den homogenen Anteil (linke
Seite) der Gl. 10.6 zu betrachten. Dafür kann geschrieben werden:

$$\frac{\mathrm{d}^2\varphi}{\mathrm{d}x^2} + \frac{\bar{q}ba \cdot c_{A\alpha}}{G \cdot I_T}\varphi = 0. \tag{10.7}$$

Mit

$$\kappa^2 = \frac{\bar{q}ba \cdot c_{A\alpha}l^2}{G \cdot I_T}. \tag{10.8}$$

ergibt sich für diese homogene Differentialgleichung folgende allgemein gültige
Lösung:

$$\varphi = A\sin\kappa\frac{x}{l} + B\cos\kappa\frac{x}{l}, \tag{10.9}$$

woraus dann auch resultiert:

$$\frac{\mathrm{d}\varphi}{\mathrm{d}x} = \frac{\kappa}{l}A\cos\kappa\frac{x}{l} - \frac{\kappa}{l}B\sin\kappa\frac{x}{l}. \tag{10.10}$$

Mit Blick auf den in Abb. 10.2 dargestellten, einseitig fest eingespannten Tragflügel,
ergeben sich folgende Randbedingungen für die Torsionsdeformation der Tragflügel-
Tragstruktur:

$$\text{für } x = 0: \ \varphi = 0, \tag{10.11}$$

$$\text{für } x = l: \ M = 0 \text{ und } \frac{\mathrm{d}\varphi}{\mathrm{d}x} = 0 \quad \text{nach } 6.59.$$

Das Einführen dieser Randbedingungen in die Gl. 10.9 und 10.10 liefert:

$$B = 0, \quad A \neq 0 \tag{10.12}$$

und

$$\cos \kappa = 0. \tag{10.13}$$

Aus 10.13 resultieren die Lösungen

$$\kappa_r = (2r - 1)\frac{\pi}{2}; \quad (r = 1, 2, \dots). \tag{10.14}$$

Aus dem niedrigsten Wert für κ_r, entsprechend

$$\kappa_1 = \frac{\pi}{2}, \tag{10.15}$$

kann durch Einsetzen in die Gl. 10.8 die kritische Fluggeschwindigkeit für die Torsionsdivergenz ermittelt werden. Es ergibt sich:

$$V_{Divergenz} = \frac{\pi}{l} \sqrt{\frac{G \cdot I_T}{2\rho ba \cdot c_{A\alpha}}}. \tag{10.16}$$

Wird diese Geschwindigkeit im Fluge überschritten, dann werden aerodynamische Torsionsmomente in der Tragflügelstruktur hervorrufen, die nicht mehr über strukturelle Rückstellmomente ($M = G \cdot I_T \, d\varphi/dx$) ausgeglichen werden können. Folge davon ist eine zeitlich schnelle Zunahme der Torsionswinkelverformung über die Flügellänge, entsprechend

$$\varphi = A \sin \frac{\pi}{2} \frac{x}{l}, \tag{10.17}$$

bis hin zum Bruch der Tragfläche. Dieses „Aufbäumen der Tragfläche" wird als Torsionsdivergenz bezeichnet.

Um dies zu verhindern, ist es wichtig, bei der Auslegung eines Tragflügels sehr sorgfältig auf die relative Lage von Neutralpunktlinie und elastischer Achse zueinander zu achten. Damit keine Torsionsdivergenz auftritt, empfiehlt es sich, den Torsionskasten im vorderen Bereich des Tragflügels anzuordnen. Geradezu mustergültig in dieser Hinsicht ist die – aus statischen und dynamischen Betrachtungen resultierende – aeroelastische Auslegung der sehr elastischen Rotorblätter von Hubschraubern. Merkmal davon ist die Deckungsgleichheit von Neutral- und Schwerpunktlinien sowie elastischer Achse. Weiterhin ist anzumerken, dass bei rückwärtsgepfeilten Tragflächen, mit einem resultierenden kleinen Torsionsmoment an der Flügelwurzel (Einspannung), das Torsionsdivergenzverhalten wesentlich unkritischer ist als bei vorwärtsgepfeilten Flügeln mit ihrem entsprechend großen Torsionsmoment an der Flügelwurzel.

Im Folgenden wird nun auf Beispiele von dynamischen aeroelastischen Effekten eingegangen.

10.2 Wirbelresonanz

Werden Profilkörper von einem Medium umströmt, so können dabei regelmäßige Wirbelablösungen auftreten, die Querkräfte, d. h. Kräfte quer zur Anströmrichtung, am Grundkörper hervorrufen. Als Folge der Ablösung wird hinter dem Körper eine sogenannte Karman'sche Wirbelstraße (Abb. 10.3) induziert. Auch wenn dieses Phänomen bei allen Grundkörperformen auftreten kann, so werden wir im Folgenden – um den Betrachtungsumfang zu begrenzen – den Fokus ausschließlich auf die Umströmung von kreiszylindrischen Körpern richten.

Die an einem Kreiszylinder in Querrichtung hervorgerufenen Kräfte sind quasiharmonisch und erfolgen mit der Frequenz

$$f = \frac{SV}{D}. \tag{10.18}$$

Dabei kennzeichnet V die Anströmgeschwindigkeit und D den Durchmesser des Kreiszylinders. S ist die sogenannte (dimensionslose) Strouhal-Zahl.

Für kreiszylindrische Körper gilt ein Wert von $S = 0{,}2$. Die Strouhal-Zahlen für andere Konstruktionsprofile des Ingenieurbaus sind in Abb. 10.4 aufgeführt. Dabei kennzeichnet Re die Reynolds-Zahl

$$Re = \frac{VD}{\nu} \tag{10.19}$$

mit ν als der kinematischen Zähigkeit des Strömungsmediums. Handelt es sich bei dem betrachteten Körper um ein langgestrecktes elastisches System, so können sich kritische Schwingungszustände einstellen, wenn die Frequenz der aerodynamischen Erregerkräfte mit einer Eigenfrequenz des strukturellen Systems übereinstimmt. Da sich nach Gl. 10.18 die aerodynamische Anregungsfrequenz proportional zur Geschwindigkeit des umströmenden Mediums ändert, stellt sich – bei starken Schwankungen der Strömungsgeschwindigkeit – ein breites Frequenzband für die strukturellen Erregerkräfte ein.

Für die in Abb. 10.5 dargestellte, in Querrichtung auf die Struktur einwirkende aerodynamische Streckenlast, kann geschrieben werden:

$$\bar{F} = \frac{1}{2}\rho V^2 c_F D, \tag{10.20}$$

mit ρ als der Dichte des Strömungsmediums, D als dem Durchmesser des Kreiszylinders und dem Querkraftbeiwert c_F. Der Querkraftbeiwert c_F ist von einer Vielzahl

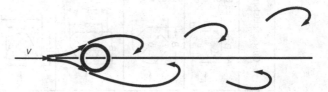

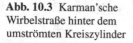

Abb. 10.3 Karman'sche Wirbelstraße hinter dem umströmten Kreiszylinder

Querschnittsform	Strouhalzahl $S = \dfrac{f_k \cdot d}{u_\infty}$	gültiger Reynolds-Zahl-Bereich
$\dfrac{B}{d}=1$, $\dfrac{r}{d}=\dfrac{1}{3}$ (abgerundetes Quadrat, u_∞)	0,33	$2 \times 10^6 > Re > 4 \times 10^5$
$\dfrac{B}{d}=1$, $\dfrac{r}{w}=\dfrac{1}{3}$	0,2 → 0,35 / 0,35	$7 \times 10^5 > Re > 4 \times 10^5$ / $2 \times 10^6 > Re > 7 \times 10^5$
$\dfrac{B}{d}=1$, $\dfrac{r}{w}=\dfrac{1}{4}$	0,2 / 0,3	$8 \times 10^5 > Re > 3 \times 10^5$ / $Re = 1 \times 10^6$
$\dfrac{B}{d}=1$, $\dfrac{r}{w}=\dfrac{1}{4}$	0,2 / 0,65	$5 \times 10^5 > Re > 3 \times 10^5$ / $1{,}6 \times 10^6 > Re > 6 \times 10^5$
$\dfrac{B}{d}=2$, $\dfrac{r}{d}=\dfrac{1}{2}$	0,4	$2{,}5 \times 10^6 > Re > 3 \times 10^5$
$\dfrac{B}{d}=\dfrac{1}{2}$, $\dfrac{r}{d}=\dfrac{1}{4}$	0,2 → 0,35 / 0,35	$6 \times 10^5 > Re > 2 \times 10^5$ / $1 \times 10^6 > Re > 6 \times 10^5$
Ellipse $\dfrac{B}{d}=2$	0,12 / 0,60	$5 \times 10^5 > Re > 3 \times 10^5$ / $2 \times 10^6 > Re > 1 \times 10^6$
Ellipse $\dfrac{B}{d}=\dfrac{1}{2}$	0,2	$7 \times 10^5 > Re > 1 \times 10^5$
Halbkreis d	0,22 / 0,125	$Re = 8 \times 10^4$ / $Re = 5 \times 10^4$
Dreieck d	0,13 → 0,22	$Re = 0{,}3 \div 1{,}4 \times 10^5$
Sechseck d	0,14 → 0,19	$Re = 0{,}8 \times 10^5$

Abb. 10.4 Strouhal-Zahlen einiger ingenieurtechnisch wichtiger Konstruktionsprofile nach [23]

Abb. 10.5 Aerodynamische
Querkraft am umströmten
Kreiszylinder

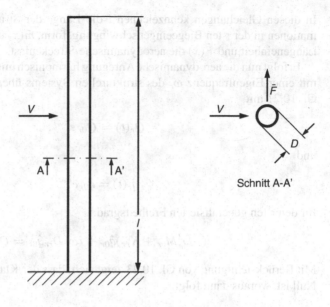

von Parametern abhängig, unter anderem von der Strouhal-Zahl S, der Reynolds-Zahl Re sowie von der Schwingungsamplitude und der Oberflächenrauhigkeit der Zylinderstruktur.

Im Folgenden wird untersucht, welche Auswirkungen die durch die Umströmung des Körpers induzierten aerodynamischen Querkräfte auf die strukturellen Verformungen haben. Unter der Annahme einer langgestreckten, elastischen Struktur (Abb. 10.5) können nach Gl. 7.30 für die Verformungen in den Biegeeigenschwingungsformen die Bewegungsgleichungen wie folgt in generalisierter Zeigerschreibweise formuliert werden:

$$M_{rr}\ddot{\hat{q}}_r(t) + D_{rr}\dot{\hat{q}}_r(t) + K_{rr}\hat{q}_r(t) = \hat{Q}_r(t); \quad (r = 1, 2, \dots). \tag{10.21}$$

Dabei gilt in Übereinstimmung mit den Gl. 7.11, 7.23, 7.28 und 7.13:

$$M_{rr} = \int_0^l \bar{m}(x)\Phi_r^2(x)\mathrm{d}x, \tag{10.22}$$

$$K_{rr} = \omega_r^2 M_{rr}, \tag{10.23}$$

$$D_{rr} = \frac{2\vartheta_r K_{rr}}{\omega_r}, \tag{10.24}$$

$$Q_r = \int_0^l \bar{F}(x)\Phi_r(x)\mathrm{d}x. \tag{10.25}$$

In diesen Gleichungen kennzeichnen l die Länge der Struktur, $\Phi_r(x)$ die Deformationen in der r-ten Biegeeingenschwingungsform, $\bar{m}(x)$ die Massenbelegung pro Längeneinheit und $\bar{F}(x)$ die aerodynamische Streckenlast.

Erfolgt nun die aerodynamische Anregung harmonisch mit einer Frequenz, welche mit einer Eigenfrequenz ω_r des strukturellen Systems übereinstimmt, dann liefert Gl. 10.21 mit

$$\hat{Q}_r(t) = \hat{Q}_{0r} e^{i\omega_r t}, \tag{10.26}$$

und

$$\hat{q}_r(t) = \hat{q}_{0r} e^{i\omega_r t} \tag{10.27}$$

für den r-ten generalisierten Freiheitsgrad:

$$(-\omega_r^2 M_{rr} + K_{rr})\hat{q}_{0r} + i\omega_r D_{rr}\hat{q}_{0r} = \hat{Q}_{0r}. \tag{10.28}$$

Mit Berücksichtigung von Gl. 10.23 zeigt sich, dass der Klammerausdruck in 10.28 Null ist, woraus dann folgt:

$$\hat{q}_{0r} = -\frac{i}{\omega_r D_{rr}} \hat{Q}_{0r}. \tag{10.29}$$

Diese Überlegungen zeigen, dass, wie in Abb. 10.6 dargestellt, im Zustand der Wirbelresonanz die generalisierten Massen- und Steifigkeitskräfte in dem zugeordneten generalisierten Freiheitsgrad im Gleichgewicht miteinander stehen und auch zwischen generalisierter Erregerkraft und Dämpfungskraft Gleichgewicht herrscht. Aus Gl. 10.29 ergibt sich:

$$|q_{0r}| = \frac{1}{\omega_r D_{rr}} |Q_{0r}|, \tag{10.30}$$

und damit auf der Grundlage des Modalansatzes 7.6 für die Biegeverformung in diesem generalisiertem Freiheitsgrad:

$$\{x\} = \{\Phi_r\} |q_{0r}|. \tag{10.31}$$

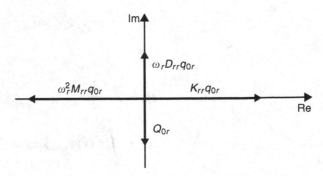

Abb. 10.6 Das Kräftegleichgewicht im Fall der Wirbelresonanz

Anmerkungen:

1. Wie schon erwähnt wurde, ist der Querkraftbeiwert von einer Vielzahl von Parametern abhängig. Von großer Bedeutung bei aeroelastischen Stabilitätsuntersuchungen ist die Abhängigkeit des Querkraftbeiwertes c_F als Funktion der Schwingungsamplitude. Nimmt c_F mit steigenden Schwingungsamplituden zu, dann stellt sich der Gleichgewichtszustand zwischen Dämpfungs- und Erregerkräften bei immer größeren Amplitunden ein. Dies kann zur Zerstörung des strukturellen Systems führen. Nimmt c_F dagegen mit steigender Amplitude ab, dann ist das strukturelle System aeroelastisch stabil.
2. Gleichung 10.30 zeigt, dass zur Reduzierung der Schwingungsamplituden hohe Eigenfrequenzen und gute Dämpfungseigenschaften beitragen können. Dabei muss die alleinige Erhöhung von Eigenfrequenzen jedoch kritisch betrachtet werden, denn Erhöhungen von ω_r führen zu höheren kritischen Umströmungsgeschwindigkeiten und damit zu einer stärkeren aerodynamischen Anregung. In der Praxis haben sich Maßnahmen zur Reduzierung|Vermeidung der aerodynamischen Anregung (z. B. Wendeln, Shrouds an Industrieschornsteinen) als zielführend erwiesen (Abb. 10.7).

Anwendungsbeispiel: Industrieschornstein Gegeben sei ein kreiszylinderförmiger Industrieschornstein in Stahlbauweise mit den Abmessungen $l = 100\,\mathrm{m}$ und $d = 3\,\mathrm{m}$. Die Massenbelegung beträgt $\bar{m} = 1500\,\mathrm{kg/m}$. Das Biegeträgheitsmoment weist einen Wert von $J = 0.3\,\mathrm{m^4}$ auf. Der Dämpfungsbeiwert sei $\vartheta = 0{,}005$.

Zu definieren sind die aeroelastisch kritischen Geschwindigkeitsbereiche für die Umströmung. Zu bestimmen ist die Schwingungsamplitude an der Spitze des Schornsteins im Falle der Wirbelresonanzerregung der Grundbiegeschwingung.

Die Bestimmung der strukturellen Eigenfrequenzen erfolgt auf der Grundlage der Gl. 6.45

$$\omega_r = \alpha_r^2 \sqrt{\frac{EI}{\bar{m}l^4}} \quad \text{mit } \alpha_1 = 1{,}875;\ \alpha_2 = 4{,}694;\ \alpha_3 = 7{,}855,$$

$$\omega_1 = (1{,}875)^2 \sqrt{\frac{2{,}1 \cdot 10^{11} \cdot 0{,}3}{1500(100)^4}} = 2{,}28\,\mathrm{rad/s} \Rightarrow f_1 = 0{,}36\,\mathrm{Hz},$$

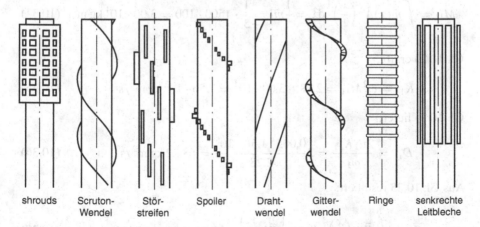

shrouds   Scruton-Wendel   Stör-streifen   Spoiler   Draht-wendel   Gitter-wendel   Ringe   senkrechte Leitbleche

Abb. 10.7 Konstruktive Maßnahmen zur Beeinflussung der Umströmung nach [23]

$$\omega_2 = (4{,}694)^2 \sqrt{\frac{2{,}1 \cdot 10^{11} \cdot 0{,}3}{1500(100)^4}} = 14{,}29\,\text{rad/s} \Rightarrow f_2 = 2{,}27\,\text{Hz},$$

$$\omega_3 = (7{,}855)^2 \sqrt{\frac{2{,}1 \cdot 10^{11} \cdot 0{,}3}{1500(100)^4}} = 40{,}02\,\text{rad/s} \Rightarrow f_3 = 6{,}37\,\text{Hz}.$$

Aus Gl. 10.18 resultieren damit die kritischen Geschwindigkeitsbereiche

$$V_1 = \frac{f_1 D}{S} = \frac{0{,}36 \cdot 3}{0{,}2} = 5{,}40\,\text{m/s} \equiv 19\,\text{km/h},$$

$$V_2 = \frac{f_2 D}{S} = \frac{2{,}27 \cdot 3}{0{,}2} = 34{,}05\,\text{m/s} \equiv 123\,\text{km/h},$$

$$\left(V_3 = \frac{f_3 D}{S} = \frac{6{,}37 \cdot 3}{0{,}2} = 95{,}55\,\text{m/s} \equiv 344\,\text{km/h} \right).$$

Bei der Anströmgeschwindigkeit V_1 beträgt die aerodynamische Streckenlast nach Gl. 10.20:

$$\bar{F} = \frac{1}{2}\rho V_1^2 c_F D = \frac{1}{2}1{,}25 \cdot (5{,}40)^2 \cdot 0{,}3 \cdot 3 = 16{,}40\,\text{N/m}. \tag{10.32}$$

Dabei wurde der Querkraftbeiwert als amplitudenunabhängige Konstante mit $c_F = 0{,}3$ angenommen.

Die Verformungen in der Grundbiegeeigenschwingung (Abb. 6.10) werden durch den vereinfachten Ansatz

$$\Phi_1(x) = A \left(\frac{x}{l} \right)^2, \quad \text{mit } A = 1\,\text{m} \tag{10.33}$$

beschrieben. Damit resultiert aus 10.22:

$$M_{11} = \int_0^l \bar{m}(x)A^2 \left(\frac{x}{l} \right)^4 \mathrm{d}x = \frac{1}{5}\bar{m}l = \frac{1}{5} \cdot 1500 \cdot 100 = 3{,}00 \cdot 10^4\,\text{kg m}^2. \tag{10.34}$$

Gl. 10.23 ergibt:

$$K_{11} = \omega_1^2 M_{11} = 2{,}28^2 \cdot 3{,}00 \cdot 10^4 = 1{,}56 \cdot 10^5\,\text{kg m}^2/\text{s}^2. \tag{10.35}$$

Gl. 10.24 liefert:

$$D_{11} = \frac{2\vartheta_1 K_{11}}{\omega_1} = 2\frac{0{,}005 \cdot 1{,}56 \cdot 10^5}{2{,}28} = 684{,}2\,\text{kg m}^2/\text{s}^2. \tag{10.36}$$

Aus Gl. 10.25 resultiert:

$$Q_1 = \int_0^l \bar{F}A \left(\frac{x}{l} \right)^2 \mathrm{d}x = \frac{1}{3}\bar{F}l = \frac{1}{3} \cdot 16{,}40 \cdot 100 = 574\,\text{N m}. \tag{10.37}$$

Damit ergibt sich unter Berücksichtigung der Gl. 10.30 und 10.31 für die Deformation w an der Schornsteinspitze:

$$w_{Spitze} = \Phi_{Spitze} \frac{1}{\omega_r D_{rr}} Q_1 = 1 \frac{1}{2{,}28 \cdot 684{,}2} \cdot 547 = 0{,}35 \, m. \qquad (10.38)$$

Fazit: Die Grundbiegeschwingung des Industrieschornsteins erfährt bei einer kritischen Windgeschwindigkeit von nur 5,40 m/s (19 km/h) eine instationäre aerodynamische Anregung, welche zu Schwingungsamplituden an der Schornsteinspitze von 0, 35 m führt!

10.3 Galloping

Ursache von Galloping-Schwingungen ist ein Abreißen der Strömung an scharfkantigen Querschnittsprofilen elastischer Strukturen. Als Beispiel dafür ist in Abb. 10.8 ein Rechteckprofil dargestellt, welches typisch für die Konstruktion von Hochhäusern ist.

Wird ein solches Profil bei einer Geschwindigkeit V unter dem Winkel α angeströmt, dann entsteht längs der Kanten 1-2-3 ein Totwassergebiet, dessen Unterdruck kleiner ist als im Bereich der mit hoher Geschwindigkeit umströmten Kante 3-4. Gehen wir nun davon aus, dass der Anstellwinkel

$$\alpha \approx \tan \alpha = \frac{\dot{w}}{V} \qquad (10.39)$$

aus einer dynamischen Querbewegung des Körpers mit der Geschwindigkeit $\dot{w}$ resultiert, dann wird sich aufgrund der dadurch an der Oberfläche des Körpers erzeugten Druckverhältnisse eine Kraft einstellen, welche in Richtung der Auslenkung wirkt. Für die in Abb. 10.8 aufgeführte aerodynamische Querkraft kann geschrieben werden:

$$F = \frac{1}{2} \rho V^2 D \frac{dc_F}{d\alpha} \alpha \qquad (10.40)$$

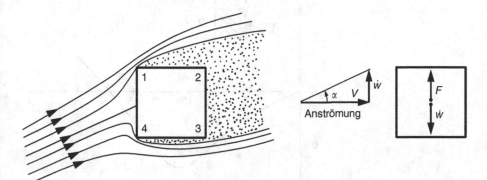

Abb. 10.8 Strömungsabriss an einem scharfkantigen Profil

und mit Gl. 10.39:

$$F = \frac{1}{2}\rho V D \frac{\mathrm{d}c_F}{\mathrm{d}\alpha}\dot{w}. \tag{10.41}$$

Dabei kennzeichnen D die charakteristische Profildicke und $\mathrm{d}c_F/\mathrm{d}\alpha$ den Querkraftgradienten. Das Vorzeichen dieses Gradienten ist entscheidend für die aeroelastische Stabilität des strukturellen Systems. Ist $\mathrm{d}c_F/\mathrm{d}\alpha > 0$, dann wirken die aerodynamischen Kräfte der Bewegung entgegen. Für $\mathrm{d}c_F/\mathrm{d}\alpha < 0$ haben die aerodynamischen Kräfte jedoch die Tendenz, die Schwingungsbewegung der elastischen Struktur zu verstärken. Erwähnt werden muss an dieser Stelle, dass der Verlauf der Querkraftbeiwerte

$$c_F = \frac{\mathrm{d}c_F}{\mathrm{d}\alpha}\alpha, \tag{10.42}$$

wie in Abb. 10.9 dargestellt, stark amplitudenabhängig ist.

Zur Vereinfachung der Betrachtung stellen wir uns nun vor, dass das Querschnittsprofil ein Segment einer Hochbaukonstruktion darstellt. Das Schwingungsmodell eines solchen Segments kann in Form des in Abb. 10.10 dargestellten Einmassenschwingers idealisiert werden. Für dessen Bewegungsgleichung gilt:

$$m\ddot{w} + d\dot{w} + cw = -F. \tag{10.43}$$

Dabei kennzeichnet c die Biegesteifigkeit der Grundstruktur in Bezug auf eine laterale Verschiebung. Der Dämpfungsterm $d\dot{w}$ berücksichtigt das strukturelle Dämpfungsverhalten. Das Einsetzen der Gl. 10.41 liefert:

$$m\ddot{w} + \left(d + \frac{1}{2}\rho V D \frac{\mathrm{d}c_F}{\mathrm{d}\alpha}\right)\dot{w} + cw = 0. \tag{10.44}$$

Diese Gleichung zeigt, dass ein negativer Wert des Querkraftgradienten sich auf das Schwingungsverhalten auswirkt wie eine Reduzierung der strukturellen

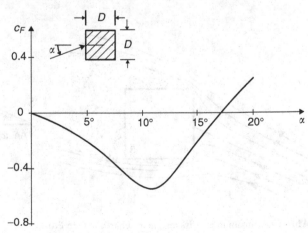

Abb. 10.9 $c_F(\alpha)$ - Verlauf für ein Quadratprofil nach [22]

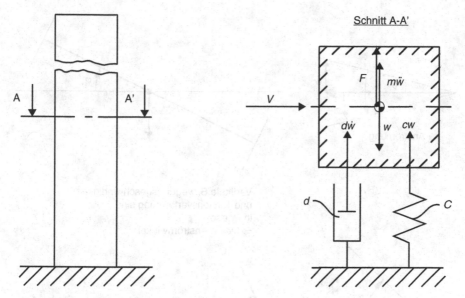

Abb. 10.10 Auf ein Struktursegment wirkende Kräfte

Dämpfung. Wird demzufolge ein aeroelastisch instabiles System von Turbulenzen in dem umströmenden Medium, wie z. B. Windturbulenzen, angeregt, so können sich dadurch unerwartet hohe Schwingungsamplituden einstellen. Wird der Klammerterm in Gl. 10.44 gar negativ, dann kommt es zu einer aeroelastischen Anfachung mit zeitlich exponentieller Zunahme der Schwingungsamplituden, welche nur durch aerodynamisch bedingte Nichtlinearitäten – im $c_F(\alpha)$-Verlauf – begrenzt werden.

Von besonderer Bedeutung für Galloping Erscheinungen sind Hängebrückenkonstruktionen. Sie weisen oft ein liegendes Doppel-T-förmiges Querschnittsprofil auf, welches in Abhängigkeit von seiner Geometrie aeroelastisch stabil oder instabil sein kann. Kritisch sind diese schlanken Konstruktionen auch deshalb, weil neben den Biegeverformungen i.a. auch nicht zu vernachlässigende Torsionsverformungen auftreten. Dementsprechend kann, mit den in Abb. 10.11 aufgeführten Bezeichnungen, für den Anstellwinkel der Strömung im Zusammenhang mit einem Segment der balkenförmigen Struktur geschrieben werden:

$$\alpha \approx \frac{\dot{w}}{V} - \varphi, \tag{10.45}$$

mit φ als dem Winkel für die Torsionsverformung des Segmentes. Daraus resultiert – in Anlehnung an Gl. 10.44 – für die Bewegungsgleichung im Translationsfreiheitsgrad:

$$m\ddot{w} + \left(d + \frac{1}{2}\rho V D \frac{dc_F}{d\alpha}\right)\dot{w} + cw = \frac{1}{2}\rho V^2 D \frac{dc_F}{d\alpha}\varphi. \tag{10.46}$$

Stellen sich demzufolge größere Torsionsschwingungen ein, so können daraus, in Abhängigkeit von der in Abb. 10.11 dargestellten Phasenlage zwischen der Hub- und

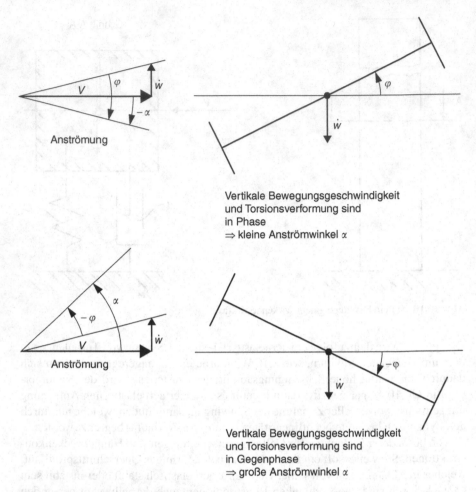

Vertikale Bewegungsgeschwindigkeit
und Torsionsverformung sind
in Phase
⇒ kleine Anströmwinkel α

Vertikale Bewegungsgeschwindigkeit
und Torsionsverformung sind
in Gegenphase
⇒ große Anströmwinkel α

Abb. 10.11 Anströmwinkel der Struktur bei gekoppelten Biege-Torsionsschwingungen (Segment einer Hängebrücke)

Torsionsbewegung, eine hohe aerodynamische Anregung der Hubbewegung und in Verbindung mit einem aerodynamisch womöglich stark reduzierten Dämpfungsterm entsprechend große Schwingungsamplituden resultieren.

10.4   Flattern

Flattern ist eine Instabilität, welche durch die aeroelastische Kopplung von mindestens zwei Eigenschwingungsformen einer elastischen Struktur hervorgerufen wird. Die Instabilität entsteht dadurch, dass die in einer ersten Eigenschwingungsform hervorgerufenen instationären aerodynamischen Kräfte eine positive Arbeit

im Zusammenhang mit den Deformationen in einer zweiten Eigenschwingungsform verrichten. Diesem zweiten generalisierten Freiheitsgrad wird also (laufend)
Energie über die positive Arbeit der externen Kräfte zugeführt. Falls die zugeführte
Energie größer als die bei der Schwingungsbewegung in diesem Freiheitsgrad durch
(strukturelle) Dämpfung vernichtete Energie ist, dann kommt es zu einem zeitlich
exponentiellen Anstieg des Schwingungsamplitudenniveaus. Dies kann zur Zerstörung des strukturellen Systems führen! Im Folgenden wird der Fokus auf das Flattern
von Flugzeugtragflächen großer Streckung gerichtet.

10.4.1 Grundlagen

Tragflächen großer Streckung weisen ein Deformationsverhalten auf, welches dem
eines einseitig fest eingespannten Balkens sehr nahe kommt. Bei aeroelastischen
Untersuchungen spielt insbesondere die Kopplung zwischen Biege- und Torsionsschwingungen eine große Rolle. Zum besseren Verständnis des Flatterphänomens
ist die aeroelastische Kopplung zwischen den (physikalischen) Freiheitsgraden Hub
und Torsion für ein Tragflügelsegment in Abb. 10.12 dargestellt. Wie zu erkennen
ist, sind für das Flatterverhalten nicht nur die Deformationen in den beiden Freiheitsgraden sondern auch die relative Phasenlage zwischen beiden Schwingungsanteilen
von Bedeutung.

Bei einer gleichphasigen Bewegung ist die Energiebilanz für die im Hubfrei-
heitsgrad verrichtete Arbeit durch die in der Torsionsbewegung erzeugten aerodynamischen Kräfte über eine Schwingungsperiode neutral; es wird sich kein
Flattern einstellen. Bei einer Phasenverschiebung von $+90°$ zwischen den Hub-
und Torsionsverformungen ist die Energiebilanz aber positiv; ab einer kritischen
Fluggeschwindigkeit wird Flattern auftreten.

Wie aus der Darstellung in Abb. 10.12 hervorgeht, ist es flattergünstig, wenn
beim Einleiten einer positiven Hubbewegung die Tragfläche eine negative Anstell-
winkeleinstellung erfährt ($-90°$ Phasenverschiebung). Dies kann konstruktiv z. B.
durch eine Verlagerung der Massenbelegung in den vorderen Tragflächenbereich
erreicht werden. Als Beispiel dafür sei auf die Vorverlagerung der Triebwerke bei
Passagierflugzeugen hingewiesen. Durch die dadurch in der Hubbewegung erzeugten Massenträgheitskräfte stellt sich eine flattervorteilhafte Torsionsdeformation an
der Tragfläche ein!

Die oben aufgeführten Überlegungen weisen auf folgende Zusammenhänge hin:

1. Flattern wird durch die Kopplung von *frequenzbenachbarten* Eigenschwingungsformen begünstigt.
2. Da die aerodynamischen Kräfte quadratisch mit der Fluggeschwindigkeit und
   proportional zur Luftdichte ansteigen, ist der Bereich hoher Fluggeschwindigkeiten und niedriger Flughöhe in der Flugenvelope eines Flugzeugs (Abb. 10.13)
   als besonders flatterkritisch anzusehen.

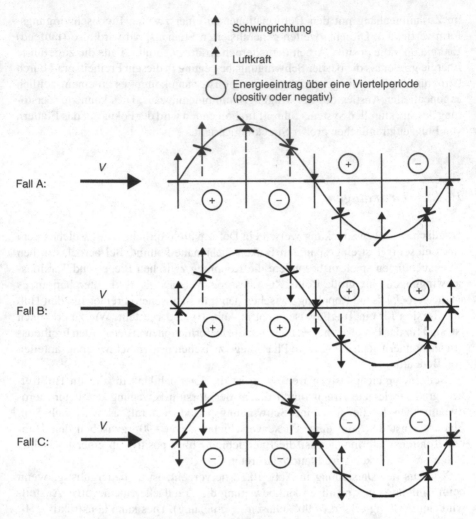

Fall A: Die Phasendifferenz zwischen Flügelbiegung und Torsion beträgt 0°
         Die Energiebilanz ist über eine Schwingungsperiode ausgeglichen
         ⇒ kein Flattern aber geringe Flatterstabilität

Fall B: Die Torsionsschwingung eilt der Biegeschwingung um 90° vor
         (+ 90° Phasendifferenz)
         Der Energieeintrag in den Hubfreiheitsgrad ist über die
         gesamte Schwingungsperiode positiv
         ⇒ sehr flatterkritischer Zustand

Fall C: Die Torsionsschwingung eilt der Biegeschwingung um 90° nach
         (– 90° Phasendifferenz)
         Dem Hubfreiheitsgrad wird laufend Energie entzogen
         ⇒ sehr flattergünstiger Zustand

Abb. 10.12 Energiebilanz der Luftkräfte am Tragflügel bei gekoppelten Biege-Torsions-schwingungen nach [22]

Abb. 10.13 Flugenvelope
eines Flugzeugs

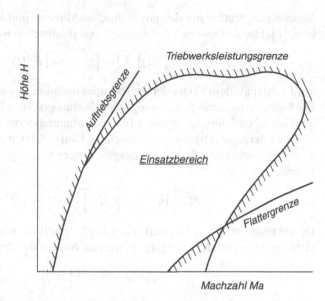

Machzahl Ma

3. Über die Massen- und Steifigkeitsverteilung kann das Flatterverhalten von Tragflächen (stark) beeinflusst werden.

Es versteht sich von selbst, dass die Luftfahrtbehörden bei der Zulassung eines neuen Flugzeugtyps einen Nachweis über die Flattersicherheit der Flugkonstruktion verlangen. So ist vom Flugzeughersteller nachzuweisen, dass die kritische Flattergeschwindigkeit 20 % oberhalb der maximalen Fluggeschwindigkeit im Stechflug V_D liegt und damit unter realen Bedingungen nicht erreicht werden kann. Dieser Nachweis erfolgt auf der Grundlage von Flugversuchen und Flatterstabilitätsrechnungen.

Es ist von großer Bedeutung, schon im Flugzeugentwurf sehr gezielte (numerische) Untersuchungen zum Flatterstabilitätsverhalten einer Flugzeugkonstruktion durchzuführen und alle Potentiale auf der Strukturseite zum Erhöhen der Flattergeschwindigkeit zu ergreifen. Leider zeigt sich immer wieder, dass eine zu niedrige Flattergeschwindigkeit erst im Flugversuch mit dem Prototypen festgestellt wird. Strukturelle Änderungen am Flugzeug sind dann meistens aus Kostengründen nicht mehr möglich. Angestrebt wird dann im Allgemeinen, die kritische Flattergeschwindigkeit durch Massenausgleich an den Tragflächen zu erhöhen, eine Maßnahme, die sich aber ungünstig auf die Nutzlast des Flugzeugs, dessen Reichweite und damit auf seine Konkurrenzfähigkeit auswirkt.

10.4.2 Flatterstabilitätsgleichungen

Gegeben sei eine definierte (sich im Entwurfsstadium befindende) Flugzeugkonstruktion. Startpunkt aller Betrachtungen ist das strukturelle Finite-Elemente-Modell dieser Konfiguration mit den physikalischen Massen- und Steifigkeitsmatrizen $[m]$ bzw. $[c]$. Für die Bewegungsgleichung kann geschrieben werden:

$$[m]\{\ddot{x}(t)\} + [c]\{x(t)\} = \{F^A(t)\},\qquad(10.47)$$

mit $\{F^A(t)\}$ als dem Vektor der angreifenden instationären aerodynamischen Kräfte. Die Eigenwertrechnung am homogenen Gleichungssystem liefert die Eigenkreisfrequenzen ω_r und die zugeordneten Eigenschwingungsformen $\{\Phi_r\}$.

Unter Berücksichtigung der in Abschn. 7.1 aufgeführten Zusammenhänge können damit die aeroelastischen Bewegungsgleichungen wie folgt in modaler Schreibweise formuliert werden:

$$\left[\diagdown M \diagdown\right]\{\ddot{q}(t)\} + \left[\diagdown K \diagdown\right]\{q(t)\} = \{Q^A(t)\}.\qquad(10.48)$$

Da die instationären aerodynamischen Kräfte durch die elastischen Deformationen der Flugkonstruktion hervorgerufen werden, besteht der Zusammenhang

$$\{Q^A(t)\} = [A]\{q(t)\},\qquad(10.49)$$

mit $[A]$ als der Matrix der generalisierten instationären Luftkräfte. Diese Matrix ist im Allgemeinen vollbesetzt. Sie beschreibt die aerodynamische Kopplung zwischen den einzelnen generalisierten Freiheitsgraden, so z. B. zwischen den Flügelbiege- und Torsionseigenformen. Die Koeffizienten der Luftkraftmatrix sind komplex, entsprechend

$$A_{rs} = \mathrm{Re}(A_{rs}) + i\,\mathrm{Im}(A_{rs}).\qquad(10.50)$$

Dies ist darauf zurückzuführen, dass die durch die strukturellen Deformationen induzierten Luftkräfte nicht in Phase mit der Deformationsbewegung sind. Weiterhin ist der Betrag der A_{rs}-Terme proportional zum Staudruck

$$\bar{q} = \frac{1}{2}\rho V^2,\qquad(10.51)$$

mit V als der Fluggeschwindigkeit und der Luftdichte ρ.

Auch wenn eine strukturelle Dämpfung der Flugkonstruktion vorhanden ist, so werden ihre Dämpfungseigenschaften oftmals nicht in den Flatterstabilitätsgleichungen berücksichtigt. Grund dafür ist, dass die im Allgemeinen geringe Strukturdämpfung im Entwurfsstadium nicht hinreichend bekannt ist. Die Vernachlässigung der Dämpfung führt zu einem konservativen Ergebnis, das „auf der sicheren Seite" liegt.

Das Einsetzen der Gl. 10.49 in 10.48 ergibt in Zeigerschreibweise:

$$[M]\{\ddot{\hat{q}}(t)\} + [K]\{\hat{q}(t)\} - [A(\bar{q})]\{\hat{q}(t)\} = 0.\qquad(10.52)$$

In Analogie zu den in Abschn. 3.1 aufgeführten Zusammenhängen schreiben wir

$$\{\hat{q}(t)\} = \{\hat{Y}\}e^{\lambda t}\qquad(10.53)$$

als Lösungsansatz für die Gl. 10.52. Damit ergibt sich:

$$\left[\lambda^2 \left[M \right] + \left[K \right] - \left[A(\bar{q}) \right] \right] \{\hat{Y}\} e^{\lambda t} = 0,$$ (10.54)

mit der charakteristischen Gleichung

$$\left| \lambda^2 \left[M \right] + \left[K \right] - \left[A(\bar{q}) \right] \right| = 0.$$ (10.55)

Für definierte Fluggeschwindigkeiten V_i, mit einer jeweils zugeordneten Aerodynamikbelastung $\left[A(\bar{q}_i) \right]$, können die Wurzeln der Gl. 10.55 bestimmt werden. Bei der Berücksichtigung von N generalisierten Freiheitsgraden ($r = 1, 2, \ldots, N$) werden für jede Fluggeschwindigkeit jeweils $2N$ komplexe Eigenwerte der Form

$$(\lambda_{1,2})_r = -\delta_r \pm i\omega_{Dr}; \quad (r = 1, 2, \ldots, N),$$ (10.56)

erhalten. Wie aus Abschn. 3.1 bekannt ist, ergeben sich damit Lösungen für die generalisierten Koordinaten in der Form:

$$\{\hat{q}(t)\} = \sum_{r=1}^{N} e^{-\delta_r t} \left(\{\hat{Y}_{1r} + \hat{Y}_{2r}\} \cos \omega_{Dr} t + i \{\hat{Y}_{1r} - \hat{Y}_{2r}\} \sin \omega_{Dr} t \right).$$ (10.57)

Aufgrund des Zusammenhangs

$$\{\hat{x}(t)\} = \left[\Phi \right] \{\hat{q}(t)\}$$ (10.58)

ist zu erkennen, dass die strukturellen Schwingungsbewegungen stabil erfolgen, solange keine der Wurzeln $(\lambda_{1,2})_r$ einen positiven Realteil aufweist, entsprechend $-\delta_r > 0$ oder $\delta_r < 0$.

Zur Flatterstabilitätsanalyse werden in der Praxis die Eigenwerte in einem interessierenden Geschwindigkeitsbereich schrittweise berechnet und, wie in Abb. 10.14 dargestellt, über der Fluggeschwindigkeit nach ihrem

- Imaginärteil ω_{Dr} bzw. $f_r = \omega_{Dr}/2\pi$ (Eigenfrequenz) und
- Realteil δ_r bzw. $\vartheta_r = \delta_r/\omega_r$ oder $\vartheta_r[\%] = \delta_r/\omega_r \cdot 100$ (Dämpfungsmaß)

aufgetragen. Die Geschwindigkeit, bei der zum ersten Mal ein Wert $\vartheta_r = 0$ auftritt, wird als Flattergeschwindigkeit bezeichnet. Entsprechend der Darstellung nach Abb. 10.14 beträgt die Flattergeschwindigkeit der untersuchten Flugkonstruktion $V_F = 40\,m/s$.

Da im Flatterfall $\vartheta_r = \delta_r = 0$ ist, erfolgen Flatterschwingungen, in Übereinstimmung mit Gl. 10.57, harmonisch mit der Zeit.

10.4.3 Strukturelle aeroelastische Optimierung

Im Folgenden wird nun gezeigt, wie durch Anwendung von Optimierungstechniken die kritische Flattergeschwindigkeit eines Flugzeugs erhöht werden kann

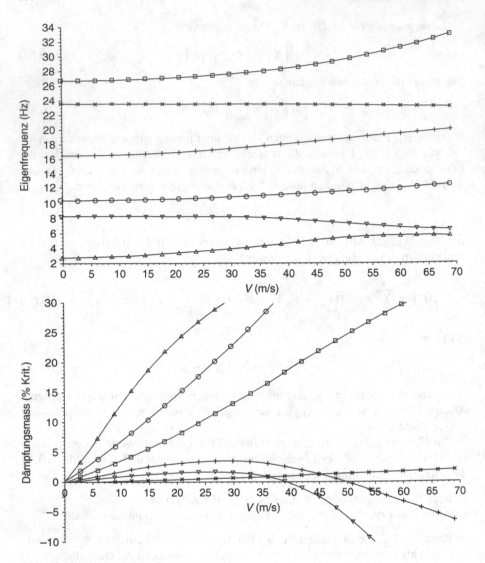

Abb. 10.14 Flatterstabilitätsdiagramm

(Abb. 10.15). Als Anwendungsbeispiel wird dabei ein Tragflügel großer Streckung verwendet.

Gegeben sei eine bekannte Flugzeug-Ausgangskonfiguration A mit den entsprechend Gl. 10.54 formulierten Flatterstabilitätsgleichungen

$$\left[\lambda^2 \left[M_A\right] + \left[K_A\right] - \left[A\right]\right]\{\hat{Y}\} = 0. \tag{10.59}$$

Es wird hier angenommen, dass die Flatterstabilitätsuntersuchungen ergeben haben, dass die Flugenvelope des Flugzeugs in der Ausgangskonfiguration in Folge von Flattergefährdung in untragbarer Weise eingeschränkt wird.

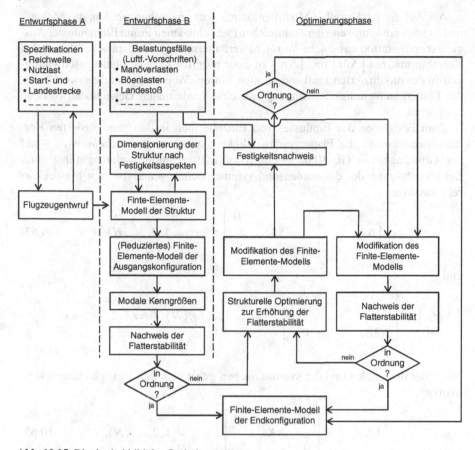

Abb. 10.15 Blockschaltbild des Optimierungsprozesses

Aufgabe des Entwurfsingenieurs ist es nun, ausgehend von den strukturellen Kennwerten der Flugzeugkonfiguration A, die Massen- und/oder Steifigkeitsverteilungen der Basiskonfiguration so zu ändern, dass die sich aus diesen Modifikationen ergebende Flugzeug-Endkonfiguration E ein zufriedenstellendes Flatterverhalten aufweist. Entsprechend den in Kap. 8 aufgeführten Zusammenhängen, resultieren aus Massen- und Steifigkeitsmodifikation $[\Delta m]$ bzw. $[\Delta c]$ am FE-Modell, die modalen Korrekturmatizen

$$[\Delta M] = [\Phi_A^\mathsf{T} \Delta m \Phi_A], \tag{10.60}$$

$$[\Delta K] = [\Phi_A^\mathsf{T} \Delta c \Phi_A]. \tag{10.61}$$

Damit können die Flatterstabilitätsgleichungen der strukturell modifizierten Flugzeugkonfiguration in der Form

$$[\lambda^2 [M_A + \Delta M] + [K_A + \Delta K] - [A]] \{\hat{Y}\} = 0 \tag{10.62}$$

geschrieben werden.

Als Ziel der strukturellen Modifikation muss es angesehen werden, die Massen- und Steifigkeitskennwerte der (zahlreichen) verschiedenen Finite Elemente der Ausgangskonfiguration auf solche Weise zu verändern, dass die daraus resultierenden Korrekturmatizen $[\Delta M]$ und $[\Delta K]$ zu einer möglichst hohen Flattergeschwindigkeit in der modifizierten Endkonfiguration führen. Weiterhin erstrebenswert ist es, die Flattergeschwindigkeitserhöhung mit einem minimalen Gewichtsaufwand zu realisieren.

Zum Feststellen des Einflusses von Einzeltermen in den generalisierten Korrekturmatrizen auf die Flattergeschwindigkeit, werden nun *nacheinander* – auf der Grundlage von Gl. 10.62 – Flatterstabilitätsrechnungen durchgeführt unter Berücksichtigung der diagonalen und symmetrischen generalisierten Massenkorrekturmatrizen

$$[\Delta M_{rr}] = \begin{bmatrix} \diagdown & & 0 \\ & \Delta M_{rr} & \\ 0 & & \diagdown \end{bmatrix} ; \quad (r = 1, 2, \ldots, N), \qquad (10.63)$$

und

$$[\Delta M_{rs}] = \begin{bmatrix} 0 & & \Delta M_{rs} \\ & \diagdown & \\ \Delta M_{rs} & & 0 \end{bmatrix} ; \quad (r = 1, 2, \ldots, N); (s = 1, 2, \ldots, N); s \neq r,$$
$$(10.64)$$

sowie der diagonalen und der symmetrischen generalisierten Steifigkeitskorrekturmatrizen

$$[\Delta K_{rr}] = \begin{bmatrix} \diagdown & & 0 \\ & \Delta K_{rr} & \\ 0 & & \diagdown \end{bmatrix} ; \quad (r = 1, 2, \ldots, N), \qquad (10.65)$$

und

$$[\Delta K_{rs}] = \begin{bmatrix} 0 & & \Delta K_{rs} \\ & \diagdown & \\ \Delta K_{rs} & & 0 \end{bmatrix} ; \quad (r = 1, 2, \ldots, N); (s = 1, 2, \ldots, N); s \neq r.$$
$$(10.66)$$

Dabei ergeben sich jeweils die Flattergeschwindigkeitsdifferenzen $\Delta V_{F,rr}^M$, $\Delta V_{F,rs}^M$ bzw. $\Delta V_{F,rr}^K$, $\Delta V_{F,rs}^K$ relativ zur Ausgangskonfiguration für die verschiedenen generalisierten Massen- und Steifigkeitsmodifikationen.

Zur Definition von größenordnungsmäßig sinnvollen Korrekturen wird für die Korrekturterme gesetzt:

$$\Delta M_{rr} = \Lambda M_{A,rr}, \qquad (10.67)$$

$$\Delta M_{rs} = \sqrt{\Delta M_{rr} \Delta M_{ss}}, \qquad (10.68)$$

$$\Delta K_{rr} = \Lambda K_{A,rr}, \qquad (10.69)$$

$$\Delta K_{rs} = \sqrt{\Delta K_{rr} \Delta K_{ss}}, \tag{10.70}$$

wobei für Λ ein Wert $\ll 1$ gewählt wird.

Da nun jede strukturelle Änderung (an einzelnen Finiten Elementen der Ausgangskonfiguration) im Allgemeinen eine Änderung aller Koeffizienten der generalisierten Massen- und Steifigkeitskorrekturmatrizen hervorruft, entsprechend $[\Delta M_m]$ und $[\Delta K_m]$ für die m-te Modifikation ($m = 1, 2, \ldots, M$), ist es möglich, diese Korrekturmatrizen durch die Überlagerungsansätze

$$[\Delta M_m] = \sum_{r=1}^{N} a_{rr} [\Delta M_{rr}] + \sum_{r,s=1; r \neq s}^{\frac{N}{2}(N-1)} a_{rs} [\Delta M_{rs}], \tag{10.71}$$

$$[\Delta K_m] = \sum_{r=1}^{N} b_{rr} [\Delta K_{rr}] + \sum_{r,s=1; r \neq s}^{\frac{N}{2}(N-1)} b_{rs} [\Delta K_{rs}] \tag{10.72}$$

zu beschreiben. Es wird nun vorausgesetzt, dass sich auch die Flattergeschwindigkeitsdifferenz zwischen einer m-ten modifizierten Konfiguration und der Ausgangskonfiguration in Form eines Linearansatzes wie folgt darstellen lässt:

$$\Delta V_{F,m} = \sum_{r=1}^{N} a_{rr} \Delta V_{F,rr}^{M} + \sum_{r,s=1; r \neq s}^{\frac{N}{2}(N-1)} a_{rs} \Delta V_{F,rs}^{M} + \sum_{r=1}^{N} b_{rr} \Delta V_{F,rr}^{K}$$

$$+ \sum_{r,s=1; r \neq s}^{\frac{N}{2}(N-1)} b_{rs} \Delta V_{F,rs}^{K}. \tag{10.73}$$

Aufgrund dieser Zusammenhänge können für eine Vielzahl von Modifikationen die Auswirkungen auf die Flattergeschwindigkeit in einfacher Weise abgeschätzt werden. Viel aufwändiger wäre es, für jede der einzelnen Modifikationen jeweils die Flatterstabilitätsgleichungen 10.62 neu zu lösen.

Vorgabe war nun aber auch, die Flattergeschwindigkeit der Ausgangskonfiguration bei minimalem Gewichtsaufwand zu realisieren. Die gewichtsbezogene Güte einer Modifikation kann mit dem Faktor

$$X_m = \frac{\Delta V_{F,m}}{\Delta m_m} \tag{10.74}$$

ausgedrückt werden, wobei Δm_m die Masseerhöhung durch die m-te Modifikation darstellt. Vorteilhafte Modifikationen sind demnach durch große positive Werte von X_m gekennzeichnet. Die Reduzierung von Massen- und Steifigkeiten – im Fall großer negativer Werte von X_m – und der dadurch möglichen Erhöhung der Flattergeschwindigkeit ist bei Flugzeugkonstruktionen im Allgemeinen nicht möglich, da die Konstruktion aufgrund anderer Anforderungen (z. B. aus Festigkeitsbelangen) keine Steifigkeitsreduzierung zuläßt.

Zur übersichtlichen Darstellung ist es sinnvoll, eine Normierung der Gütefaktoren in der Form

$$X_m^* = \frac{X_m}{X_{max}} \tag{10.75}$$

herbeizuführen, wobei X_{max} den größten *positiven* Wert aller X_m-Werte darstellt. Flattergünstige Modifikationen sind dann durch Werte von $X_m^* \approx +1$ gekennzeichnet.

Für eine vorgegebene zu erreichende Flattergeschwindigkeitsdifferenz zwischen der Ausgangs- und Endkonfiguration wird nun gesetzt:

$$\Delta V_F = k \sum_{m=1}^{\bar{M}} (X_m^*)^2 \Delta V_{F,m}, \tag{10.76}$$

mit $\Delta V_{F,m}$ als der sich aus der m-ten Modifikation ergebenden Flattergeschwindigkeitsdifferenz und k als einem Proportionalitätsfaktor. $\bar{M} \leq M$ steht für die Anzahl der Modifikationen mit positivem Gütefaktor X_m^*. Der quadratische Wert der normierten Gütezahl ist in dieser Gleichung als ein Gewichtungsfaktor anzusehen, der bewirkt, dass gewichtsgünstige Modifikationen stärker berücksichtigt werden.

Durch Bestimmung des Proportionalitätsfaktors k aus Gl. 10.76 sind alle strukturellen Modifikationen, die zur gewünschten Erhöhung der Flattergeschwindigkeit erforderlich sind, definiert. Zu realisieren sind Teilmodifikationen mit den physikalischen FE-Korrekturmatrizen

$$\left[\Delta c_{E,m}\right] = k(X_m^*)^2 \left[\Delta c_m\right], \tag{10.77}$$

$$\left[\Delta m_{E,m}\right] = k(X_m^*)^2 \left[\Delta m_m\right]; \quad (m = 1, 2, \ldots, M). \tag{10.78}$$

Anwendungsbeispiel: Aeroelastische Optimierung eines Tragflügels Die Leistungsfähigkeit der aufgeführten Optimierungsmethode wird an dem in Abb. 10.16 abgebildeten Tragflügelmodell großer Streckung dargestellt. Die Holmtragstruktur besteht aus einem Hohlprofil mit konstanter Breite b und Höhe h über die gesamte Flügellänge l. Nur die Profilwandstärke t wird in Spannweitenrichtung als variabel angenommen.

Für die Finite Elemente Modellierung wurde das Balkenprofil durch 28 aneinandergereihte Balkenelemente gleicher Länge idealisiert. Die Dimensionierung des Holmprofils wurde auf der Basis einer parabolischen aerodynamischen Auftriebsverteilung in Flügelspannweitenrichtung nach Abb. 6.2 rein statisch vorgenommen. Auf der Grundlage der FE-Methode wurden die modalen Kennwerte des Tragflügels in der Ausgangskonfiguration ermittelt. Unter Berücksichtigung der 6 frequenzniedrigsten Eigenschwingungsformen wurde eine Flatterrechnung durchgeführt. Das Ergebnis, mit einer Flattergeschwindigkeit von $V_F = 40\,m/s$, ist in Abb. 10.14 dargestellt. Dieser Flatterfall ist auf eine Kopplung zwischen den in Abb. 10.17 dargestellten Eigenschwingungsformen der ersten Flügelbiegung und der ersten Flügeltorsion zurückzuführen. Ein zweiter Flatterfall bei $V_F = 50\,m/s$ resultiert

Abb. 10.16 Aufbau des Modelltragflügels

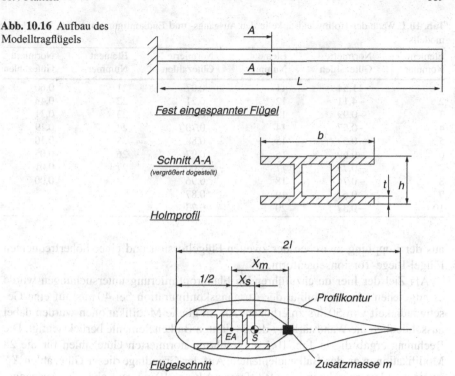

Fest eingespannter Flügel

Schnitt A-A
(vergrößert dogestellt)

Holmprofil

Profilkontur

Flügelschnitt

Zusatzmasse m

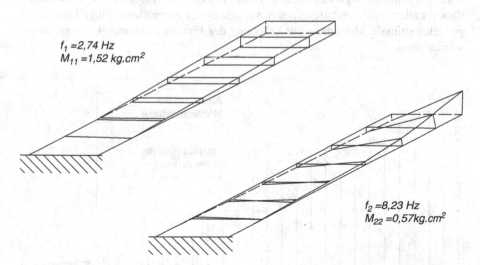

$f_1 = 2,74$ Hz
$M_{11} = 1,52$ kg.cm^2

$f_2 = 8,23$ Hz
$M_{22} = 0,57$ kg.cm^2

Abb. 10.17 Fundamentale Biege- und Torsionseigenschwingungsformen des Tragflügelmodells

Tab. 10.1 Werte der Holmwandstärke in den Ausgangs- und Endkonfigurationen des Tragflügelmodells

Element Nummer	Normierte Gütezahlen	Element Nummer	Normierte Gütezahlen	Element Nummer	Normierte Gütezahlen
1	−11,54	11	−0,07	21	0,60
2	−4,11	12	0,21	22	0,45
3	−0,99	13	0,49	23	0,31
4	−0,57	14	0,70	24	0,19
5	−0,57	15	0,88	25	0,10
6	−0,69	16	0,97	26	0,05
7	−0,73	17	1,00	27	0,01
8	−0,76	18	0,96	28	0,00
9	−0,61	19	0,87		
10	−0,37	20	0,73		

aus der Kopplung zwischen der zweiten Flügeltorsion und einer höherfrequenten Flügel-Biege-Torsionseigenform.

Als Ziel der hier durchzuführenden Flatteroptimierungsuntersuchungen wurde es angesehen, die Instabilität der Ausgangskonfiguration bei 40 m/s auf eine Geschwindigkeit von 50 m/s zu erhöhen. Als mögliche Modifikationen wurden dabei ausschließlich die Wandstärken t der 28 Finiten Balkenelemente berücksichtigt. Die Rechnung ergab die in Tab. 10.1 aufgeführten normierten Gütezahlen für die 28 Modifikationen an den Balkenelementen. Auf der Grundlage dieser Gütezahlen X_m^* sowie der Flattergeschwindigkeitsdifferenz $\Delta V_F = 10$ m/s zwischen der Ausgangs- und der Endkonfiguration, wurden die erforderlichen Holmprofildicken für die Endkonfiguration ermittelt. Abbildung 10.18 zeigt in grafischer Form die Dickenverteilung in den Ausgangs- und Endkonfigurationen des Tragflügels. Es ist zu erkennen, dass vor allem eine Versteifung des Ausgangsholmes im mittleren Flügelbereich als gewichtsoptimale Maßnahme zur Erhöhung der Flattergeschwindigkeit angesehen werden muss.

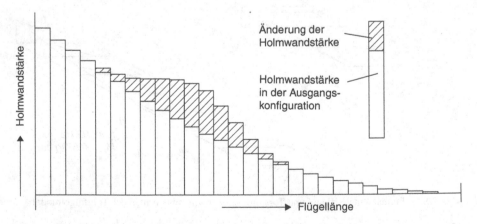

Abb. 10.18 Verlauf der Holmwandstärke in Flügelspannweitenrichtung

Abb. 10.19 Ergebnis der
Flatterrechnung an der
Endkonfiguration des
Modelltragflügels

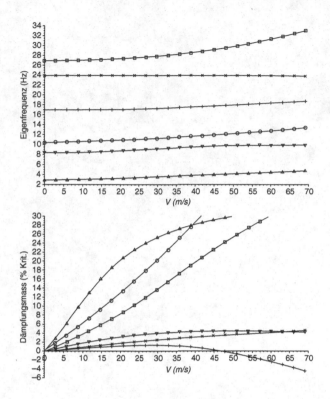

Zum Abschluss der Berechnung wurden – auf der Grundlage der modifizierten Steifigkeits- und Massenkennwerte der Finiten Elemente des Tragflügelholmes in der Endkonfiguration – die modalen Kenngrößen der Endkonfiguration ermittelt. Auf deren Grundlage wurde eine neue Flatterrechnung für die Endkonfiguration durchgeführt. Das Ergebnis ist in Abb. 10.19 dargestellt.

Es zeigt sich, dass der Flatterfall für die fundamentale Flügel-Biege-Torsionskopplung beseitigt ist. Demgegenüber wurde der 2. Flatterfall um 2 m/s auf $V_F = 48$ m/s erniedrigt. Dieser Flatterfall weist aber einen sehr flachen Verlauf der Dämpfungskurve auf, so dass bei Berücksichtigung der strukturellen Dämpfung von einer Flattergeschwindigkeit $V_F > 50$ m/s auszugehen ist. Besteht der Wunsch, diese kritische Geschwindigkeit weiter zu erhöhen, so ist eine zweite Optimierungsrechnung durchzuführen, wobei dann die im ersten Rechenschritt erhaltene Endkonfiguration als neue Ausgangskonfiguration zu berücksichtigen ist.

Kapitel 11
Aktive Erhöhung des Stabilitätsverhaltens von Flugzeugen

In den Abschn. 10.4.2 und 10.4.3 wurde im Detail auf das Flatterstabilitätsverhalten von Flugkonstruktionen eingegangen. Gezeigt wurde dabei, wie durch die bewegungsinduzierten instationären Luftkräfte Kopplungen zwischen den einzelnen generalisierten Freiheitsgraden hervorgerufen werden können, die sich ungünstig auf das Schwingungsverhalten des Flugzeugs auswirken. Gezeigt wurde weiterhin, wie durch Modifikationen an der Flugzeugstruktur die Stabilität bis in einen höheren Geschwindigkeitsbereich hergestellt werden konnte.

Neben der Flatterstabilität, die aufgrund ihrer katastrophalen Auswirkungen von großer Bedeutung ist, existieren bei Flugzeugen noch eine ganze Reihe anderer möglicher Instabilitäten, so z. B. flugmechanische Instabilitäten, wie die Phygoiden – und die schnelle Anstellwinkelschwingung im niedrigen Frequenzbereich, die auf ungünstige quasi-stationäre aerodynamische Kopplungen zwischen den Starrkörperfreiheitsgraden des Flugsystems zurückzuführen sind.

Natürlich beeinflussen auch solche Instabilitäten den Flugzeugentwurf. Die Berücksichtigung all dieser Anforderungen führt nun immer wieder dazu, dass die Flugkonstruktion nicht optimal für ihre eigentliche Mission, im Allgemeinen das Transportieren einer großen Nutzlast über eine weite Strecke mit hoher Geschwindigkeit, ausgelegt werden kann. Zum Erfüllen der Stabilitätsanforderungen müssen Kompromisse hinsichtlich der geometrischen Auslegung und beim Leichtbau eingegangen werden. Gäbe es diese Instabilitäten nicht, könnten wesentlich effizientere Flugsysteme realisiert werden!

Seit langem beschäftigen sich ganze Vorentwicklungsteams bei den namhaften Flugzeugherstellern damit, wie, durch den Einsatz neuer Technologien, die vielen einzugehenden Kompromisse umgangen werden können. Als ein Lösungsansatz kristallisiert sich dabei immer wieder die Einführung von sogenannten „aktiven Systemen" heraus. Der Grundgedanke dabei ist wie folgt:

- Instabilitäten werden durch die bewegungsinduzierten Luftkräfte erzeugt.
- Flugzeuge verfügen über eine Vielzahl von Ruderflächen, so z. B. die inneren und äußeren Querruder, ein Höhen- und ein Seitenruder sowie eine Anzahl von Spoilern. Durch den Ausschlag der Ruder werden Luftkräfte erzeugt, die das Steuern des Flugzeugs ermöglichen.

R. Freymann, *Strukturdynamik*,
DOI 10.1007/978-3-642-19698-0_11, © Springer-Verlag Berlin Heidelberg 2011

- Durch „schnelle Ruderbewegungen" müsste es möglich sein, instationäre Luft-kräfte zu induzieren, die eine stabilitätserhöhende Wirkung haben. Dazu bedarf es der Identifizierung von kritischen Schwingungszuständen durch (verteilte) Sensoren, deren Ausgangssignale über einen Regelkreis den Ruderstellgliedern zugeführt werden.

Im Rahmen dieses Aufgabenspektrums wurden umfangreiche Untersuchungen, ausgehend von Laborversuchen bis hin zur Flugerprobung an realen Prototypen durchgeführt, mit dem Ziel das Spektrum der Einsatzmöglichkeiten dieser neuen Technologie zu identifizieren und schrittweise zu erproben. Teilumfänge der neu-entwickelten System sind schon heute – insbesondere im Kampfflugzeugbau – in Flugsystemen implementiert. Als Beispiel dafür sind in Abb. 11.1 aktive Systeme zur Erhöhung der Längs- und Seitenstabilität, zur Manöverlaststeuerung und zur Böenabminderung dargestellt.

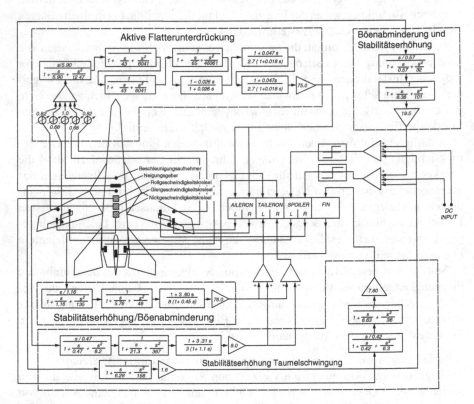

Abb. 11.1 Flugzeug-Windkanalmodell mit aktiven Regelungssystemen

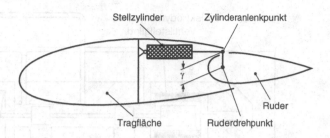

Abb. 11.2 Stellglied-Anordnung im Flügel-Ruder-Verbund

11.1 Beschreibung der Technologie

Die verschiedenen aktiven Systeme beinhalten, wie auch in Abb. 11.1 dargestellt ist, immer folgende Teilkomponenten: Sensor(en), Regler, Stellglied(er).

Die *Sensoren* werden zum messtechnischen Erfassen der Regelgröße benötigt. Dementsprechend muss der Sensortyp der Art der Regelgröße angepasst sein. Typische Sensoren sind:

* Lagekreisel und Neigungsgeber zum Erfassen der absoluten Winkellagen des Starrkörperflugzeugs,
* Wendekreisel zum Messen der Winkelgeschwindigkeiten des Starrkörperflugzeugs,
* Beschleunigungsaufnehmer zur Bestimmung von Starrkörperbewegungen als auch von elastischen Deformationen des Flugzeugs,
* Dehnungsmessstreifen zur Erfassung von strukturellen Belastungen.

Als *Stellglieder* werden Aktoren zur Auslenkung der Ruderflächen eingesetzt. Im Allgemeinen handelt es sich dabei um servohydraulische Linear- oder Drehantriebe, die es ermöglichen, sowohl große Wege als auch große Kräfte zu erzeugen. Die am häufigsten eingesetzten linearen servohydraulischen Stellzylinder sind im Tragflügel integriert. Ihr Gehäuse ist fest mit der Tragflügelstruktur verbunden. Die ausfahrbare Kolbenstange betätigt über einen Hebelarm, mit der Länge γ, das Ruder um einen tragflügelfesten Drehpunkt (Abb. 11.2).

Aufgabe des *Reglers* ist es, die Sensorsignale hinsichtlich Verstärkung, Filterung und gegebenenfalls ihrer Überlagerung aufzubereiten und ein Regelsignal an den Eingängen der Servostellzylinder zu erzeugen, das im Regelfrequenzbereich die erforderlichen amplituden- und phasenmäßige Auslenkungen hervorruft. Elektronische Filterelemente ermöglichen die Realisierung eines gewünschten frequenzabhängigen Übertragungsverhaltens des Reglers.

11.2 Übertragungsverhalten von servohydraulischen Stellzylindern

Ein hydraulischer Servostellmechanismus besteht, wie in Abb. 11.3 dargestellt, aus zwei Komponenten, dem Stellzylinder und der Ventileinheit. Die Funktionsweise ist wie folgt: Wird der Steuerschieber – durch Ansteuerung der Ventileinheit mit

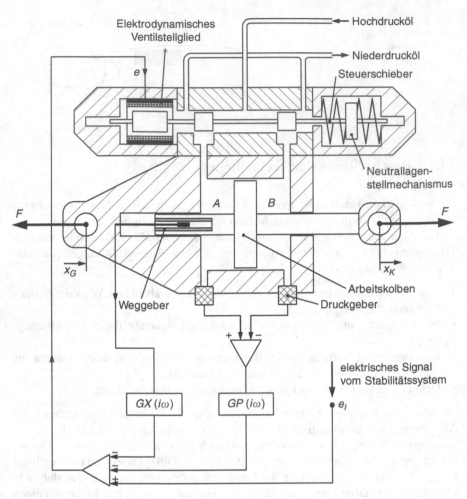

Abb. 11.3 Servohydraulischer Stellzylinder

einem elektrischen Signal e – z. B. nach links ausgelenkt, so wird die Arbeitszylinderkammer A mit Hochdrucköl beaufschlagt, während Zylinderkammer B mit dem Niederdruckölkreis in Verbindung steht. Dadurch baut sich am Arbeitskolben eine Druckdifferenz auf, die sowohl zur Druckkrafterzeugung als auch zur Kolbenverschiebung ausgenutzt werden kann. Dieser Zusammenhang wird durch die Gleichung

$$\Delta x = x_K - x_G = XE(i\omega)e + XF(i\omega)F \qquad (11.1)$$

beschrieben. Die komplexen Größen $XE(i\omega)$ und $XF(i\omega)$ kennzeichnen Frequenzgänge des Übertragungsverhaltens des Servostellzylinders, entsprechend

$$XE(i\omega) = \frac{\Delta x}{e} \qquad (11.2)$$

für den Zusammenhang zwischen der Zylinderauslenkung und dem elektrischen Ventileingangssignal,

$$XF(i\omega) = \frac{\Delta x}{F} \tag{11.3}$$

als der frequenzabhängigen mechanischen Nachgiebigkeit der Stellzylindereinheit.

Aus Stabilitätsgründen muss die Stellzylindereinheit nun zumindest mit einer Wegrückführung, mit dem Übertragungsverhalten $GX(i\omega)$ nach Abb. 11.3, versehen werden. Denn ohne diese Rückführung würde der Steuerschieber, bei der Beaufschlagung des Servoventils mit einem elektrischen Eingangssignal $e \equiv e_I$, in einer ausgelenkten Lage verharren. Dadurch würde im stationären Fall einer der beiden Arbeitskammern laufend Hochdrucköl zugeführt, was zur Folge hätte, dass der Arbeitskolben bis zum Anschlag ein- oder ausfährt. Die Wegrückführung ermöglicht die Herstellung eines proportionalen Verhaltens zwischen Stellzylinderauslenkung Δx und Servoeingangssignal e_I.

Zur weiteren Optimierung des dynamischen Übertragungsverhaltens der Stellzylindereinheit ist es vorteilhaft, diese zusätzlich mit einer Differenzdruckrückführung, mit dem Frequenzgang $GP(i\omega)$ nach Abb. 11.3, zu versehen. Dazu wird eine Differenzdruckmessung zwischen den beiden Arbeitskammern A und B durchgeführt.

Unter Berücksichtigung der Weg- und Druckrückführungen kann für das Servoventileingangssignal geschrieben werden:

$$e = e_I - GX(i\omega)\Delta x - GP(i\omega)\Delta p. \tag{11.4}$$

Unter Berücksichtigung von

$$F = \Delta p A, \tag{11.5}$$

mit A als der wirksamen Arbeitskolbenfläche, ergibt sich dann aus Gl. 11.1:

$$\Delta x = \frac{XE(i\omega)}{1 + XE(i\omega)GX(i\omega)}e_I + \frac{XF(i\omega) - \frac{1}{A}XE(i\omega)GP(i\omega)}{1 + XE(i\omega)GX(i\omega)}F. \tag{11.6}$$

Durch gezielte Anpassung der Druckrückführung, mit

$$GP(i\omega) = A\frac{XF(i\omega)}{XE(i\omega)} \tag{11.7}$$

gelingt es, eine „unendlich große" Steifigkeit der Servostellzylindereinheit zu realisieren. Damit wird der zweite Ausdruck in Gl. 11.6 vernachlässigbar klein, so dass geschrieben werden kann:

$$\Delta x = XE^*(i\omega)e_I, \tag{11.8}$$

mit

$$XE^*(i\omega) = \frac{XE(i\omega)}{1 + XE(i\omega)GX(i\omega)}. \tag{11.9}$$

Anzumerken ist, dass der Frequenzgang dieser Funktion rechnerisch oder experimentell ermittelt werden kann. Ein typischer Verlauf dieser Funktion ist in Abb. 11.4 dargestellt.

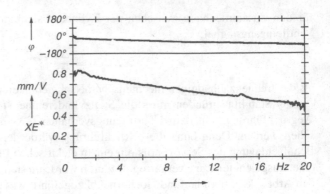

Abb. 11.4 Experimentell ermittelter Frequenzgang $XE^*(i\omega)$

11.3 Erweiterung der generalisierten aeroelastischen Bewegungsgleichungen bei Berücksichtigung aktiver Systeme

Entsprechend Gl. 10.48 kann für die aeroelastischen Bewegungsgleichungen einer Flugkonstruktion geschrieben werden:

$$[M]\{\ddot{q}(t)\} + [K]\{q(t)\} = \{Q^A(t)\}, \qquad (11.10)$$

wobei $\{Q^A(t)\}$ den generalisierten Vektor der instationären aerodynamischen Kräfte, die an der Struktur angreifen, bezeichnet. Dieser Vektor setzt sich entsprechend

$$\{Q^A(t)\} = [A]\{q\} + [A_R]\{\beta\} \qquad (11.11)$$

aus zwei Anteilen zusammen:

1. Den instationären Luftkräften $[A]\{q\}$, welche durch die elastischen Verformungen des Flugzeugs hervorgerufen werden.
2. Den von der Bewegung der verschiedenen Ruder p ($p = 1, 2, \ldots, P$) induzierten Luftkräften $[A_R]\{\beta\}$, mit $\{\beta\}$ als dem Vektor der Ruderdrehungen.

In Übereinstimmung mit Gl. 11.8 kann für den Vektor der Ruderdrehungen mit Berücksichtigung der jeweiligen Hebelarme γ_p nach Abb. 11.2 geschrieben werden:

$$\{\beta\} = \left[\begin{array}{c} \ \\ \dfrac{XE_p^*}{\gamma_p} \\ \ \end{array}\right]\{e_I\}, \qquad (11.12)$$

wobei $\{e_I\}$ die den verschiedenen Stellzylindern vom Regelkreissytem zugeführten elektrischen Signale e_{Ip} beinhaltet. Diese Signale werden durch Rückführung der Signale der an der Flugzeugstruktur angeordneten Sensoren erzeugt (Abb. 11.5), entsprechend

$$\{e_I\} = [H][\Phi^{SEN}]\{q\}, \qquad (11.13)$$

Abb. 11.5 Darstellung der Regelkreisrückführungen für ein aktives System mit 2 Eingängen und 2 Ausgängen

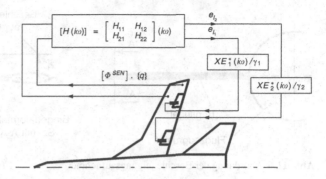

mit $[H]$ als dem Übertragungsverhalten des Sensor|Reglersystems und $[\Phi^{SEN}]$ als der Matrix der modalen Verschiebungen an den Sensorpunkten. Aus den Gl. 11.11, 11.12, 11.13 resultiert mit Gl. 11.10:

$$[M]\{\ddot{q}(t)\} + [K]\{q(t)\} - [A]\{q(t)\} - [A_R][H^*]\{q(t)\} = 0, \qquad (11.14)$$

mit

$$[H^*] = \begin{bmatrix} & \ddots & \\ & \dfrac{XE_p^*}{\gamma_p} & \\ & & \ddots \end{bmatrix} [H][\Phi^{SEN}]. \qquad (11.15)$$

Durch die Integration des aktiven Systems werden die aeroelastischen Bewegungsgleichungen 11.14 um den Ausdruck $[A_R][H^*]\{q(t)\}$ erweitert, über den eine Beeinflussung des Stabilitätsverhaltens erfolgen kann.

11.4 Aktive Flatterunterdrückung

Wie schon in Abschn. 10.4.1 aufgeführt wurde, wird Flattern durch ungünstige aerodynamische Kopplungen in generalisierten Freiheitsgraden eines Flugzeugs hervorgerufen. Im Allgemeinen sind daran die erste Biegung und erste Torsion des Flügels beteiligt. Daraus folgt, dass die größten Deformationen im Flatterfall an den Tragflächenenden auftreten. Aus diesem Grunde ist es sinnvoll, die zum Identifizieren der kritischen Eigenschwingungsformen erforderlichen Beschleunigungsaufnehmer an den Flügelspitzen anzuordnen. Entsprechend der Darstellung nach Abb. 11.6 lassen sich damit Rückführungssignale generieren, die einen deutlichen Zusammenhang zwischen Biege- und Torsionsdeformationen herstellen. Bei Addition der beiden Beschleunigungssignale gilt:

$$(\ddot{x}_1 + \ddot{x}_2) = \begin{cases} \approx 2\ddot{x}_1 & \text{bei Biegedeformationen} \\ \approx 0 & \text{bei Torsionsdeformationen.} \end{cases} \qquad (11.16)$$

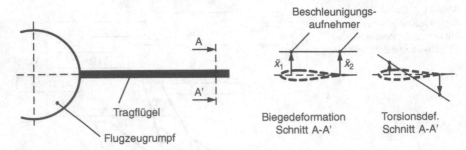

Abb. 11.6 Anordnung der Beschleunigungsaufnehmer

Bei Subtraktion der Signale gilt:

$$(\ddot{x}_1 - \ddot{x}_2) = \begin{cases} \approx 0 & \text{bei Biegedeformationen} \\ \approx 2\ddot{x}_1 & \text{bei Torsionsdeformationen.} \end{cases} \qquad (11.17)$$

Demzufolge ist das Summensignal hervorragend als elektrisches Rückführsignal zur aktiven Kontrolle der Biegedeformationen und das Differenzsignal zur aktiven Einwirkung auf Torsionsdeformationen geeignet.

Erwähnt werden soll weiterhin, dass zur Stabilisierung von symmetrischen Flatterfällen, die durch das Zusammenwirken von symmetrischen Flugzeugeigenschwingungsformen hervorgerufen werden, im Allgemeinen eine für beide Tragflächen symmetrische Ansteuerung der Ruder erfolgt. Das heißt, dass dann ein Rückführsignal gleichzeitig z. B. dem linken und dem rechten Querruder zugeführt wird. Daraus resultiert, dass aus regelungstechnischer Sicht auf beiden Tragflächenseiten einander jeweils zugeordnete Ruderpaare nur als ein einzelner Freiheitsgrad anzusehen sind.

Gehen wir nun auf ein einfaches Verfahren zur Auslegung des Flatterstabilitätsreglers ein. Beschränken wir uns zum besseren Verständnis auf einen typischen Biege-Torsionsflatterfall des Tragflügels eines Flugzeug-Windkanalmodells. Auch diesmal werden wir Gebrauch vom modalen Korrekturverfahren machen. Dabei werden drei unterschiedliche Flugzeugkonfigurationen betrachtet:

a) Die reale Ausgangskonfiguration A, die gekennzeichnet ist durch ein kritisches Flatterverhalten. Die ihr zugeordnete charakteristische Gleichung kann - in Übereinstimmung mit Gl. 10.55 – geschrieben werden:

$$\left| \lambda^2 \left[M_A \right] + \left[K_A \right] - \left[A \right] \right| = 0. \qquad (11.18)$$

Die entsprechenden Eigenwerte sind für die in der Flatterrechnung berücksichtigten sechs generalisierten Freiheitsgrade in Abb. 11.7 in Form ihrer Real- und Imaginärteile, in Übereinstimmung mit den in Abschn. 10.4.2 definierten Kenngrößen, aufgetragen. Zu entnehmen ist eine Flattergeschwindigkeit von $V_{AF} = 43$ m/s. Als flatterkritischer Freiheitsgrad wurde die symmetrische Flügeltorsion (Abb. 11.8) identifiziert, die durch aerodynamische Kopplung mit der symmetrischen Flügelgrundbiegung zum Flattern führt.

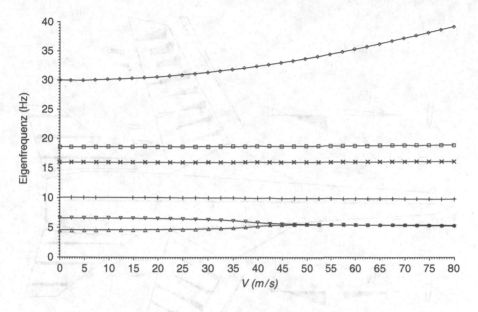

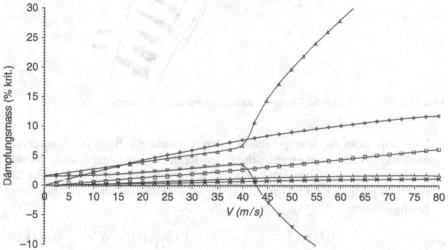

Abb. 11.7 Flatterstabilitätsdiagramm der Ausgangskonfiguration

b) Eine *fiktive* strukturell modifizierte Konfiguration B, deren Flattergeschwindigkeit im Vergleich zur Konfiguration A deutlich höher liegt. Eine solche Konfiguration kann vom erfahrenen Aeroelastiker, z. B. auf der Grundlage der in Abschn. 10.4.3 aufgeführten strukturellen Optimierung, schnell erzeugt werden. Oftmals genügt schon eine (fiktive) Vorverlegung von (konzentrierten) Massen im Flügelbereich. Für diese Konfiguration ergibt sich die charakteristische Gleichung

$$\left| \lambda^2 \left[M_A + \Delta M \right] + \left[K_A + \Delta K \right] - \left[A \right] \right| = 0. \tag{11.19}$$

Das Flatterstabilitätsverhalten dieser Konfiguration ist in Abb. 11.9 dargestellt.

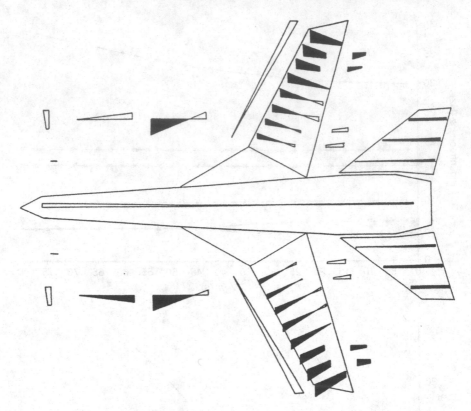

Abb. 11.8 Erste symmetrische Flügel-Torsionseigenform eines Flugzeugs

c) Eine aktiv geregelte Konfiguration C, deren strukturelle Basis die Konfiguration A ist. Als Ziel wird es angesehen, den Regler so auszulegen, dass das sehr zufriedenstellende Flatterverhalten der Konfiguration B erreicht wird. Unter Berücksichtigung der Gl. 11.14 ergibt sich für die charakteristische Gleichung dieser Konfiguration:

$$\left| \lambda^2 \left[M_A \right] + \left[K_A \right] - \left[A \right] - \left[A_R \right] \left[H^* \right] \right| = 0. \qquad (11.20)$$

Damit das Stabilitätsverhalten der Konfigurationen B und C identisch ist, wird gefordert, dass ihre charakteristischen Gleichungen übereinstimmen. Diese Forderung wird erfüllt für

$$- \left[A_R \right] \left[H^* \right] = \lambda^2 \left[\Delta M \right] + \left[\Delta K \right]. \qquad (11.21)$$

Beschränken wir uns auf die Berücksichtigung der beiden maßgeblich am Flattern beteiligten zwei generalisierten Freiheitsgrade der Flügelbiegung und Torsion. Gehen wir weiterhin davon aus, dass zwei Ruderpaare zur aktiven Kontrolle dieser Freiheitsgrade zur Verfügung stehen. In diesem Fall ist $\left[A_R \right]$ eine quadratische Matrix

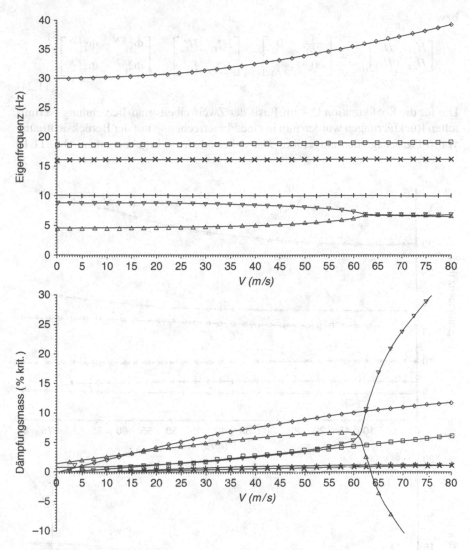

Abb. 11.9 Flatterstabilitätsdiagramm der strukturell modifizierten Konfiguration B

der Dimension 2×2, die invertiert werden kann. Damit ergibt sich

$$\left[H^*(i\omega)\right] = -\left[A_R\right]^{-1}\left[\lambda^2\left[\Delta M\right] + \left[\Delta K\right]\right] \qquad (11.22)$$

und weiterhin aus Gl. 11.15 unter Berücksichtigung, dass $\left[\Phi^{SEN}\right]$ in dem hier betrachteten Beispiel eine quadratische Matrix ist:

$$\left[H(i\omega)\right] = \begin{bmatrix} \diagdown \\ & \frac{\gamma_p}{XE_p^*} \\ & & \diagdown \end{bmatrix}\left[H^*(i\omega)\right]\left[\Phi^{SEN}\right]^{-1}, \qquad (11.23)$$

bzw.

$$\begin{bmatrix} H_{11} & H_{12} \\ H_{21} & H_{22} \end{bmatrix}_{(i\omega)} = \begin{bmatrix} \frac{\gamma_1}{XE_1} & 0 \\ 0 & \frac{\gamma_2}{XE_2} \end{bmatrix}_{(i\omega)} \begin{bmatrix} H_{11}^* & H_{12}^* \\ H_{21}^* & H_{22}^* \end{bmatrix}_{(i\omega)} \begin{bmatrix} \Phi_{11}^{SEN} & \Phi_{12}^{SEN} \\ \Phi_{21}^{SEN} & \Phi_{22}^{SEN} \end{bmatrix}^{-1}.$$

(11.24)

Die für die Konfiguration C – auf Basis der Zweifreiheitsgrad-Berechnung – ermittelten Rückführungen wurden nun in eine Flatterrechnung mit der Berücksichtigung von 6 Freiheitsgraden eingeführt. Das dabei erhaltene Ergebnis ist in Abb. 11.10

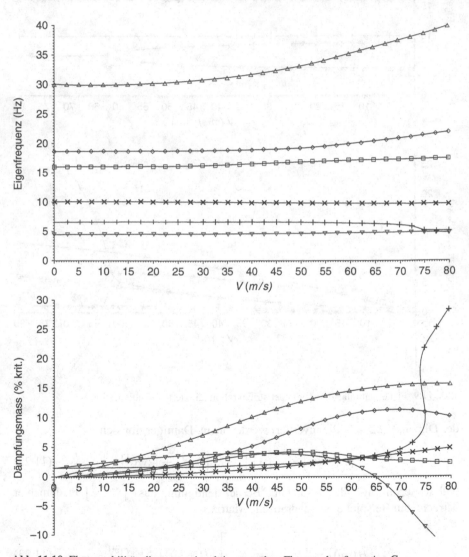

Abb. 11.10 Flatterstabilitätsdiagramm der aktiv geregelten Flugzeugkonfiguration C

dargestellt. Zu erkennen ist das sehr ähnliche Stabilitätsverhalten im Vergleich zur Konfiguration B. Es zeigt sich, dass die realisierte Beschleunigungsrückführung kaum Einfluss auf die restlichen generalisierten Freiheitsgrade hat. Grund dafür ist unter anderem die Dominanz der beiden Freiheitsgrade Flügelbiegung und Torsion sowie die geschickte Anordnung der Beschleunigungsaufnehmer im Flügelendbereich (Abb. 11.1).

11.5 Aktive Erhöhung der Flugzeug-Längsstabilität

Betrachten wir den stationären Horizontalflug eines Flugzeugs mit der Geschwindigkeit V, so werden stationäre Auftriebskräfte am Flügel und am Höhenleitwerk erzeugt. Für die Gleichgewichtsbedingungen kann mit den in Abb. 11.11 aufgeführten Kräften und Geometrieparametern geschrieben werden:

$$A_F + A_H - mg = 0 \qquad (11.25)$$

$$M = -A_F l_F - A_H l_H. \qquad (11.26)$$

Aufgrund der stationären Flugbedingungen muss gelten: $M = 0$. Daraus resultiert:

$$A_H = -\frac{l_F}{l_H} A_F. \qquad (11.27)$$

Dementsprechend ist der Auftrieb am Höhenleitwerk negativ, was – entsprechend Gl. 11.25 – dazu führt, dass der Auftrieb am Hauptflügel nicht nur das Flugzeuggewicht, sondern auch die Abtriebskomponente am Höhenleitwerk gemäß dem Zusammenhang

$$A_F = \frac{mg}{1 - \frac{l_F}{l_H}} \qquad (11.28)$$

kompensieren muss. Dieser Zusammenhang gilt für den Fall, in dem der Druckpunkt der Flügelauftriebskräfte hinter dem Schwerpunkt liegt. Es wäre demzufolge

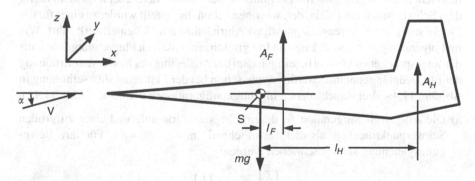

Abb. 11.11 Vertikalkräfte beim stationären Horizontalflug

aus reinen Flugleistungsbetrachtungen sinnvoll, den Flügeldruckpunkt vor dem Flugzeugschwerpunkt anzuordnen, da dann zum Erhalt des Momentengleichgewichts ein positiver Auftrieb am Höhenruder erforderlich wäre.

Die Realisierung solcher Flugzeugkonfigurationen ist aber nur in Ausnahmefällen, aufgrund der Restriktionen aus Stabilitätsanforderungen für die Flugzeuglängsbewegung, möglich. Zur Darstellung dieser Zusammenhänge werden in Gl. 11.26 die aus der Aerodynamik bekannten Ausdrücke für die Auftriebsgrößen

$$A_F = \frac{1}{2}\rho V^2 S_F \cdot c_{A\alpha,F} \cdot \alpha, \qquad (11.29)$$

$$A_H = \frac{1}{2}\rho V^2 S_H \cdot c_{A\alpha,H} \cdot \alpha \qquad (11.30)$$

eingeführt, mit ρ als der Luftdichte, der Flugzeuggeschwindigkeit V, den Auftriebsflächen des Flügels und Höhenleitwerks S_F bzw. S_H und den diesen Flächen zugeordneten Gradienten ihrer Auftriebsbeiwerte $c_{A\alpha,F}$ und $c_{A\alpha,H}$. Es ergibt sich:

$$M = -\frac{1}{2}\rho V^2 (S_F \cdot c_{A\alpha,F} \cdot l_F + S_H \cdot c_{A\alpha,H} \cdot l_H)\alpha. \qquad (11.31)$$

Aus Stabilitätsgründen muss nun sichergestellt sein, dass die Ableitung $(\mathrm{d}M/\mathrm{d}\alpha)$ immer negativ ist, damit das Flugsystem beim Auftreten von Vertikalböen immer wieder „automatisch" in seine Horizontallage zurückgebracht wird. Die Gl. 11.31 liefert:

$$\frac{\mathrm{d}M}{\mathrm{d}\alpha} = -\frac{1}{2}\rho V^2 (S_F \cdot c_{A\alpha,F} \cdot l_F + S_H \cdot c_{A\alpha,H} \cdot l_H). \qquad (11.32)$$

Dieser Gradient ist negativ, solange der Klammerausdruck positive Werte aufweist. Die Stabilitätsgrenze ist gekennzeichnet durch den Ausdruck

$$\frac{l_F}{l_H} = -\frac{S_H \cdot c_{A\alpha,H}}{S_F \cdot c_{A\alpha,F}}. \qquad (11.33)$$

Aufgrund der Tatsache, dass $S_H \ll S_F$ ist, kann auch im Stabilitätsgrenzfall der Flügeldruckpunkt nur knapp vor dem Schwerpunkt liegen. Zur Gewährleistung einer hinreichenden Flugzeugstabilität befindet er sich in der Praxis aber allgemein hinter dem Schwerpunkt, ein Effekt, der, wie oben schon dargestellt wurde, zu einer für die Flugleistung des Flugzeugs ungünstigen Abtriebslast am Höhenleitwerk führt. Wie im Folgenden gezeigt wird, kann die Integration eines aktiven Flugzeugregelsystems den angesprochenen Mangel beseitigen. Bei der Auslegung des Reglers zur Erhöhung der Flugzeuglängsstabilität werden – wie schon bei der Flatterstabilitätserhöhung in Abschn. 11.4 – drei verschiedene Flugzeugkonfigurationen betrachtet (Abb. 11.12).

a) Die Ausgangskonfiguration A, deren Längsstabilität aufgrund einer zu großen Schwerpunktrücklage als nicht ausreichend empfunden wird. Für ihre Bewegungsgleichung kann geschrieben werden:

$$[m]\begin{Bmatrix} \ddot{h} \\ \ddot{\theta} \end{Bmatrix} - [A]\begin{Bmatrix} h \\ \theta \end{Bmatrix} = 0, \qquad (11.34)$$

Abb. 11.12 Beim Reglerent-
wurf berücksichtigte Konfigurationen

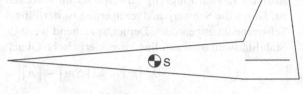

Konfiguration A
Instabile Längsbewegung

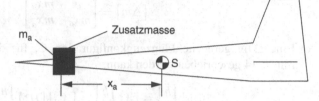

Konfiguration B
Stabile Längsbewegung durch Schwerpunktverlagerung

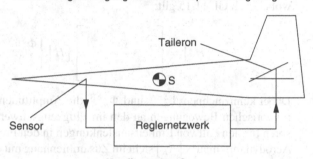

Konfiguration C
mit aktivem System zur Stabilitätserhöhung

wobei h für die Vertikalverschiebung des Schwerpunktes und θ für die Drehung des Flugzeugs im Nickfreiheitsgrad steht (Abb. 11.13). Für die charakteristische Gleichung der Ausgangskonfiguration A ergibt sich folgender Ausdruck:

$$\left|\lambda^2\left[m\right]-\left[A\right]\right|=0. \tag{11.35}$$

b) Eine bezüglich ihrer Masseträgheitseigenschaften modifizierte *fiktive* Konfiguration B, die dadurch gekennzeichnet ist, dass eine „Punktmasse" m im

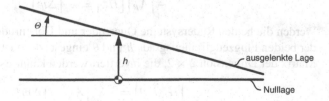

Abb. 11.13 Flugzeug-
freiheitsgrade

Abstand x_a zum Flugzeugschwerpunkt im vorderen Rumpfbereich angeordnet ist. Durch die Schwerpunktverlagerung ist der Flügeldruckpunkt nun hinter dem Schwerpunkt angeordnet. Dementsprechend weist diese Konfiguration ein gutes Stabilitätsverhalten auf. Ihre charakteristische Gleichung lautet:

$$\left| \lambda^2 [m] + \lambda^2 [\Delta m] - [A] \right| = 0, \tag{11.36}$$

wobei für $[\Delta m]$ geschrieben werden kann:

$$[\Delta m] = \begin{bmatrix} m & mx_a \\ mx_a & mx_a^2 \end{bmatrix}. \tag{11.37}$$

c) Eine aktiv geregelte Flugzeugkonfiguration C, für die in Übereinstimmung mit 11.14 geschrieben werden kann:

$$[m] \left\{ \begin{matrix} \ddot{h} \\ \ddot{\theta} \end{matrix} \right\} - [A] \left\{ \begin{matrix} h \\ \theta \end{matrix} \right\} - [A_R] [H^*] \left\{ \begin{matrix} h \\ \theta \end{matrix} \right\} = 0, \tag{11.38}$$

wobei nach Gl. 11.15 gilt:

$$[H^*] = \begin{bmatrix} \diagdown & \\ & \frac{XE_p^*}{\gamma_p} \\ & & \diagdown \end{bmatrix} [H] \left\{ \begin{matrix} \Phi_h^{SEN} & 0 \\ 0 & \Phi_\theta^{SEN} \end{matrix} \right\}. \tag{11.39}$$

Dabei kennzeichnen Φ_h^{SEN} und Φ_θ^{SEN} die Amplituden der translatorischen und rotatorischen Bewegungen an den im Flugzeugschwerpunkt angeordneten Sensoren für den Fall von Einheitsauslenkungen in den Freiheitsgraden h und θ. Die Aerodynamikmatrix $[A_R]$ steht im Zusammenhang mit den aus den Ruderdrehungen hervorgerufenen Luftkräften. Bei Berücksichtigung sowohl von Querruder- als auch von Höhenruderausschlägen β_F bzw. β_H kann geschrieben werden:

$$[A_R] \left\{ \begin{matrix} \beta_F \\ \beta_H \end{matrix} \right\} = \frac{1}{2} \rho V^2 \begin{bmatrix} S_F \cdot c_{A\beta,F} & S_H \cdot c_{A\beta,H} \\ -S_F \cdot c_{A\beta,F} \cdot l_F & -S_H \cdot c_{A\beta,H} \cdot l_H \end{bmatrix} \left\{ \begin{matrix} \beta_F \\ \beta_H \end{matrix} \right\}. \tag{11.40}$$

Die charakteristische Gleichung der Konfiguration C lautet:

$$\left| \lambda^2 [m] - [A] - [A_R] [H^*] \right| = 0. \tag{11.41}$$

Zum Erzielen eines guten Stabilitätsverhaltens für die aktiv geregelte Konfiguration C wird nun gefordert, dass ihre charakteristische Gleichung mit der von Konfiguration B übereinstimmt. Daraus resultiert:

$$-[A_R] [H^*] = \lambda^2 [\Delta m]. \tag{11.42}$$

Werden die beiden Rudersysteme Querruder und Höhenruder zur aktiven Kontrolle der beiden Flugzeugfreiheitsgrade h und θ eingesetzt, so ist $[A_R]$ eine quadratische Matrix der Dimension 2×2, die invertiert werden kann. Es ergibt sich dann

$$[H^*(i\omega)] = -\lambda^2 [A_R]^{-1} [\Delta m], \tag{11.43}$$

wobei $[\Delta m]$ und $[A_R]$ in den Gl. 11.37 und 11.40 aufgeführt sind. Rechnerische Untersuchungen an dem in Abb. 11.1 dargestellten Flugzeugmodell ergaben, dass das Übertragungsverhalten des Regelungssystems hauptsächlich über den Frequenzgang $H_{22}^*(i\omega)$ beeinflusst wird. Aus diesem Grunde wurde zur Vereinfachung des Regelkreisaufbaus beschlossen, ausschließlich die Funktion $H_{22}^*(i\omega)$ als Regelkreisrückführung zu berücksichtigen. Sie beschreibt das Übertragungsverhalten zwischen der Höhenruderbewegung und der Nickbewegung des Flugzeugs. Zum Erfassen der Nickbewegung wurde ein Lagekreisel im Schwerpunktbereich des Flugzeugs installiert. Das Übertragungsverhalten des Sensor|Reglerkompensationsnetzwerkes, wie es in Abb. 11.12 für die Konfiguration C dargestellt ist, wurde auf der Grundlage von Gl. 11.39 ermittelt. Es ergibt sich

$$H_{22}(i\omega) = \frac{\gamma_2}{X E_2^*(i\omega)} H_{22}^*(i\omega) \frac{1}{\Phi_\theta^{SEN}}. \tag{11.44}$$

Diese Rückführung wurde in die Gl. 11.38 eingeführt und es wurde damit der in Abb. 11.14 dargestellte Stabilitätsverlauf der Flugzeuglängsbewegung berechnet. Im Windkanalversuch konnte an der aktiv geregelten Flugzeugkonfiguration ein sehr

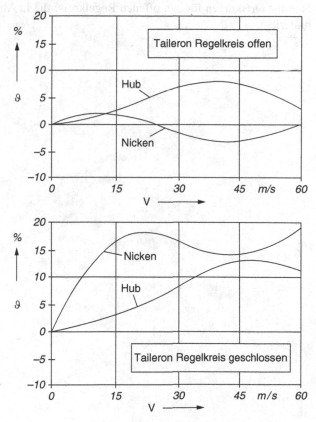

Abb. 11.14 Erhöhung der Dämpfung in Starrkörperflugzeugfreiheitsgraden durch aktive Stabilitätssysteme

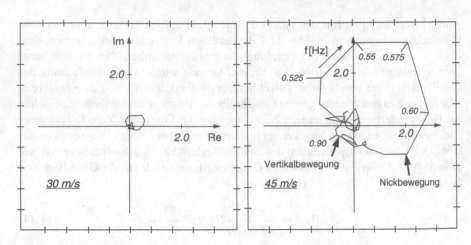

Abb. 11.15 Nyquist Ortskurven für den offenen Regelkreis

ähnliches dynamisches Verhalten mit hoher Stabilität im Fall der aktivierten Regelung festgestellt werden. Die gute Stabilität wird durch die experimentell ermittelten Nyquist Ortskurven für den offenen Regelkreis, die in Abb. 11.15 dargestellt sind, hinterlegt.

Kapitel 12
Aktive Dämpfung von Leichtbaustrukturen durch Einsatz piezoelektrischer Sensoren und Aktoren

Große Raumfahrtstrukturen weisen eine Reihe von sehr speziellen Schwingungsphänomenen auf. Infolge der realisierten Massen- und Steifigkeitsverhältnisse können solche Systeme Eigenfrequenzen ihrer fundamentalen Eigenschwingungsformen (weit) unterhalb von 1 Hz aufweisen. Auch besitzen solche Strukturen – aus Leichtbaugründen – nur eine sehr geringe Masse mit entsprechend geringen Steifigkeiten und Dämpfungen. Daraus resultiert, dass sich beim Einleiten von Störkräften, z. B. durch das Zünden von Triebwerken zur Lagepositionierung, große Schwingungsamplituden am strukturellen System einstellen, die zeitlich nur sehr langsam abklingen.

Solche Verformungen können sehr störend sein, wenn die Struktur eine vorgegebene Ausrichtung, z. B. auf einen erdfesten Koordinatenpunkt, aufweisen soll. Zudem erzeugen solche Schwingungen (geringe) Beschleunigungen, die sich negativ auf durchzuführende Experimente auswirken können.

Eine Möglichkeit zur Verbesserung des dynamischen Antwortverhaltens dieser Leichtbausysteme besteht darin, ihr Dämpfungsvermögen (aktiv) zu erhöhen. Im Folgenden wird gezeigt, wie durch die Integration eines aktiven Dämpfungssystems, unter Einsatz von piezoelektrischen Elementen als Sensoren und Aktoren (Stellglieder), die Dämpfung von Leichtbaustrukturen signifikant verbessert werden kann.

12.1 Eigenschaften von Piezoelementen

Der wohlbekannte direkte piezoelektrische Effekt besteht darin, dass bei einigen Materialien, wenn sie durch Zug- oder Druckkräfte belastet werden, eine elektrische Ladungstrennung stattfindet. Mittels Ladungsverstärker kann diese Ladung messbar gemacht werden. Diese Eigenschaft hat eine weitverbreitete Anwendung in der Herstellung messtechnischer Geräte, wie z. B. Beschleunigungsaufnehmern (Abb. 12.1) oder Kraftmessdosen, gefunden.

Viel weniger Aufmerksamkeit wurde aber dem inversen piezoelektrischen Effekt geschenkt, der darin besteht, dass diese Materialien beim Anlegen eines elektrischen

R. Freymann, *Strukturdynamik,*
DOI 10.1007/978-3-642-19698-0_12, © Springer-Verlag Berlin Heidelberg 2011

Abb. 12.1 Piezoelektrischer
Beschleunigungsaufnehmer

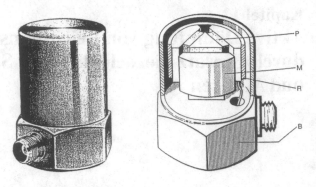

Feldes eine Längenänderung erfahren. Diese Eigenschaft macht es möglich, piezoelektrische Elemente unter anderem als Stellglieder in Regelkreisen einzusetzen. Für
ihre Längendehnung kann bei Berücksichtigung der transversalen piezoelektrischen
Eigenschaften, d. h. bei Dehnungen ε, die senkrecht zum äußeren elektrischen Feld
erfolgen (Abb. 12.2), geschrieben werden:

$$\varepsilon = \frac{\Delta l}{l} = -d_{31}\frac{1}{d}U - \frac{1}{bdE_p}F. \qquad (12.1)$$

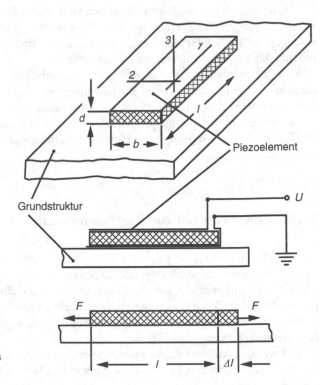

Abb. 12.2 Piezoelektrisches
Element

Abb. 12.3 Dehnungs/Kraft Diagramm eines Piezo- elementes

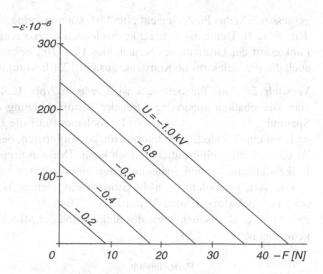

Dabei bezeichnet U die Spannung zwischen den Elektroden, F die vom Piezoelement – mit der Länge l, Breite b und Dicke d – erzeugte Kraft. Die Größe E_p steht für den Elastizitätsmodul des Piezomaterials und d_{31} für die sogenannte piezoelektrische Konstante. Es werden folgende Vorzeichenvereinbarungen getroffen: ε ist positiv für eine Ausdehnung, F ist positiv für den Fall von erzeugten Druckkräften und U ist positiv für ein zur Masselektrode gerichtetes elektrisches Feld. Unter diesen Voraussetzungen weist die piezoelektrische Konstante d_{31} im Allgemeinen einen negativen Wert auf.

Der Zusammenhang nach Gl. 12.1 ist in Abb. 12.3 für ein reales Piezoelement (mit den Abmessungen $l = 25$ mm, $b = 3,2$ mm und $d = 0,5$ mm) dargestellt. Da ein Piezoelement – wegen seiner Materialsprödigkeit – keine positiven Auslenkungen (Dehnungen) aufnehmen kann, ist in dem Bild nur der praktisch relevante Bereich negativer Elongationen aufgeführt. Zu erkennen ist, dass die maximal erreichbaren Kräfte bei Null-Dehnung beträchtlich, die erzielbaren Dehnungen bei Null-Kraft aber gering sind. Außerdem wird zur Erzeugung von größeren Stellkräften eine Beaufschlagung des Piezoelementes mit einer hohen Spannung – in der Größenordnung von kV – benötigt.

Piezoelemente gibt es in sehr unterschiedlichen Größen. Bekannt sind Piezokeramikglieder mit den Abmessungen 0,5 mm × 0,5 mm × 0,2 mm bis hin zu 110 mm × 110 mm × 60 mm. Weiterhin gibt es Dünnschichtelemente auf PVDF-Basis (Polivinyliden-Fluorid), welche als Sensoren geeignet sind, mit den Abmessungen von 40 mm × 15 mm × 28 μm bis hin zu endloser Länge, 300 mm Breite und 110 μm Dicke. Diese Bandbreite im „Katalog der Piezoelemente" ist erforderlich zum Erfüllen der an die Stellglieder- und Sensorsysteme gestellten Anforderungen.

Liegt ein Piezoelement mit unbekannten Kenndaten vor, so können dessen Kennlinien aus zwei Versuchen ermittelt werden.

Versuch 1: Das freie Piezoelement wird sequentiell mit unterschiedlichen Spannungen beaufschlagt und bei jedem Spannungswert wird die entsprechende Dehnung gemessen. Da das Piezoelement „frei" ist, können keine Kräfte übertragen werden, d. h. $F \equiv 0$. Dementsprechend kennzeichnen die so ermittelten $\varepsilon = f(U)$-Paare Punkte auf der Ordinate des Schaubildes 12.3. Bei bekannter Dicke d kann damit auch die piezoelektrische Konstante aus Gl. 12.1 bestimmt werden.

Versuch 2: Das Piezoelement wird, wie in Abb. 12.4 dargestellt, fest auf einem Biegebalken angeordnet. Bei der Beaufschlagung des Elementes mit einer Spannung U wird durch die vom Piezoelement auf die Balkenstruktur übertragene Kraft eine lokale Balkendeformation hervorgerufen, deren Größe auf indirektem Wege experimentell ermittelt werden kann. Der Zusammenhang zwischen lokaler Balkendeformation und Spannung liefert einen zweiten Satz von $\varepsilon = f(U)$-Paaren.

Die vom Piezoelement in die Struktur eingeleitete Belastung F ist äquivalent der Ersatzbelastung F' und M mit $F' = F$ und $M = F \cdot e$, wobei e den Abstand zwischen der elastischen Achse des Balkens und der Mittelebene des Piezoelementes kennzeichnet (Abb. 12.4).

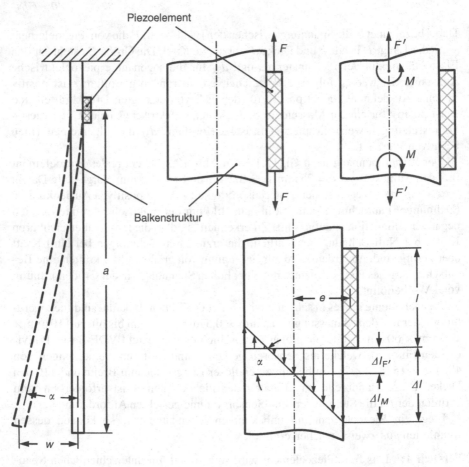

Abb. 12.4 Kräfte und Verformungen am Balkenelement

Die Belastung des Stabes mit den Ersatzlasten F' und M ist gekoppelt mit einer Längenänderung des Piezoelementes der Größe

$$\Delta l = \Delta l_{F'} + \Delta l_M, \tag{12.2}$$

mit

$$\Delta l_{F'} = \frac{l}{E_b A_b} F \tag{12.3}$$

als der Dehnung infolge des Kräftepaares F' und

$$\Delta l_M = \frac{l e^2}{E_b I_b} F \tag{12.4}$$

als der dem Biegemoment M zugeordneten Deformation. In den Gl. 12.3 und 12.4 kennzeichnen E_b den Elastizitätsmodul des Balkenwerkstoffs, A_b die Balkenquerschnittsfläche und I_b das Biegeträgheitsmoment.

Wird als Basis für die Betrachtung ein Balkenvollquerschnitt in Rechteckform mit den Abmessungen $B \times D$ angenommen, so ergibt sich für die Dehnungen nach den Gl. 12.3 und 12.4 mit $A_b = B \cdot D$, $I_b = \frac{1}{12} B D^3$ und $e \approx \frac{D}{2}$:

$$\varepsilon_{F'} = \frac{1}{E_b B D} F, \tag{12.5}$$

$$\varepsilon_M = \frac{3}{E_b B D} F \tag{12.6}$$

und

$$\varepsilon = \varepsilon_{F'} + \varepsilon_M = \frac{4}{E_b B D} F. \tag{12.7}$$

Aus der in Gl. 12.6 aufgeführten lokalen Deformation infolge der Momentenbelastung resultiert, wie in Abb. 12.4 dargestellt, eine Verschiebung w am Balkenende. Mit

$$\tan \alpha = \frac{\Delta l_M}{D/2} = \frac{w}{a} \tag{12.8}$$

ergibt sich:

$$\varepsilon_M = \frac{1}{2} \frac{D}{a l} w. \tag{12.9}$$

Unter Berücksichtigung der Gl. 12.5 und 12.6 folgt daraus:

$$\varepsilon = \frac{2}{3} \frac{D}{a l} w. \tag{12.10}$$

Dementsprechend kann über die Messung der Balkendeformation w, hervorgerufen durch die Beaufschlagung des Piezoelementes mit einer Spannung U, auf die

Abb. 12.5 Kennliniendar-
stellung aus Messwerten

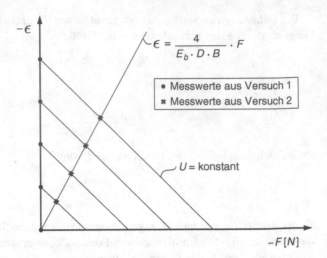

Dehnung des Piezoelementes geschlossen werden. Aus diesem Versuch 2 resultieren dementsprechend weitere Wertepaare $\varepsilon = f(U)$ für den Fall des belasteten Piezoelementes ($F \neq 0$).

Wie in Abb. 12.5 dargestellt, liefern die Messdaten aus den Versuchen 1 und 2 das vollständige Schaubild für ein gegebenes Piezoelement. Die Vorgehensweise kann wie folgt zusammengefasst werden:

1. Übertragen der $\varepsilon = f(U)$ Werte für das freie Piezoelement auf der Ordinate des ε/F-Diagramms (Daten aus Versuch 1).
2. Einzeichnen des durch Gl. 12.7 definierten Zusammenhangs → Gerade im Diagramm.
3. Eintragen der Wertepaare $\varepsilon = f(U)$ aus Versuch 2 auf der Geraden nach Gl. 12.7.
4. Das anschließende Verbinden der Punkte jeweils gleicher Spannung U – auf der Geraden und auf der Ordinate – liefert den Zusammenhang entsprechend Gl. 12.1.

12.2 Stellglied Anpassung

Wird ein Piezokeramikelement als Stellglied in einem Regelkreis eingesetzt, so wird erwartet, dass über das Element ein möglichst großer Transfer von Energie erfolgen kann. Dazu ist eine sorgfältige Dimensionierung des Stellsystems erforderlich.

Wird das Piezoelement auf einer elastomechanischen Struktur angeordnet, so ergibt sich für die vom Element auf die Struktur übertragene Energie W im Fall seiner Auslenkung Δl:

$$W = \int_0^{\Delta l} F \, dl. \tag{12.11}$$

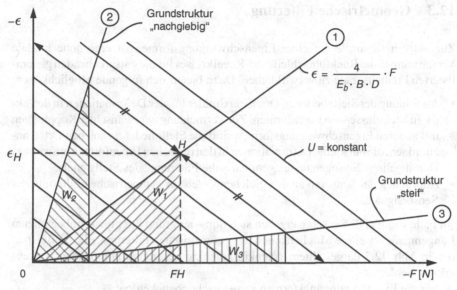

Fall 1: Optimale Anpassung des Piezoelements ($W_1 = Max$)
Fall 2: Piezostellglied überdimensioniert ($W_2 < W_1$)
Fall 3: Piezostellglied unterdimensioniert ($W_3 < W_1$)

Abb. 12.6 Vom Piezoelement geleistete Arbeit

Ist das Piezoglied auf einer sehr „weichen" Struktur angeordnet, so ist die Kraftgröße in Gl. 12.11 sehr klein, so dass über die Dehnung fast keine Energie übertragen wird. Für den Fall einer sehr „steifen" Struktur wird demgegenüber die Kraft F groß, die Dehnung aber sehr gering sein und damit wird auch das Integral der Gl. 12.11 einen kleinen Wert aufweisen.

Wie muss das Piezo-Stellglied nun ausgelegt sein, um einen größtmöglichen Energietransfer zu ermöglichen? Dazu gehen wir wieder von dem in Gl. 12.7 aufgeführten Zusammenhang aus, der in Abb. 12.6 dargestellt ist. Es ist zu erkennen, dass bei Beaufschlagung des Stellgliedes mit einer elektrischen Spannung dessen Auslenkung der ε/F-Kennlinie des Balkenelementes entsprechend Gl. 12.7 folgen muss.

Ein größtmöglicher Transfer an Energie

$$W = \int_0^{\Delta l_H} F\,dl = l \int_0^{\varepsilon_H} F\,d\varepsilon = l \int_0^{\varepsilon_H} \frac{F_H}{\varepsilon_H} \cdot \varepsilon\,d\varepsilon = \frac{l}{2}F_H\varepsilon_H \qquad (12.12)$$

findet dann statt, wenn die Linien für $U = konst$ von der OH-Linie mittig geschnitten werden. Diese Zusammenhänge zeigen die Bedeutung einer auf die Struktur angepassten Auslegung des Piezo-Stellsystems.

12.3   Geometrische Filterung

Zur aktiven Kontrolle einzelner Eigenschwingungsformen ist eine hohe modale
Verstärkung in der Rückführschleife des Regelkreises für die entsprechenden generalisierten Freiheitsgrade zu verwirklichen. Dazu bieten sich folgende Möglichkeiten:

- Anordnung der Stellglieder an Orten maximaler lokaler Deformationen in den aktiv zu beeinflussenden Eigenformen. Zur Vermeidung unerwünschter Kopplungen
  mit anderen Eigenschwingungsformen sind die Stellglieder an solchen Orten anzuordnen, die nur kleine Deformationen in den restlichen Eigenformen aufweisen.
  Damit gelingt die sogenannte „geometrische Filterung" des Stellsignals.
- Anordnung der Sensoren an den gleichen Orten zur geometrischen Filterung der
  Sensorsignale.

Im Falle von PVDF-Sensoren ergeben sich nun – aufgrund ihrer quasi unbegrenzten
Längenmaße – weitere Möglichkeiten der geometrischen Filterung, die am Beispiel
des in Abb. 12.7 dargestellten, gelenkig-gelenkig gelagerten homogenen Balkens
erklärt werden.

Für die Eigenschwingungsformen kann geschrieben werden:

$$\Phi_r(x) = X_0 \sin \frac{r \pi x}{L}; \quad (r = 1, 2, \ldots, N). \tag{12.13}$$

Entsprechend den Gl. 6.16, 6.18 und 6.21 ergeben sich die größten Auslenkungen an
der Balkenoberfläche an den Orten, welche die größten Balkenkrümmungen aufweisen. Für die Krümmung in einzelnen Eigenformen kann nach zweimaliger Ableitung

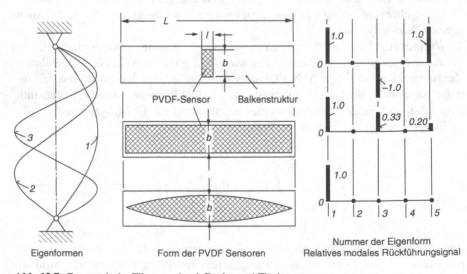

Eigenformen   Form der PVDF Sensoren   Relatives modales Rückführungsignal

Abb. 12.7 Geometrische Filterung durch Punkt- und Flächensensoren

von Gl. 12.13 nach der Koordinate x geschrieben werden:

$$\Phi_r''(x) = X_0 \left(\frac{r\pi}{L}\right)^2 \sin \frac{r\pi x}{l} ; \quad (r = 1, 2, \ldots, N), \qquad (12.14)$$

respektive

$$\Phi_r''(x) = X_0'' \sin \frac{r\pi x}{L} ; \quad (r = 1, 2, \ldots, N) \qquad (12.15)$$

bei Normierung der Krümmungseigenformen auf den Wert X_0''.
Betrachtet werden im Folgenden drei verschiedene PVDF Sensorkonfigurationen.

a) Ein in Balkenmitte angeordneter Sensor mit der Länge $l \ll L$, der Breite b und
der Empfindlichkeit $\bar{k}_{SEN}$ pro Flächeneinheit. Damit wird ein Rückführsignal

$$U_r = \bar{k}_{SEN}eblX_0'' \sin \frac{r\pi}{2} ; \quad (r = 1, 2, \ldots, N), \qquad (12.16)$$

erzeugt. Dabei kennzeichnet e den Abstand des Sensors zur neutralen Faser. Für
die verschiedenen Eigenschwingungsformen resultiert daraus: $U_1 = 1$, $U_2 = 0$,
$U_3 = -1, U_4 = 0, U_5 = 1, \ldots$. Das Ergebnis zeigt, dass durch diese Sensoranord-
nung kein Rückführsignal in allen antisymmetrischen Eigenschwingungsformen
mit den Indizes $r = 2, 4, 6, \ldots$ erzeugt wird.

b) Ein sich über die gesamte Balkenlänge erstreckender Sensor mit der Breite b.
Damit ergibt sich als Rückführsignal

$$U_r = \bar{k}_{SEN}ebX_0'' \int_0^L \sin \frac{r\pi x}{L} dx$$

$$= \bar{k}_{SEN}\frac{2}{\pi}ebLX_0'' \left\{ \frac{1}{2r}(1 - \cos r\pi) \right\} ; \quad (r = 1, 2, \ldots, N), \qquad (12.17)$$

und demzufolge $U_1 = 1$, $U_2 = 0$, $U_3 = 0{,}333$, $U_4 = 0$, $U_5 = 0{,}200$, $\ldots$. Das
Ergebnis zeigt, dass dieser Flächensensor, im Vergleich zu dem unter a) aufgeführ-
tem Liniensensor, eine zusätzliche Filterung höherer Eigenschwingungsformen
bewirkt.

c) Ein sich über die gesamte Balkenlänge erstreckender Flächensensor mit variabler
Breite $\bar{b}(x)$. Nehmen wir eine sinusförmige Verteilung an, entsprechend

$$\bar{b}(x) = b \sin \frac{\pi x}{L}, \qquad (12.18)$$

so erhalten wir das Rückführsignal

$$U_r = \bar{k}_{SEN}ebX_0'' \int_0^L \sin \frac{\pi x}{L} \sin \frac{r\pi x}{L} dx ; \quad (r = 1, 2, \ldots, N), \qquad (12.19)$$

$$= \begin{cases} \dfrac{1}{2}\bar{k}_{SEN}ebLX_0''\{1\}, & \text{für } r = 1 \\[2mm] \dfrac{1}{2}\bar{k}_{SEN}ebLX_0'' \left\{ \dfrac{\sin(\pi - r\pi)}{1-r} - \dfrac{\sin(\pi + r\pi)}{1+r} \right\}, & \text{für } r > 1. \end{cases}$$

Aus dieser Gleichung ergibt sich: $U_1 = 1$, $U_2 = 0, \ldots, U_r = 0, \ldots$ Dementsprechend wird mit diesem sinusförmig zugeschnittenem Flächensensor nur ein modales Rückführsignal in dem ersten generalisiertem Freiheitsgrad generiert.

Dieses einfache Beispiel zeigt, wie durch geschickte Platzierung und Formgebung des Stellglied-Sensor-Systems eine hohe modale Rückführung im Regelkreis von aktiv zu regelnden Eigenformen erreicht werden kann, ohne dass andere Eigenformen durch ungünstige Koppelerscheinungen – bis hin zur Instabilität – beeinflusst werden.

In der Praxis muss im Allgemeinen eine regelungstechnische Trennung zwischen „zu beeinflussenden" und „nicht zu beeinflussenden" modalen Freiheitsgraden erfolgen. Diese Trennung kann entweder über geometrische und/oder durch elektronische Filterung realisiert werden. Die geometrische Filterung bietet in vielen Fällen die Möglichkeit zur Vereinfachung des Aufbaus des elektronischen Reglerkompensationsnetzwerkes.

12.4 Aktive Erhöhung der Dämpfung einer Balkenstruktur

Im Folgenden wird nun im Detail auf die Formulierung der Bewegungsgleichungen in modaler Form einer aktiv geregelten Struktur bei Verwendung von Piezoelementen als Sensoren und Stellglieder eingegangen. Es wird dann die Regelungsstrategie beschrieben und abschließend die Leistungsfähigkeit des aktiven Regelsystems am Beispiel einer Leichtbau-Balkenstruktur dargestellt.

12.4.1 Generalisierte Formulierung der Bewegungsgleichungen

Entsprechend Gl. 7.30 kann für die Bewegungsgleichungen eines passiven elastomechanischen Systems in modaler Formulierung geschrieben werden:

$$M_{rr} \cdot \ddot{q}_r + D_{rr} \cdot \dot{q}_r + K_{rr} \cdot q_r = Q_r \, ; \qquad (r = 1, 2, \ldots, N). \qquad (12.20)$$

Die Transformation in den Frequenzbereich ergibt:

$$(-\omega^2 M_{rr} + i\omega D_{rr} + K_{rr})\hat{q}_r = \hat{Q}_r \, ; \qquad (r = 1, 2, \ldots, N). \qquad (12.21)$$

Aus Gründen der Vereinfachung wird hier angenommen, dass jeweils nur ein Piezoelement als Sensor und als Stellglied eingesetzt wird (Abb. 12.8).

Für die generalisierte Kraft kann geschrieben werden:

$$\hat{Q}_r = \hat{F}el_{ACT}(\Phi_r^{ACT})'', \qquad (12.22)$$

Abb. 12.8 Prinzipdarstellung
des aktiven Regelsystems

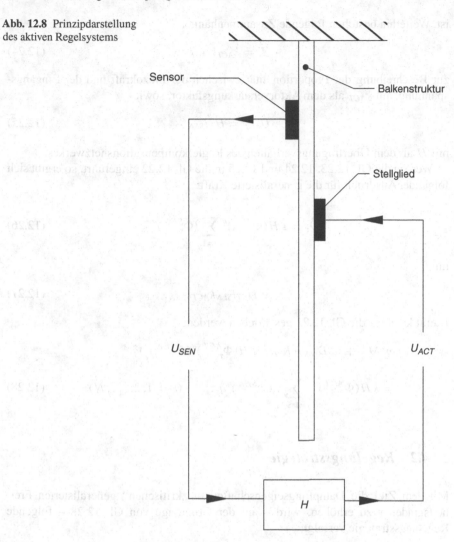

mit $\hat{F}$ als der vom Piezostellglied erzeugten Kraft, dem Abstand e des Piezoelementes
von der neutralen Faser des Balkens und $(\Phi_r^{ACT})''$ als der Balkenkrümmung im r-
ten generalisierten Freiheitsgrad am Ort der Stellgliedanordnung. Mit l_{ACT} wird die
Länge des Piezoelementes bezeichnet. Für das Rückführsignal vom Sensor ergibt
sich:

$$\hat{U}_{SEN} = k_{SEN}\Delta l_{SEN} = k_{SEN}l_{SEN}e \sum_{s=1}^{N}(\Phi_s^{SEN})''\hat{q}_s. \qquad (12.23)$$

mit k_{SEN} als der Sensorempfindlichkeit und Δl_{SEN} als der Sensordehnung. Diese Gleichung zeigt, dass das Sensorsignal proportional zur Balkenkrümmung am Sensorort

ist. Weiterhin bestehen folgende Zusammenhänge:

$$\hat{F} = k_{ACT}\hat{U}_{ACT} \tag{12.24}$$

zur Beschreibung der Proportionalität zwischen der Piezokraft und der Eingangs-spannung, mit k_{ACT} als dem Aktorverstärkungsfaktor, sowie

$$\hat{U}_{ACT} = H\hat{U}_{SEN} \tag{12.25}$$

mit H als dem Übertragungsverhalten des Reglerkompensationsnetzwerkes.

Werden die Gl. 12.23, 12.24 und 12.25 in die Gl. 12.22 eingeführt, so ergibt sich folgender Ausdruck für die generalisierte Kraft:

$$\hat{Q}_r = kH(\Phi_r^{ACT})'' \sum_{s=1}^{N} (\Phi_s^{SEN})'' \hat{q}_s. \tag{12.26}$$

mit

$$k = e^2 l_{ACT} l_{SEN} k_{ACT} k_{SEN}. \tag{12.27}$$

Damit kann für die Gl. 12.21 geschrieben werden:

$$(-\omega^2 M_{rr} + i\omega D_{rr} + K_{rr} - kH(\Phi_r^{ACT})''(\Phi_r^{SEN})'')\hat{q}_r$$

$$= kH(\Phi_r^{ACT})'' \sum_{s=1; s\neq r}^{N} (\Phi_s^{SEN})'' \hat{q}_s; \qquad (r = 1, 2, \ldots, N). \tag{12.28}$$

12.4.2 Regelungsstrategie

Mit dem Ziel die Dämpfungseigenschaften in „kritischen" generalisierten Frei-heitsgraden r zu erhöhen, wird – auf der Grundlage von Gl. 12.28 – folgende Regelungsstrategie verfolgt:

a) Realisierung einer Regelkreisrückführung H^* mit

$$H^* \equiv \frac{iH}{\omega}. \tag{12.29}$$

b) Anordnung der Sensor|Stellglied-Paare an einem Ort, der gekennzeichnet ist durch

$$\begin{cases} (\Phi_r^{ACT})'' \cdot (\Phi_r^{SEN})'' & \to \text{ Maximum}, \\ (\Phi_r^{ACT})'' \cdot (\Phi_s^{SEN})'' & \to 0. \end{cases} \tag{12.30}$$

Mit den Annahmen a) und b) kann Gl. 12.28 wie folgt neu formuliert werden:

$$(-\omega^2 M_{rr} + i\omega(D_{rr} + D_{rr}^*) + K_{rr})\hat{q}_r = 0, \tag{12.31}$$

mit

$$D^*_{rr} = kH^*(\Phi_r^{ACT})'' \cdot (\Phi_r^{SEN})''.$$ (12.32)

Diese Zusammenhänge zeigen, wie – durch die Phasendrehung des Sensorrückführsignals um 90° im Reglerkompensationsnetzwerk sowie durch die Realisierung von geometrischen Filterungseigenschaften – eine Erhöhung der modalen Dämpfung im r-ten generalisierten Freiheitsgrad erzielt werden kann.

12.4.3 Experimentelle Untersuchungen

Als Anwendungsbeispiel zur Demonstration der Machbarkeit einer aktiven Dämpfungsregelung unter Einsatz von Piezoelementen wurde eine elastomechanische Struktur in Form eines hängenden Balkens (Abb. 12.8) ausgewählt. Die realisierten Abmessungen für das Aluminiumhohlprofil mit ca. 1,1 mm Wandstärke waren: Länge 4 m, Breite 50 mm, Tiefe 20 mm.

Als Ziel wurde es angesehen, eine Erhöhung der Dämpfung in den beiden frequenzniedrigsten (Biege-) Eigenformen durch das Implementieren von zwei getrennten Regelkreisen aktiv zu erzeugen.

Im Versuch wurden für die drei frequenzniedrigsten Eigenschwingungsformen folgende Eigenfrequenzen und Dämpfungskennwerte ermittelt:

1. Biegeeigenform: $f_1 = 1,44\,\text{Hz}$, $\vartheta_1 = 0,59\,\%\vartheta_{krit}$.
2. Biegeeigenform: $f_2 = 8,60\,\text{Hz}$, $\vartheta_1 = 0,62\,\%\vartheta_{krit}$.
3. Biegeeigenform: $f_3 = 24,0\,\text{Hz}$, $\vartheta_1 = 0,88\,\%\vartheta_{krit}$.

Die in Abb. 12.9 dargestellten Eigenschwingungsformen wurden auf der Grundlage von Gl. 6.42 bestimmt, entsprechend

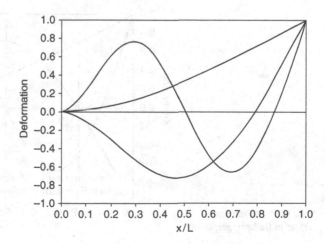

Abb. 12.9 Deformationsverteilung in Balkeneigenformen

$$\Phi_r(x) = A \sinh \alpha_r \frac{x}{L} + B \cosh \alpha_r \frac{x}{L} + C \sin \alpha_r \frac{x}{L} + D \cos \alpha_r \frac{x}{L} \qquad (12.33)$$

mit

$$A = -C = -\frac{\sinh \alpha_r - \sin \alpha_r}{\cosh \alpha_r + \cos \alpha_r}, \qquad (12.34)$$

$$B = -D = 1 \qquad (12.35)$$

in Übereinstimmung mit Gl. 6.46.

Zur Identifizierung von Sensor/Stellglied – Anordnungen mit guten geometrischen Filterungsmöglichkeiten, entsprechend Gl. 12.30, wurden die modalen Balkenkrümmungen auf der Grundlage von Gl. 12.33 ermittelt. Es ergibt sich:

$$\Phi_r''(x) = \left(\frac{\alpha_r}{L}\right)^2 \left(A \sinh \alpha_r \frac{x}{L} + B \cosh \alpha_r \frac{x}{L} - C \sin \alpha_r \frac{x}{L} - D \cos \alpha_r \frac{x}{L} \right)$$

$$(12.36)$$

Der Verlauf der normierten Krümmungen ist für die ersten drei Eigenformen in Abb. 12.10 dargestellt.

Zur Realisierung von guten geometrischen Filterungsmöglichkeiten wurde entschieden

- das Sensor/Stellglied-Paar zur Kontrolle der ersten Eigenform bei einer Balkenlängskoordinate von $x/L = 0{,}21$ anzuordnen,
- das zur Kontrolle der zweiten Form erforderliche Sensor/Stellglied-Paar am Orte $x/L = 0{,}50$ zu fixieren.

Als Sensoren wurden PVDF-Folienelemente (mit den Abmessungen 155 mm × 18 mm) eingesetzt. Als Stellglied wurden, jeweils in einer Fünfer-Parallelschaltung

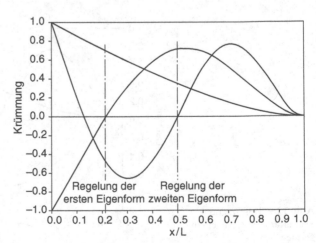

Abb. 12.10 Krümmungsverlauf in Balkeneigenformen

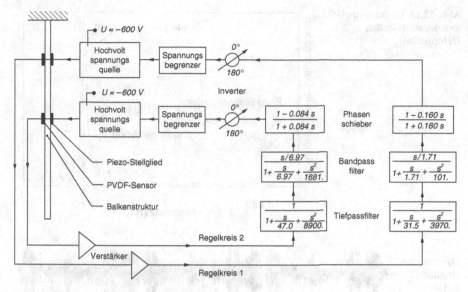

Abb. 12.11 Darstellung der Regelkreise

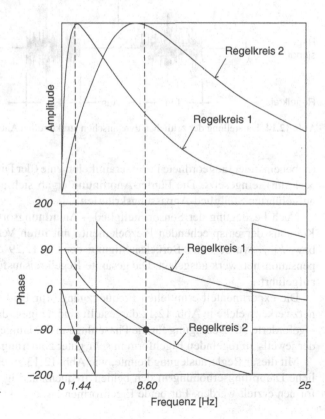

Abb. 12.12 Frequenzgänge
beider Reglerkompensations-
netzwerke

Abb. 12.13 Leistungsspektren der strukturellen Deformation

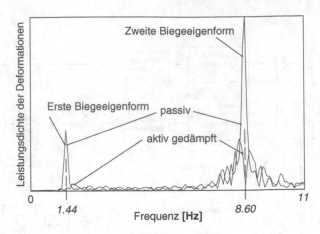

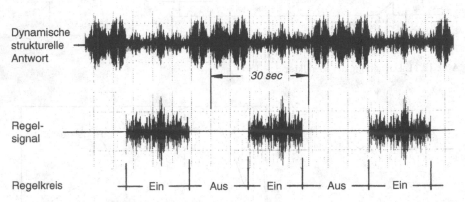

Abb. 12.14 Darstellung der zeitlichen dynamischen strukturellen Antwort

(nebeneinander) angeordnete Piezokeramikelemente (der Dimension 25 mm × 8 mm × 1 mm), eingesetzt. Die Fünfer-Anordnung ergab sich aus den in Abschn. 12.2 aufgeführten Stellglied-Anpassungskriterien.

Nach Festlegung der Sensor/Stellglied – Anordnungsorte am Balken sowie der Kenntnis der entsprechenden Piezoelemente mit ihren Verstärkungsfaktoren k_{SEN} bzw. k_{ACT}, wurde unter Berücksichtigung der Gl. 12.29 das elektronische Kompensationsnetzwerk ausgelegt. Die gesamte Regelkreisausführung ist in Abb. 12.11 aufgeführt.

Die experimentell ermittelten Frequenzgänge für beide elektronischen Reglernetzwerke, welche in Abb. 12.12 dargestellt sind, zeigen, dass die – nach Gl. 12.29 – geforderte 90° Bedingung für die Phasenlage in der Umgebung der Eigenfrequenz der jeweils zu regelnden Eigenform in sehr guter Näherung realisiert ist.

Mit dieser Reglerauslegung konnte, wie Abb. 12.13 zu entnehmen ist, eine deutliche Dämpfungserhöhung in den beiden frequenzniedrigsten Eigenschwingungsformen erzielt werden. Für beide Eigenformen lag die aktive Dämpfungszunahme in der Größenordnung von $2\%\vartheta_{krit}$, was einer relativen Zunahme von ca 200 % in Bezug auf die Ausgangswerte des ungeregelten Systems entspricht.

Abbildung 12.14 zeigt die sich daraus einstellende Verbesserung im dynamischen Antwortverhalten der Balkenstruktur für den Fall einer externen Anregung des strukturellen Systems mit Breitbandrauschen.

Kapitel 13
Aktive Lastabminderung an Flugzeugfahrwerken beim Rollvorgang

Das wichtigste Kriterium bei der Auslegung eines Flugzeugfahrwerks ist die Aufnahme der beim Landestoß auftretenden Belastung. Da der Landevorgang mit einer Sinkgeschwindigkeit v_s stattfindet, muss das Fahrwerk – zur Vermeidung einer Bruchlandung – in der Lage sein, die im Zusammenhang mit der Vertikalbewegung des Flugzeugs stehende kinetische Energie

$$E_{kin} = \frac{1}{2}mv_s^2 \qquad (13.1)$$

aufzunehmen. Wie in Abb. 13.1 dargestellt, geschieht dies durch Zusammendrücken der Fahrwerksfeder mit der Steifigkeit c, wobei die potentielle Energie

$$E_{pot} = \frac{1}{2}cx^2 \qquad (13.2)$$

gespeichert wird. Da die Maxima beider Energien gleich groß sein müssen, ergibt sich aus den Gl. 13.1 und 13.2 als Federweg:

$$x^2 = \frac{m}{c}v_s^2. \qquad (13.3)$$

Beim Zusammendrücken der Fahrwerksfeder stellt sich die Kraft

$$F = cx = n \cdot mg \qquad (13.4)$$

ein. Dabei gibt der „Lastvielfache-Faktor" n an, in welchem Verhältnis die Fahrwerkslast zum Flugzeuggewicht steht. Dabei ist zu berücksichtigen, dass $n = 1$ den statischen Fall des auf dem Fahrwerk ruhenden Flugzeugs darstellt. Da Landevorgänge immer mit einem Dynamikanteil der Bewegung stattfinden, ist dementsprechend bei realen Landefällen $n > 1$.

Aus den Gl. 13.4 und 13.3 resultiert:

$$x = \frac{v_s^2}{ng}. \qquad (13.5)$$

Diese Gleichung beinhaltet weder die Flugzeugmasse noch die Federsteifigkeit des Fahrwerks. Ausgedrückt wird, dass zum Abbremsen der Vertikalgeschwindigkeit

R. Freymann, *Strukturdynamik,*
DOI 10.1007/978-3-642-19698-0_13, © Springer-Verlag Berlin Heidelberg 2011

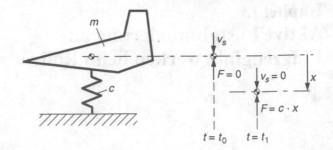

Abb. 13.1 Flugzeug-
Vertikalbewegung beim
Landevorgang

v_s mit einem Lastvielfachem n – unabhängig vom Flugzeugtyp – der Federweg x benötigt wird.

Die Luftfahrtvorschriften spezifizieren nun folgende Werte für Transportflugzeuge:

$$v_{s,max} = 10 \text{ feet/sec} \approx 3 \text{ m/s},$$

$$n_{max} = 2,5.$$

Werden diese Zahlenwerte in die Gl. 13.5 eingesetzt, so ergibt sich als maximal erforderlicher Federweg

$$x_{max} = 0,36\,m. \tag{13.6}$$

Diese Federweglänge ist unabhängig von der Masse des Flugzeugs!

Wie schon erwähnt, ist der Landestoß die im Normalfall größte Belastung für ein Flugzeugfahrwerk und damit bestimmend für die Dimensionierung dieses Bauteils.

Es hat sich nun aber gezeigt, dass beim Einsatz eines Flugzeugs auf unebenen Pisten, dynamische Belastungen im Fahrwerkssystem auftreten können, welche die Landelasten bei weitem überschreiten. Mit Blick auf die Erweiterung der Einsatzmöglichkeiten von Flugzeugsystemen wäre eine Beherrschung der Lasten beim Rollvorgang auf unebenen Fahrbahnen demzufolge ein erstrebenswertes Ziel.

13.1   Fahrwerksbelastung in der Rollphase

Zur Vereinfachung beschränken wir die nachfolgenden Betrachtungen auf den in Abb. 13.2 dargestellten Einmassenschwinger, der den Vertikalfreiheitsgrad des Flugzeugs abbildet, mit m als der Masse des Flugzeugs und c, d als den Fahrwerkskennwerten für die Steifigkeit und die Dämpfung.

Für die Bewegungsgleichung des Einmassen-Schwingungssystems kann geschrieben werden:

$$m\ddot{x}(t) + d\dot{x}(t) + cx(t) = d\dot{a}(t) + ca(t) \tag{13.7}$$

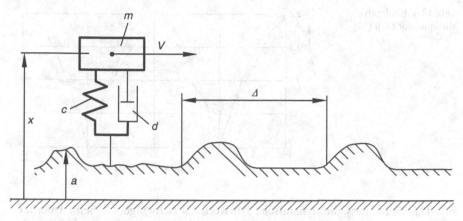

Abb. 13.2 Einmassenschwinger beim Rollvorgang über eine unebene Fahrbahn

mit a als der Fahrbahnunebenheit. Zum besseren Verständnis der physikalischen Zusammenhänge wurde – auf rein analytischem Wege – das Überfahren des Einmassenschwingers von zwei *gleichen* Hindernissen, die in einem Abstand Δ voneinander angeordnet sind, untersucht. Ziel der Berechnung war es, festzustellen, inwieweit das zweite Hindernis zur Verstärkung der dynamischen Antwort beitragen kann. Dabei ergab sich folgender höchst interessante Zusammenhang:

Beim Überfahren eines zweiten *gleichen* Hindernisses, erfährt die dynamische Antwort eine Verstärkung um den Faktor

$$M_\Delta = \sqrt{1 + E_\Delta^2 + 2E_\Delta C_\Delta},\qquad(13.8)$$

mit

$$E_\Delta = e^{-\vartheta \omega_\Delta^*},\qquad(13.9)$$

$$C_\Delta = \cos \omega_\Delta^* \sqrt{1 - \vartheta^2},\qquad(13.10)$$

wobei

$$\omega_\Delta^* = \omega_0 \frac{\Delta}{V}\qquad(13.11)$$

eine sogenannte reduzierte Frequenz bezeichnet, mit ω_0 als der Eigenfrequenz des Einmassenschwingers, Δ als dem Hindernisabstand und V als der Rollgeschwindigkeit. In den Gl. 13.9 und 13.10 kennzeichnet ϑ den Dämpfungsfaktor des Schwingers nach Gl. 3.4.

Entsprechend der Darstellung nach Abb. 13.3 ergibt sich, dass sich größte Erhöhungen in der dynamischen Antwort dann einstellen, wenn die reduzierte Frequenz ω_Δ^* Werte von $k \cdot 2\pi$ einnimmt ($k = 1, 2, \cdots$). Im Fall einer verschwindenden Fahrwerksdämpfung weist dann der „Hindernis-Multiplikator" M_Δ-Werte von $+2$

Abb. 13.3 Hindernis-
Multiplikator nach [32]

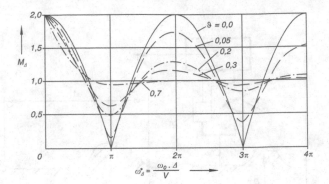

auf. Das heißt, dass die dynamische Antwort des Schwingers – beim Überfahren des 2. Hindernisses – im Vergleich zum Antwortverhalten beim Überqueren des 1. Hindernisses, verdoppelt wird. Weiterhin ist Abb. 13.3 zu entnehmen, dass ω_Δ^*-Werte von $(2k - 1)\pi$; $(k = 1, 2, \cdots)$, für die reduzierte Frequenz zu einem Minimum der dynamischen Antwort beim Überfahren eines zweiten Hindernisses führen. Dementsprechend gibt es also für ein gegebenes Flugzeug, mit einer definierten Eigenkreisfrequenz ω_0, für jede Geschwindigkeit V Hindernisabstände, die einen günstigen oder ungünstigen Einfluss auf das dynamische Antwortverhalten haben. Beispielhaft dafür sind in Abb. 13.4 jeweils ein kritischer und ein unkritischer Fall dargestellt.

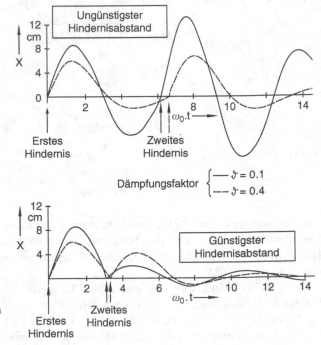

Abb. 13.4 Dynamische
Antwort des Einmassen-
schwingers beim Überfahren
von zwei versetzten
Hindernissen

Aus Abb. 13.3 geht hervor, dass die Federbeindämpfung einen großen Einfluss auf den Hindernis-Multiplikator hat. Je größer die Dämpfung ist, umso geringere M_Δ-Werte stellen sich bei der kritischen reduzierten Frequenz $\omega_\Delta^* = 2\pi$ ein. Dabei werden schon für $\vartheta = 0{,}3$ M_Δ-Werte kleiner 1, 2 erreicht. Dieser Zusammenhang zeigt, dass über (aktive) Dämpfungsbeeinflussungsmaßnahmen eine erhebliche Reduzierung der Lasten beim Rollvorgang erreicht werden kann.

13.2 Aktiv geregeltes Flugzeugfahrwerk

Im vorhergehenden Abschnitt wurde gezeigt, dass eine hohe Fahrwerksdämpfung sich günstig auf die Belastung beim Rollen auf unebenen Fahrbahnen auswirkt. Konstruktiv können nun aber Systeme zur Erzeugung einer hohen Dämpfung nicht ohne weiteres in ein Fahrwerk integriert werden. Grund dafür sind die beim Landestoß auftretenden Belastungen infolge des in Gl. 13.7 aufgeführten Termes $d\dot{a}(t)$. Wäre die Dämpfungskonstante (zu) groß, so würden bei der Landung unzulässig hohe Stoßkräfte erzeugt werden.

Aus diesem Grund sind in realen Fahrwerken unterschiedliche Dämpfungseigenschaften für die Ein- und Ausfahrbewegung realisiert. Dabei wird beim Einfahrvorgang ein geringer Dämpfungskennwert ($\vartheta < 0{,}05$) verwirklicht, beim Ausfahren des Fahrwerks jedoch eine hohe Dämpfung($\vartheta > 0{,}3$) erzeugt.

Eine noch bessere Lösung des Zielkonfliktes zwischen den Anforderungen aus dem Lande- und Rollbedingungen wäre dann möglich, wenn es gelingen würde, auch die Dämpfung beim Einfahren zu erhöhen, ohne die Belastungen beim Landestoß sowie beim Überrollen von Kurzwelligen „hohen" Hindernissen zu beeinflussen. Dieses Ziel kann mit einem aktiv geregelten Fahrwerk erreicht werden.

In Abb. 13.5 sind der Aufbau eines passiven und eines aktiven (Einstufen-) Fahrwerks vergleichend gegenübergestellt. Bei dem rechts dargestellten Federbein

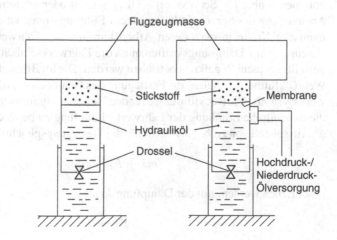

Abb. 13.5 Passives und aktives Fahrwerkssystem

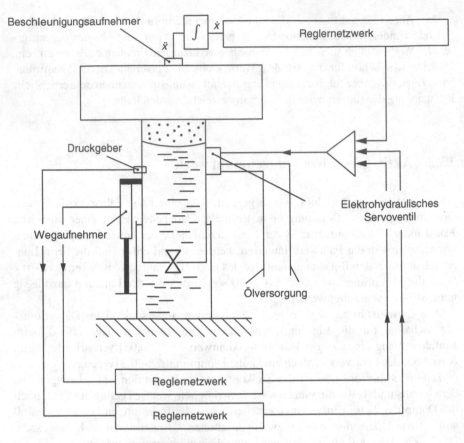

Abb. 13.6 Aktiv geregeltes Fahrwerk-Federbein

kann dem mit dem pneumatischen System in Verbindung stehenden Hydraulik-
volumen – über ein Servoventil – Öl zugeführt oder entnommen werden. Bei der
Ansteuerung des Servoventils mit einem Führungssignal ist es somit möglich, dynamische Kräfte in der oberen Arbeitskammer des Fahrwerks zu erzeugen. Zur
Erzeugung von Dämpfungskräften muss die Fahrwerkseinheit, wie in Abb. 13.6 dargestellt, in einem Regelkreis betrieben werden. Die im Bild aufgeführten Druck- und
Wegrückführungen dienen zur Festlegung des (stationären) Arbeitspunktes des Fahr-
werkssystems. Die Rückführung über den Beschleunigungssensor ist dazu bestimmt,
die dynamische Erhöhung der Fahrwerksdämpfung zu bewirken.

Ausgehend von Abb. 13.7 kann für die Bewegungsgleichung

$$m\ddot{x} + F_d + F_c = 0 \tag{13.12}$$

geschrieben werden, mit der Dämpfungskraft

$$F_d = d\dot{x} \tag{13.13}$$

Abb. 13.7 Einmassen-
schwinger als Ersatzmodell
für das aktive Fahrwerks-
element

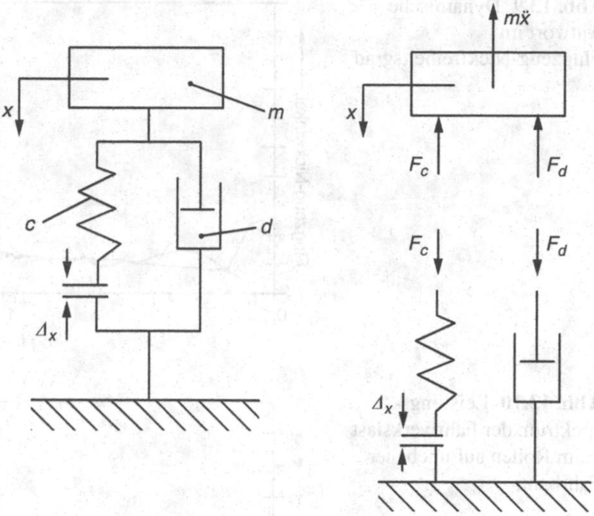

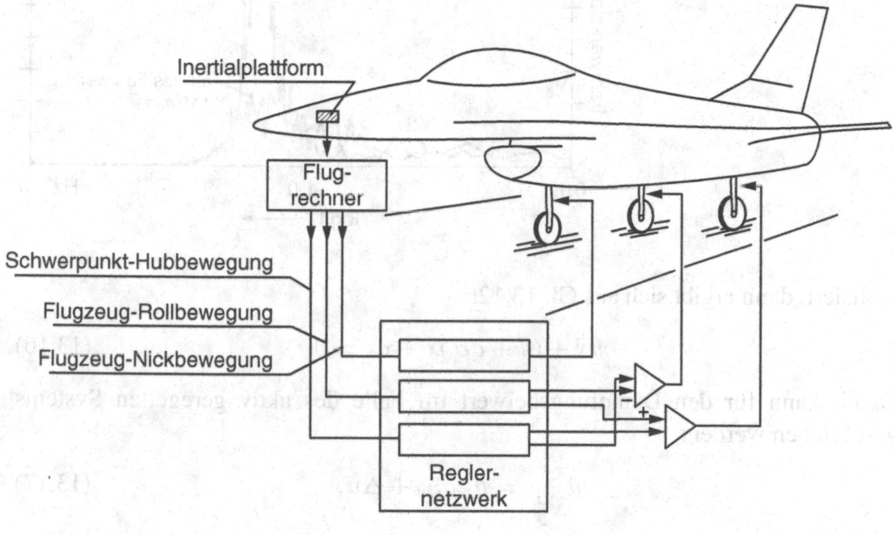

Abb. 13.8 Aktive Fahrwerkskonfiguration

und der Federkraft

$$F_c = c(x + \Delta x), \tag{13.14}$$

wobei Δx die vom aktiven System hervorgerufene zusätzliche Auslenkung kennzeichnet. Wird nun eine geschwindigkeitsproportionale Zusatzauslenkung der Form

$$\Delta x = H\dot{x} \tag{13.15}$$

Abb. 13.9 Dynamische
Antwort im
Flugzeug-Nickfreiheitsgrad

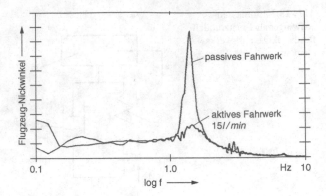

Abb. 13.10 Leistungs-
spektrum der Fahrwerkslast
beim Rollen auf unebener
Fahrbahn

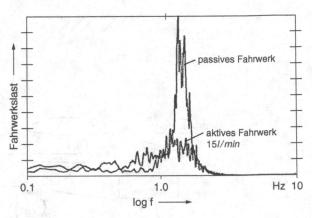

realisiert, dann ergibt sich aus Gl. 13.12:

$$m\ddot{x} + (d + cH)\dot{x} + cx = 0. \qquad (13.16)$$

Damit kann für den Dämpfungsbeiwert im Falle des aktiv geregelten Systems geschrieben werden:

$$\vartheta_{aktiv} = \vartheta_{passiv} + \Delta\vartheta, \qquad (13.17)$$

mit

$$\vartheta_{passiv} = \frac{d}{2\sqrt{cm}} \qquad (13.18)$$

nach Gl. 3.4 und

$$\Delta\vartheta = \frac{cH}{2\sqrt{cm}} = \frac{H}{2}\sqrt{\frac{c}{m}} = \frac{H}{2}\omega_0, \qquad (13.19)$$

mit ω_0 als der Eigenkreisfrequenz des ungedämpften passiven Federbeins. Aus diesen Zusammenhängen geht deutlich hervor, dass durch eine Auslegung des Reglerkompensationsnetzwerkes in der Form, dass zur vertikalen Bewegungsgeschwindigkeit

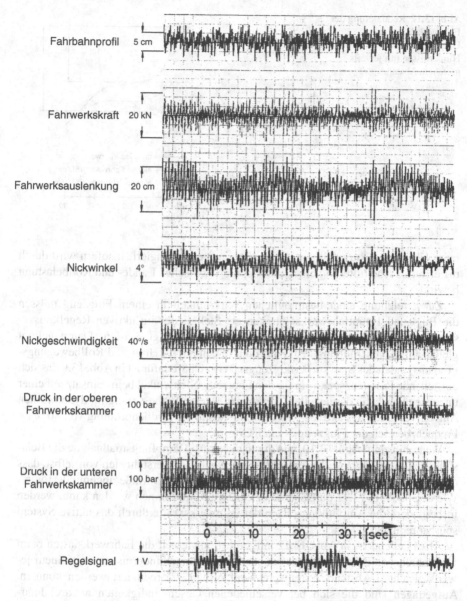

Abb. 13.11 Amplituden charakteristischer Fahrwerkskenngrößen beim Rollen auf unebener Fahrbahn

der Flugzeugmasse proportionale Zusatzauslenkungen der Fahrwerkseinheit erfolgen, eine zusätzliche Dämpfung im System erzeugt werden kann. Außerdem wird durch die Möglichkeit der elektronischen Filterung (Bandpassfilterung) erreicht, das die Regelung nur im Frequenzbereich der Starrkörpereigenform wirksam ist und damit nur in geringem Umfang auf Stoßbelastungen, wie sie bei der Landung und

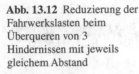

Abb. 13.12 Reduzierung der Fahrwerkslasten beim Überqueren von 3 Hindernissen mit jeweils gleichem Abstand

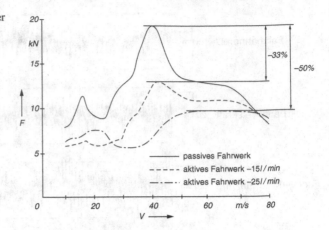

beim Überfahren kurzwelliger Hindernisse auftreten, reagiert. Insofern wird durch die elektronische Filterung eine „Entkopplung" zwischen Lande- und Rollbelastung bewirkt.

Zur Erreichung einer bestmöglichen Wirksamkeit in einem Flugzeug müssen die Bug- und Hauptfahrwerkseinheiten als Stellglieder im aktiven Regelkreissystem, wie es in Abb. 13.8 aufgeführt ist, berücksichtigt werden. Damit gelingt gleichzeitig eine Erhöhung der Dämpfung in den Nick-, Hub- und Rollbewegungs-Freiheitsgraden des Starrkörperflugzeugs. Beispielhaft dafür ist in Abb. 13.9 das sich einstellende Frequenzspektrum für den Flugzeug-Nickwinkel beim Einsatz auf einer unebenen Fahrbahn dargestellt. Zu erkennen ist eine Verbesserung im dynamischen Antwortverhalten des aktiven Fahrwerksystems in der Größenordnung von 80 % im Frequenzbereich der Flugzeug-Nickeigenform.

Weiterhin zeigt Abb. 13.10, wie durch die aktive Dämpfungsmaßnahme die Belastung des (Bug-) Fahrwerks reduziert werden kann. Es versteht sich von selbst, dass damit auch die Belastung der Flugzeugzelle in gleichem Maße abgemindert wird. Wie dem in Abb. 13.11 dargestellten Zeitschrieb entnommen werden kann, werden insbesondere die Amplitudenspitzen der Fahrwerkskräfte durch das aktive System spürbar reduziert.

Abschließend ist in Abb. 13.12 aufgeführt, inwieweit die Fahrwerkslasten beim Überfahren von 3 hintereinander angeordneten Einzelhindernissen, mit einem jeweils gleichem Abstand Δ (entsprechend Abb. 13.2) reduziert werden konnten. Aufgetragen sind die sich bei verschiedenen Geschwindigkeiten an drei Fahrwerkskonfigurationen einstellenden Maximalbelastungen beim Überfahren der drei Hindernisse. Deutlich zu erkennen ist die günstige Auswirkung der aktiven Regelung auf den Hindernis-Multiplikator M_Δ.

Bibliographie

Zu Kapitel 2

[1]   Bendat, J.S.; Piersol, A.G.: *Random Data – Analysis and Measurement Procedures*. 3. Auflage. Wiley-Interscience, New York/London/Sydney/Toronto 2000
[2]   Natke, H.G.: *Einführung in Theorie und Praxis der Zeitreihen- und Modalanalyse - Identifikation schwingungsfähiger elastomechanischer Systeme*. 3. Auflage. Friedrich Vieweg & Sohn, Braunschweig/ Wiesbaden 1992
[3]   Brommundt, E.; Sachau, D.: *Schwingungslehre mit Maschinendynamik*. Vieweg+Teubner Verlag Wiesbaden 2007

Zu Kapitel 3 und 4

[4]   Holburg U.: *Maschindendynamik*. 2. Auflage. Oldenburg Wissenschaftsverlag 2007
[5]   Hagedorn P.: *Technische Mechanik - Band 3 Dynamik*. 4. Auflage, Verlag Harri Deutsch Frankfurt 2008

Zu Kapitel 5

[6]   Przemieniecki, J.S.: *Theory of Matrix Structural Analysis*. McGraw-Hill Book Company, New York/St. Louis/ San Francisco/Toronto/London/Sydney 1968
[7]   Liu, G.R.; Quek, S.S.: *The Finite Element Method*. Butterworth Heinemann Oxford/ Amsterdam/Boston/London/New York/Paris/San Diego/San Francisco/Singapore/Sydney/ Tokyo 2003
[8]   Gawehn, W.: *Finite Elemente Methode*. 2. *Auflage*. Books on Demand GmbH Norderstedt 2009
[9]   Merkel, M.; Öchsner, A.: *Eindimensionale Finite Elemente*. Springer-Verlag Berlin/ Heidelberg/New York 2010

Zu Kapitel 6

[10] Szabo, I.: *Einführung in die Technische Mechanik.* 7. Auflage. Springer-Verlag, Berlin/
      Heidelberg/New York 1966
[11] Jürgler, R.: *Maschinendynamik.* Springer-Verlag Berlin/Heidelberg/New York 2004
[12] Müller, W.H.; Ferber, F.: *Technische Mechanik für Ingenieure.* 3. Auflage. Carl Hanser Verlag
      München 2008
[13] Sass, F.; Bouché, Ch.; Leitner, A.: Dubbel-Taschenbuch für den Maschinenbau. 13. Auflage.
      Springer-Verlag Berlin/Heidelberg/New York 1970
[14] Möller, E.: *Handbuch der Konstruktionswerkstoffe.* Carl Hanser Verlag München 2008

Zu Kapitel 7

[15] Ginsberg, J.H.: *Mechanical and Structural Vibrations.* John Wiley & Sons New York/
      Chichester/Weinheim / Brisbane/Singapore/Toronto 2001
[16] Irretier, H.: *Grundlagen der Schwingungstechnik 2.* Vieweg+Teubner Verlag Wiesbaden 2001
[17] Craig, R.R.: *Structural Dynamics.* John Wiley & Sons New York/Chichester/Brisbane/
      Toronto 1981

Zu Kapitel 8

[18] Freymann, R.: *Advanced Numerical and Experimental Methods in the Field of Vehicle
      Structural-Acoustics.* Habilitationsschrift. Hieronymus Buchreproduktions GmbH München
      2000
[19] Freymann, R.: *Structural Modifications on a Swept Wing Model With Two External Stores by
      Means of Modal Perturbation and Modal Correction Methods.* ESA Technical Translations
      ESA-TT- 463 (1978)
[20] Li, L.; Stühler, W.: *Strukturmodifikationen mit dem Modal-Korrektur-Verfahren für das Sy-
      stem mit nichtproportionaler Dämpfung.* Archive of Applied Mechanics, Vol. 58, Number 6,
      S. 466-473, SpringerLink

Zu Kapitel 9

[21] Choi, K.K.; Kim, N.H.: *Structural Sensitivity Analysis and Optimization – 1 Linear Sy-
      stems.* Mechanical Engineering Series, Springer-Verlag New York/Berlin/Heidelberg/Hong
      Kong/London/Milan/Paris /Tokyo 2005

Zu Kapitel 10

[22] Försching, H.: *Grundlagen der Aeroelastik.* Springer-Verlag Berlin/Heidelberg/New York
      1974
[23] Ruscheweyh, H.: *Dynamische Windwirkung an Bauwerken - Band 2 Praktische Anwendun-
      gen.* Bauverlag GmbH Wiesbaden/Berlin 1982
[24] Bisplinghoff, L.R.; Ashley H.: *Principles of Aeroelasticity.* Dover Publications Inc. 2002

Zu Kapitel 11

[25] Etkin, B.; Reid, L.D.: *Dynamics of Flight-Stability and Control.* John Wiley & Sons Inc. 1996
[26] Freymann, R.: *Dynamic Interactions Between Active Control Systems and a Flexible Aircraft Structure. Journal of Guidance, Control and Dynamics.* Vol. 10, Number 5, 1987, S. 447-452

Zu Kapitel 12

[27] *Smart Structures for Aircraft and Spacecraft.* Advisory Group for Aerospace Research and Development, AGARD-CP- 531, 1993
[28] *Smart Structures and Materials for Military Aircraft of New Generation.* Advisory Group for Aerospace Research and Development. AGARD-LS-205, 1996
[29] Heimann, B.; Gerth W.; Popp, K.: *Mechatronik.* 3. Auflage. Carl Hanser Verlag München 2006
[30] Ulbrich H.: *Maschinendynamik.* Teubner Verlag Stuttgart 1996

Zu Kapitel 13

[31] Krüger, H. et alii: *Aircraft Landing Gear Dynamics: Simulation and Control.* Vehicle System Dynamics, Vol 28, Issue 2&3, August 1997, S. 119-158
[32] *Aircraft Dynamic Response to Damaged and Repaired Runways.* Advisory Group for Aerospace Research and Development, AGARD-R-739, 1987
[33] Gebhardt N.: *Fluidtechnik in Kraftfahrzeugen.* Springer Verlag Berlin/Heidelberg 2010

Sachverzeichnis

A

Abklingkonstante, 21
Aeroelastik, 145
Aeroelastische Kopplung, 159
Aeroelastische Stabilität, 156
Aeroelastische Bewegungsgleichungen, 162, 178
Aktiv geregeltes System, 174
Anfangsbedingung, 20, 33
Arbeit, 40

B

Balkenschwingung, 102
Biegebalken, 53
Biegelinie, 84, 89
Biegesteifigkeit, 82

C

Charakteristische Gleichung, 18, 31, 124, 126, 180, 182, 187, 188

D

Deformation, 78, 82, 83, 93, 101, 145
Deformationsfunktion, 50, 54
Dehnung, 47, 49
Drillung, 52, 93
Druckpunkt, 185
Druckrückführung, 177
Dynamische Antwort, 24, 42, 108, 111, 115, 211

E

Eigenkreisfrequenz, 88, 105, 106, 113, 119, 121, 123, 127, 129, 134, 137
Eigenschwingungsform, 32, 88, 89, 104–106, 108, 113, 119, 123, 128, 134, 138
Eigenvektor, 32, 121
Eigenwertrechnung, 121, 124, 129
Einmassenschwinger, 17

Elastische Achse, 147
Elastizitätsmodul, 48
Elektronische Filterung, 200, 218
Elementare Biegetheorie, 75
Elementare Torsionstheorie, 90
Energiebilanz, 159, 160
Energiegleichungen, 109
Erzwungene Schwingung, 22, 35

F

Fahrwerk, 213
Fastperiodische Schwingung, 4, 15
Finite Elemente, 45, 161
Flattergeschwindigkeit, 161, 163, 166, 167
Flattern, 158, 179
Flatterstabilität, 163, 173
Flugzeug-Längsstabilität, 185
Flächenträgheitsmoment, 55, 79
Fourierkoeffizienten, 10
Frei-freies System, 67
Freie Schwingung, 17, 29
Frequenzgang, 189, 205
Frequenzspektrum, 12

G

Gütefaktor, 138, 141, 168
Galloping, 155, 157
Generalisierte Dämpfungsmatrix, 114
Generalisierte Koordinaten, 107, 109, 114
Generalisierte Kräfte, 109
Generalisierte Massenmatrix, 109
Generalisierte Steifigkeitsmatrix, 109
Geometrische Filterung, 198, 200
Gesamtmassenmatrix, 64
Gesamtsteifigkeitsmatrix, 44, 64, 71, 140
Gleichwert, 10

R. Freymann, *Strukturdynamik*,
DOI 10.1007/978-3-642-19698-0, © Springer-Verlag Berlin Heidelberg 2011